普通高等教育“十三五”规划教材
环保设备工程专业系列教材

环保设备工程建设与运行管理

解清杰 主编

中国环境出版集团·北京

图书在版编目（CIP）数据

环保设备工程建设与运行管理/解清杰主编. —北京：中国环境出版集团，2020.11（2023.2 重印）
普通高等教育“十三五”规划教材
ISBN 978-7-5111-4398-3

Ⅰ. ①环… Ⅱ. ①解… Ⅲ. ①环境保护设施—高等学校—教材 Ⅳ. ①X505

中国版本图书馆 CIP 数据核字（2020）第 146695 号

出 版 人 武德凯
责任编辑 葛 莉 宾银平
责任校对 任 丽
封面设计 彭 杉

出版发行 中国环境出版集团
（100062 北京市东城区广渠门内大街 16 号）
网 址：http://www.cesp.com.cn
电子邮箱：bjgl@cesp.com.cn
联系电话：010-67112765（编辑管理部）
010-67113412（第二分社）
发行热线：010-67125803，010-67113405（传真）
印 刷 北京中科印刷有限公司
经 销 各地新华书店
版 次 2020 年 11 月第 1 版
印 次 2023 年 2 月第 2 次印刷
开 本 787×1092 1/16
印 张 17
字 数 338 千字
定 价 52.00 元

环保设备工程系列教材

序

为适应国家大力发展低碳、环保等战略性新兴产业的需要，2012年教育部将环保设备工程专业正式列为《普通高等学校本科专业目录（2012年）》中的特色专业。一批高等院校陆续设置了该专业。2013年，国内较早设置环保设备工程专业的9所高校在中国石油大学（华东）召开了“首届全国环保设备工程专业（方向）课程建设及人才培养研讨会”，共同探讨环保设备工程专业的定位、学科体系和支撑体系建设、教材体系构架等关键问题。教育部环境科学与工程教学指导委员会、环境保护部宣教司、中国环保产业协会以及部分环保企业的领导和专家出席了会议。这次研讨会的召开标志着该专业建设开启了有组织、规范化的合作探索模式，环保设备工程专业建设稳步推进。

2015年1月，教育部环境科学与工程教学指导委员会批准建立了“教育部环境科学与工程教学指导委员会环保设备工程专业建设小组”。建设小组负责制定该专业的战略发展规划、教学质量国家标准、教学规范以及开展课程建设、教材建设等方面的工作。该专业的顶层设计将极大提升专业建设的科学性和规范性。2015年11月，高校环境类课程教学系列报告会设置了环保设备工程专业分会场，会上大家共同讨论该专业系列教材的建设和专业的发展。卓有成效的交流与研讨工作对该专业获得社会的广泛认知和认可、吸引更多高校参与到该专业建设中来都起到了重要的推动作用。

在连续召开的7次环保设备工程专业（方向）课程建设及人才培养研究讨会上，环保设备工程专业特色教材体系建设是历届专业研讨会的主题之一。相关高校在全面研究已有相近专业培养方案、课程体系和教材体系的基础上，逐步确立了环保设备工程专业的核心教材体系，组建了由中国环境出版集团作为总协调的全国环保设备工程专业教材编委会，启动了“环保设备工程专业系列教材”的编写工作。经过7年来教材的探讨与编写，“环保设备工程专业系列教材”陆续出版。我们相信，这一专业特色教材体系的逐渐完善，对专业教育的课程体系建设乃至专业人才的培养定位、培养规格都将起到极为重要的支撑作用，也必将吸引越来越多的院校和行业企业参与到这一新兴专业的建设中来。

感谢中国环境出版集团为环保设备工程专业建设与发展所做出的贡献。早在2012年环保设备工程专业批准设置之初，中国环境出版社便积极参与到该专业的建设工作中来，在环保设备工程专业的课程建设与人才培养方面开展了一系列卓有成效的工作，搭建的校际交流及教材建设平台为该专业建设起到了重要的桥梁和纽带作用。应该说，中国环境出版集团作为国家级唯一的环境专业出版社，为环保新兴产业人才的培养做了一件非常有意义的事情。

感谢教育部环境科学与工程教学指导委员会、生态环境部宣教司、中国环保产业协会以及相关行业企业，正是在他们的大力支持和指导下，环保设备工程专业才得以健康、快速地发展。感谢教育部环境科学与工程教学指导委员会副主任委员、同济大学周琪教授，清华大学胡洪营教授对新专业建设给予了专业的指导。感谢同济大学周琪教授、赵由才教授，四川大学蒋文举教授，中国环保产业协会燕中凯主任对教材大纲进行的认真审定，他们提出了许多建设性意见，使教材在结构框架和知识点上有了准确的定位和把握。感谢开设该专业的各高校教师在教材编写中的通力合作以及提出的建议和意见。

作为战略性新兴产业相关的环保设备工程专业的人才培养是关乎环保产业发展源动力的关键，今天我们所做的一切必将引领这个行业的人才走向。我们的责任和担子无比重大。在生态环境部的大力支持下，在教育部环境科学与工程教学指导委员会、行业协会和各校通力合作下，我们必将推动环保设备工程专业的健康、快速发展。

专业数年，囿于其间，寥寥数语，序不尽言！

“环保设备工程系列教材”编委会

2019年7月

前　言

作为解决环境污染的主要手段之一，环保设备工程是指为了实现保护自然环境和自然资源、防治环境污染、修复生态环境、改善生活环境和环境质量等，利用环保设备实施的工程技术和工艺单元。它可以是一套独立的工程，也可以是某项环保工程中的设备部分。

环保设备工程专业是教育部新设置的本科教学专业。该专业人才培养的主要目标是培养具备环保设备研发、设计、制造、安装、运行与管理以及环境分析与检测、环境污染治理等相关工作能力，具有国际视野的复合型高级工程技术人才。该专业实践性很强，而工程实践能力的培养是该专业本科学生的重要培养目标之一。因此，如何提高学生的工程项目建设与管理以及经济决策能力成为本教材的写作初衷。

由于环保设备工程专业建设时间较短，目前适用于该专业学习的工程项目建设与管理类专门教材极其缺乏。鉴于此，笔者结合多年来从事环保设备研发、工程项目建设与管理实践、相关课程教学的经验编写了此书，以期起到抛砖引玉的作用。同时，由于环保设备工程项目管理尚属一门发展中的新兴学科，其理论体系还不完备，许多问题还需进一步的研究和探讨。本书对环保设备工程项目管理的相关概念、理论的分析，大多借鉴了其他行业工程项目管理中的理论，并结合环保设备工程项目的特点及笔者的一些个人体会。因此，书中难免存在不妥之处，希望得到同行的指正。

本书的编写得到了中国环保产业协会燕中凯教授、同济大学周琪教授、中国石油大学（华东）王振波教授、盐城工学院金建祥教授、湘潭大学葛飞教授、烟台大学王德义教授、上海第二工业大学关杰教授等的支持和帮助，他们为本书的编写提供了宝贵的建议和参考资料；同时，感谢中国环境出版集团为本书的出版给予的大力帮助；感谢陈再东、滕辰亮、顾亚明、马新华、杜甫义、苏洁、王帆、姜珊等同学为本书的撰写提供的协助。

本书的编写还参考了许多国内外正式出版的书籍和发表的文章，以及许多网络资料。它们有些已在本书参考文献中列出，有些可能遗漏了。在此向各位作者表示深深的谢意和歉意。

笔者真诚地希望国内的同行们多提宝贵意见和建议。

编　者

2019 年 12 月

目　录

第一章　环保设备工程的建设程序

第一节　工程项目建设程序的概念

一、工程项目建设的概念

（一）工程项目的概念及特征

1．项目的概念

项目是作为管理对象在一定约束条件（时间、资源、质量标准）下完成的，是具有明确目标的一次性任务。

项目一般要综合考虑范围、时间、成本、质量、资源、沟通、风险、采购、综合管理及利益相关者管理等因素。

2．项目的特征

1）一次性：一次性是指项目有明确的起点和终点，即从项目启动到项目收尾。项目目标实现后，项目收尾工作完成即标志着项目结束。但这并不意味着项目周期短，有的大型项目会持续几年或几十年；也不意味着项目成果是临时的，一般情况下，项目完成后所创造的成果都是持久的，或交付客户，或纳入企业日常运营。

2）具有明确的目标（成果性目标和约束性目标）：项目都有确定的目标，如功能、特性、效益等。

3）具有特定的生命周期：项目过程包括起始、实施、终结，具有完整的生命周期。

4）整体性：项目是一个系统工程。

5）成果的不可挽回性（不可逆转性）：项目一旦完成，将不复存在，项目组随即解散。

3．工程项目的概念

工程项目是以工程建设为载体的项目，是作为被管理对象的一次性工程建设任务。

它以建筑物或构筑物为目标产出物，需要支付一定的费用、按照一定的程序、在一定的时间内完成，并应符合质量要求。

工程项目是最为常见、最为典型的项目类型，它在投资项目中是最重要的一类，是既有投资行为又有建设行为的一种生产组织活动。

4．工程项目的特征

1）工程项目实施的一次性。

2）明确的建设目标。

3）具有资金、时间等约束性。

4）工程项目的唯一性。

5）影响的长期性。

6）管理的复杂性。

（二）工程项目建设的概念

工程项目建设是指土木建筑工程、线路管道、设备安装工程、建筑装修装饰工程、交通工程等项目的新建、扩建和改建，是形成国家资产的基本生产过程及与之相关的其他建设工作的总称。建设工作包含建设单位及其主管部门的投资决策活动以及征用土地、工程勘察设计、工程施工、工程监理等。

二、工程项目建设程序的概念

工程项目建设程序是指工程项目从策划、评估、决策、设计、施工到竣工验收、投入生产或交付使用的整个建设过程必须遵循的先后工作次序。工程项目建设程序是工程项目建设过程客观规律的反映，是工程项目建设科学决策和顺利进行的重要保证。

三、工程项目建设程序的阶段划分

工程项目建设程序一般分五个阶段：前期阶段、准备阶段、实施阶段、竣工验收与保修阶段、后评价阶段（图 1-1）。

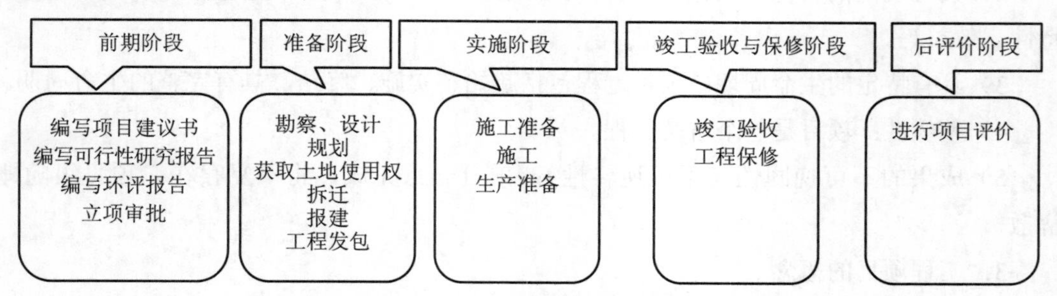

图 1-1　工程项目建设程序阶段划分示意

（一）前期阶段

前期阶段主要指的是在工程建设的初期，建设单位形成投资意向，通过对投资机会等的研究和决定，形成书面文件，并上报主管部门及发改委进行审批，进而立项的过程。前期阶段主要包括编制项目建议书和可行性研究报告（含环境影响评价），并通过立项审批。

（二）准备阶段

准备阶段的内容包括为勘察、设计、施工创造条件所做的建设现场、组建队伍、购置设备等方面的准备工作。具体包括报建，委托规划、设计，获取土地使用权，拆迁、安置，工程发包等。

（三）实施阶段

实施阶段主要包括施工准备阶段、施工阶段以及生产准备阶段。

施工准备阶段是为保证施工生产正常进行而必须事先做好的工作。施工准备的基本任务就是为施工项目创造一切必要的施工条件，确保施工生产顺利进行，确保工程质量符合要求。按施工对象的规模和阶段，施工准备阶段可分为全场性施工准备和单位工程施工准备。全场性施工准备指的是大、中型工业建设项目，大型公共建筑或民用建筑群等带有全局性的部署，包括技术、组织、物资、劳力和现场等准备工作，是各项准备工作的基础。单位工程施工准备是全场性施工准备的继续和具体化，要求做得细致，预见到施工中可能出现的各种问题，能确保单位工程均衡、连续、科学、合理地施工。

施工阶段是形成工程项目实体的过程，也是形成最终产品的重要阶段。施工阶段的特点主要有：施工阶段是以执行计划为主的阶段；施工阶段是实现建设工程价值和使用价值的主要阶段；施工阶段是资金投入量最大的阶段；施工阶段需要协调的内容多；施工质量对建设工程总体质量起保证作用。此外，施工阶段还有一些其他特点，其中主要表现为：①持续时间长、风险因素多；②合同关系复杂、合同争议多。

生产准备阶段是指在工程项目竣工投产前，建设单位适时地组织专门班子或机构，有计划地做好生产准备工作（即运行调试工作），包括招收、培训生产人员；组织有关人员参加设备安装、调试、工程预验收；落实原材料供应；组建生产管理机构，健全生产规章制度等。生产准备是由建设阶段转入运营阶段的一项重要工作。

（四）竣工验收与保修阶段

工程项目竣工验收是承包人按施工合同完成了项目全部任务，经检验合格，由发包人组织验收的过程。该阶段是全面考核建设成果、检验设计和施工质量的重要步骤，也是建设项目转入生产和使用的标志。

竣工验收的一般程序：

1）根据工程项目的规模大小和复杂程度，工程项目的验收可分为初步验收和竣工验收两个阶段。规模较大、较复杂的工程项目，应先进行初步验收，然后进行全部工程项目的竣工验收。规模较小、较简单的工程项目，可以一次性进行全部工程项目的竣工验收。

2）工程项目在工程竣工验收之前，建设单位组织施工、设计及使用等有关单位进行初步验收。初步验收前，施工单位按照国家规定，整理好文件、技术资料，向建设单位提交交工报告。建设单位接到报告后，应及时组织初步验收。

3）工程项目全部完成，经过各单项工程的验收，符合设计要求，并具备竣工图表、工程总结等必要文件资料，工程项目主管部门或建设单位即可向负责工程竣工验收的单位提交竣工验收申请报告。经验收合格后，建设单位编制竣工决算，项目正式投入使用。

工程项目保修是指工程在保修期限内出现质量缺陷，施工单位应当到现场核查情况，在保修书约定的时间内予以保修。

（五）后评价阶段

工程项目后评价是工程项目竣工投产、生产运营一段时间后，有关单位再对项目的立项决策、设计施工、竣工投产、生产运营等全过程进行系统评价的一种技术活动，是固定资产管理的一项重要内容，也是固定资产投资管理的最后一个环节。

第二节 环保设备工程及其建设

一、环保设备工程的概念

环保设备是指用于控制环境污染、改善环境质量而由生产单位或建筑安装单位制造和建造出来的机械产品、构筑物及系统。环保设备一般包括：①治理环境污染的机械加工产品，如除尘器、烟尘净化器、单体水处理设备、噪声控制器等；②输送含流体污染物质的动力设备，如水泵、风机、输送机等；③保证污染防治设施正常运行的监测控制仪表仪器，如检测仪器、压力表、流量监测装置等。

环保设备工程是指为了实现保护自然环境和自然资源、防治环境污染、修复生态环境、改善生活环境和环境质量等，利用环保设备实施的工程技术和工艺单元。它可以是一套独立的工程，也可以是某项环保工程中的设备部分。

二、环保设备工程的特点

（一）建设地点的固定性

环保设备工程的建设地点一般在建成后是固定的，在什么地方建设，就在什么地方提供处理能力或使用效益。因此，建设单位对准备投资的项目，必须进行充分的可行性研究，认真进行勘察调查，搞清拟建地点的情况、工程地质和水文地质情况，以及一切有关的自然条件和社会条件，或者根据工业企业的合理布局和有关协作要求，慎重地选择建设地点。

（二）建设用途的特定性

环保设备工程都是根据特定用途进行建设的，如水污染控制、大气污染控制、固体废物处理与处置等。每一项工程都是为发挥其特定的用途而设计的。因此，建设单位对拟建的环保设备工程都要在事先有明确的要求，即建设的规模、选用的设备、施工流程或标准等等，只有预先设计，才能进行施工和购置。

（三）建设程序的固定性

环保设备工程的建设过程就是固定资产和生产能力或使用效益的形成过程，根据这一发展过程的客观规律，构成了环保设备工程建设工作程序的主要内容。一般来说，工程建设程序要经过规划立项、可行性研究、勘察、设计、施工、验收等若干大的阶段，每个大的阶段又都包含着许多环节。这些阶段和环节，各有其不同的工作内容，它们互相之间联系在一起，并有其客观的先后顺序。按程序办事，不仅仅是遵照其先后顺序，更重要的是注意各阶段工作的内在联系，确定各阶段工作的深度、标准，以便为下一阶段工作的开展提供有利条件，使整个建设过程的周期有效缩短。例如，在初步设计阶段要为主要设备和材料的预订货提供清单，施工图按分期交付设计时，必须满足施工的延续性。

（四）项目条件的约束性

环保设备工程项目的约束条件主要有：①时间约束，即要有合理的建设工期限制；②资源约束，即要有一定的投资总额、人力、物力等条件限制；③质量约束，即每项工程都要有预期的处理能力、排放标准、技术水平或使用效益的目标要求。

（五）建设项目的一次性

环保设备工程按照特定的任务和固定的建设地点，需要专门的单一设计，并应根据实际条件的特点，一次性地进行施工生产活动，建设项目资金的投入具有不可逆性。

（六）建设项目的风险性

多数环保设备工程项目的投资额巨大、建设周期长、投资回收期长。期间的物价变动、市场需求、资金利率等相关因素的不确定性会带来较大风险。

三、环保设备工程的分类

（一）按治理对象划分

环保设备工程可分为水污染控制设备工程、大气污染控制设备工程、固体废物污染控制设备工程、物理污染控制设备工程和土壤修复设备工程等。

（二）按项目投资来源划分

环保设备工程项目可分为政府投资项目（经营性和非经营性政府投资项目）和非政府投资项目（如生产企业投资建设的污染控制项目）；也可分为内资项目、外资项目和中外合资项目，其中内资项目是指运用国内资金作为资本金进行投资的工程项目；外资项目是指利用外国资金作为资本金进行投资的工程项目；中外合资项目是指运用国内资金和外国资金作为资本金进行投资的工程项目。

（三）按建设性质划分

环保设备工程项目可分为新建项目、扩建项目、改建项目、迁建项目和恢复项目。

1）新建项目，是指根据国民经济和社会发展的近、远期规划，按照规定的程序立项，从无到有，“平地起家”建设的环保设备工程项目。

2）扩建项目，是指现有环保工程在原有场地内或其他地点，为扩大工程的处理能力或提高污染物控制标准而增建的环保项目。

3）改建项目，是指为了对现有工程实施挖潜、节能、安全等而进行的改造工程项目。

4）迁建项目，是指原有企业、事业单位，根据自身生产经营和事业发展的要求，按照国家调整生产力布局的经济发展战略的需要或环境保护标准提升等其他特殊要求，搬迁到异地而一同建设的环保设备工程项目。

5）恢复项目，是指原有环保设施，因在自然灾害或战争中遭受全部或部分报废，需要进行投资重建来恢复处理能力和处理效果的工程项目。

（四）按处理规模划分

按项目的建设总规模或总投资额，环保设备工程项目可分为大型、中型和小型三类项目。

以污水处理项目为例：

处理规模大于 $10\times10^4\ m^3/d$ 的是大型污水处理厂，一般建在大城市，基建投资以亿元计，年运营费用以千万元计。目前全国已建成几十座，最大的是北京高碑店污水处理厂，规模达 $120\times10^4\ m^3/d$。

处理规模为（1～10）$\times10^4\ m^3/d$ 的是中型污水处理厂，一般建于中、小城市和大城市的郊县，基建投资几千万元至上亿元，年运营费用几百万元到上千万元。目前全国已建成超过百座，今后一段时间还将大量增加。

处理规模小于 $1\times10^4\ m^3/d$ 的是小型污水处理厂，一般建于小城镇，基建投资几百万元到上千万元，年运营费用几十万元到上百万元。由于经济条件的限制，目前这类污水处理厂刚刚在沿海地区经济发达的小城镇出现，今后会越来越多，小型污水处理厂的数量将超过大、中型污水处理厂的数量。

四、环保设备工程的建设层次

环保设备工程的建设层次根据基本建设内容由大到小依次为建设项目、单项工程、单位工程、分部工程、分项工程。

1）建设项目，是指经济上实行独立核算、行政上实行统一管理的工程项目，如某企业的废水处理站，某城市的固体废物处置场等。建设项目是由一个或若干个相互有内在联系的单项工程组成，建成后在经济上可以独立核算经营，在行政上又可以实行统一管理。在一个设计任务书的范围内，按规定分期进行建设的项目，仍算作一个建设项目。

2）单项工程，是指具有独立设计文件的、建成后可以单独发挥处理能力或效益的一组配套齐全的工程项目。单项工程的施工条件往往具有相对的独立性，因此一般单独组织施工和竣工验收。如某企业废水处理站建设项目中所有的废水处理构筑物及设备或污泥处置构筑物及设备分别设定为废水处理单项工程、污泥处置单项工程、管理用房单项工程等。

3）单位工程，是指具有单独设计和独立施工条件但不能独立发挥生产能力或效益的工程，它是单项工程的组成部分。如某企业废水处理站建设项目中废水处理单项工程分为废水调节池、格栅渠、混凝沉淀罐、生化反应罐、消毒罐等单位工程。

4）分部工程，是按照工程结构的专业性质或部位划分的，也是单位工程的进一步分解。例如，格栅渠可以分为地基与基础、主体渠道、格栅安装、预留孔洞、功能性试验等，其中每一部分都是分部工程。

子分部工程的设立。当分部工程较大或较复杂时，可按施工程序、专业系统及类别等划分为若干个子分部工程。如某废水处理站生化反应罐安装工程就可能包含厌氧生化反应罐安装、生物选择器安装、好氧生化反应罐安装等子分部工程。

5）分项工程，是分部工程的组成部分，主要是按工种、材料、施工工艺、设备类别等进行划分，如土方开挖与回填、钢筋工程、模板工程、混凝土工程、设备安装等。分项工程是施工生产活动的基础，也是计量工程用工用料和机械台班消耗的基本单元。一般而言，它没有独立存在的意义，只是建筑安装工程的一种基本构成要素，是为了确定建筑安装工程造价而设定的，如砖石工程中的标准砖基础，混凝土及钢筋混凝土工程中的现浇钢筋混凝土矩形梁等。

表 1-1 为某厂废水处理工程的建设层次划分实例（仅为格栅渠部分）。

表 1-1　某厂废水处理工程的建设层次划分

<table>
<tr><th>建设项目</th><th>单项工程</th><th>单位工程</th><th>分部工程</th><th>分项工程</th></tr>
<tr><td rowspan="19">某厂废水处理工程</td><td rowspan="19">构筑物</td><td rowspan="19">格栅渠</td><td rowspan="6">地基与基础工程</td><td>1∶3 砂卵石换填</td></tr>
<tr><td>C15 毛石砼换填</td></tr>
<tr><td>土方开挖</td></tr>
<tr><td>土方回填</td></tr>
<tr><td>基坑和基槽工程</td></tr>
<tr><td>垫层工程</td></tr>
<tr><td rowspan="4">主体渠道工程</td><td>模板工程</td></tr>
<tr><td>钢筋工程</td></tr>
<tr><td>混凝土工程</td></tr>
<tr><td>施工缝处理</td></tr>
<tr><td rowspan="3">附属工程</td><td>附属土建</td></tr>
<tr><td>附属预留孔</td></tr>
<tr><td>附属预埋件</td></tr>
<tr><td rowspan="4">安装工程</td><td>设备安装</td></tr>
<tr><td>工艺管道安装</td></tr>
<tr><td>电器装置安装</td></tr>
<tr><td>自动化仪表安装</td></tr>
<tr><td rowspan="2">功能性试验工程</td><td>气密性试验</td></tr>
<tr><td>满水试验</td></tr>
</table>

第三节　环保设备工程项目的建设程序

一、政府投资环保工程项目

（一）政府投资工程项目的概念

政府投资工程项目是随着我国经济体制改革和政治体制改革而逐步发展形成的全新概念，在实践中，“政府投资项目”又被称为“公共财政投资项目”或者“国家建设项目”。

所谓“公共财政投资项目”从广义上说是政府为实现其职能，将一部分集中性财政资金投入社会再生产过程各个环节的建设项目；从狭义上说是政府为保证社会再生产的顺利进行，对固定资产再生产和流动资金按最低限额而投入资金的建设项目。“公共财政投资项目”一般又被称为“财政性基本建设资金投资项目”，是指经政府职能部门批准立项，由各类财政性基本建设资金投资或部分投资的项目。

综上所述，所谓政府投资工程项目是指以政府为主导、以满足公共需求为目的、以公务公产和公有公共设施为内容、以国有资产投资或者融资方式兴建的行政性、公用性、公有性的项目。

在我国，城市污水处理、黑臭河道整治、湖泊水质治理、城市垃圾填埋等环保工程项目一般归属于环境保护工程或重大市政工程等传统基础设施领域，隶属于政府投资环保工程项目的范畴。

（二）政府投资工程项目的特点

1．政府投资工程项目是以政府为主导的

政府在政府投资工程项目的运作过程中起到决定性作用并引导项目发展方向。投资工程项目所涉及的主体很多，最主要的有建设主体、投资主体、设计主体、施工主体等，正是这一个个主体构成了投资工程项目建设的全过程，根据投资工程项目的管理方式不同，这些主体有时候是统一的，但更多的时候是相对独立的。一般来说，政府大多是项目的建设主体和投资主体，这时政府对投资工程项目的主导作用是很明显的，也是毋庸置疑的。但是，随着政治经济体制改革的深入，政府往往不再对项目进行直接投入资金或者投入较少的资金，而是以建设方的身份出现，在保证对项目拥有所有权的情况下，出让项目的经营管理权，以吸引建设资金，这样政府投资工程项目的建设主体和投资主体就相互独立起来。在这种情况下，对项目本身而言，作为建设主体的政府要比项目的投资主体更有主导作用，因为其决定了是否进行该项目建设，如何进行该项目建设，由谁具体组织该项目建设，其左右着投资项目建设的全过程，没有政府，其他的项目主体都无从谈起。

2．政府投资工程项目是以满足公共需求为最终目的的

政府在政府投资工程项目中处于主导地位，是由政府的公共管理职能决定的。政府的公共管理职能来源于社会公共需要，从本质上讲就是政府根据公众的客观需要提供相应的服务，最大限度地减弱社会负外部性，扩大社会正外部性，使每个社会成员的个人福利得到最大实现，社会整体福利得到最大提高。从表现形式上看，政府履行公共管理职能的一个主要内容就是组织力量进行国防军事建设、基础设施建设和重大科学技术研发，这就是所说的政府投资工程项目建设，而这些项目建设就必然以满足公共需求、增

加公共福利为根本目的。

3．政府投资工程项目是由政府以国有资产投资或者融资的方式建设的

当前，财政性资金的投入是政府投资的主要方式之一，但是，随着我国市场经济的建立和完善，仅靠政府财政性资金的投入已经远远无法满足我国基础性建设的客观需要。为此，近年来各地纷纷通过融资的方式解决这一问题。虽然各地融资的方式多种多样、各不相同，但是有一个共同的趋势就是政府不再单纯地依靠财政性资金的投入来解决基础性建设的资金问题，而是大量的吸引社会资金。目前比较流行的 BOT（建造—运营—移交）模式和 PPP（公共部门与民营企业）模式是这种趋势的典型代表。在这两种融资模式中，政府已经不再直接投入财政性资金，而是通过在一定条件下出让建设项目的使用权和收益权来吸收社会资金。

4．政府投资工程项目具有行政性、公用性、公有性

政府投资工程项目是由政府主导的，从项目的设立到建设，再到运营，都是由政府控制的，而政府要进行这些建设，是由其公共管理职能决定的，是履行行政职能的一种方式。同时，对投资工程项目最终产品的管理与运作，也是政府的主要职责。公用性是指政府投资工程项目的主要目的是满足公共需求、增加社会福利，而其具体表现就是政府投资工程项目的最终产品可以直接或者间接地满足公共需求、增加社会福利。公有性是指政府投资工程项目的最终产品是归国家所有，由政府代行所有权。项目的最终产品往往是关系国计民生的设施，处于公共安全的考虑，这种设施的所有权绝不能交给某一个个人或者组织，而必须将其置于公共权力的控制之下。当然，政府虽然代行所有权，但并不意味着政府直接对其进行管理运营，也可以设立或者授权具备条件的组织进行管理和运营，政府只进行宏观管理和监督。

（三）政府投资环保设备工程项目的建设程序

绝大多数城市的污水处理、垃圾填埋、黑臭河道整治等环保设备工程项目作为政府投资的基本建设项目中的一类，其建设遵循国家基本建设程序。按照工程建设项目发展的内在规律，投资建设一个项目工程都需要经过投资决策和建设实施两个时期。这两个时期又可分为若干个阶段，它们之间存在着严格的先后顺序，又可以进行合理的交叉，但不能任意颠倒顺序。通常拟建项目按设想、论证、评估、决策、设计、施工、验收、投入生产或交付使用的先后顺序进行建设，这个先后顺序反映了建设工作的客观规律，是建设项目科学决策和顺利进行的重要保证。

政府投资环保设备工程项目的建设程序一般如图 1-2 所示。

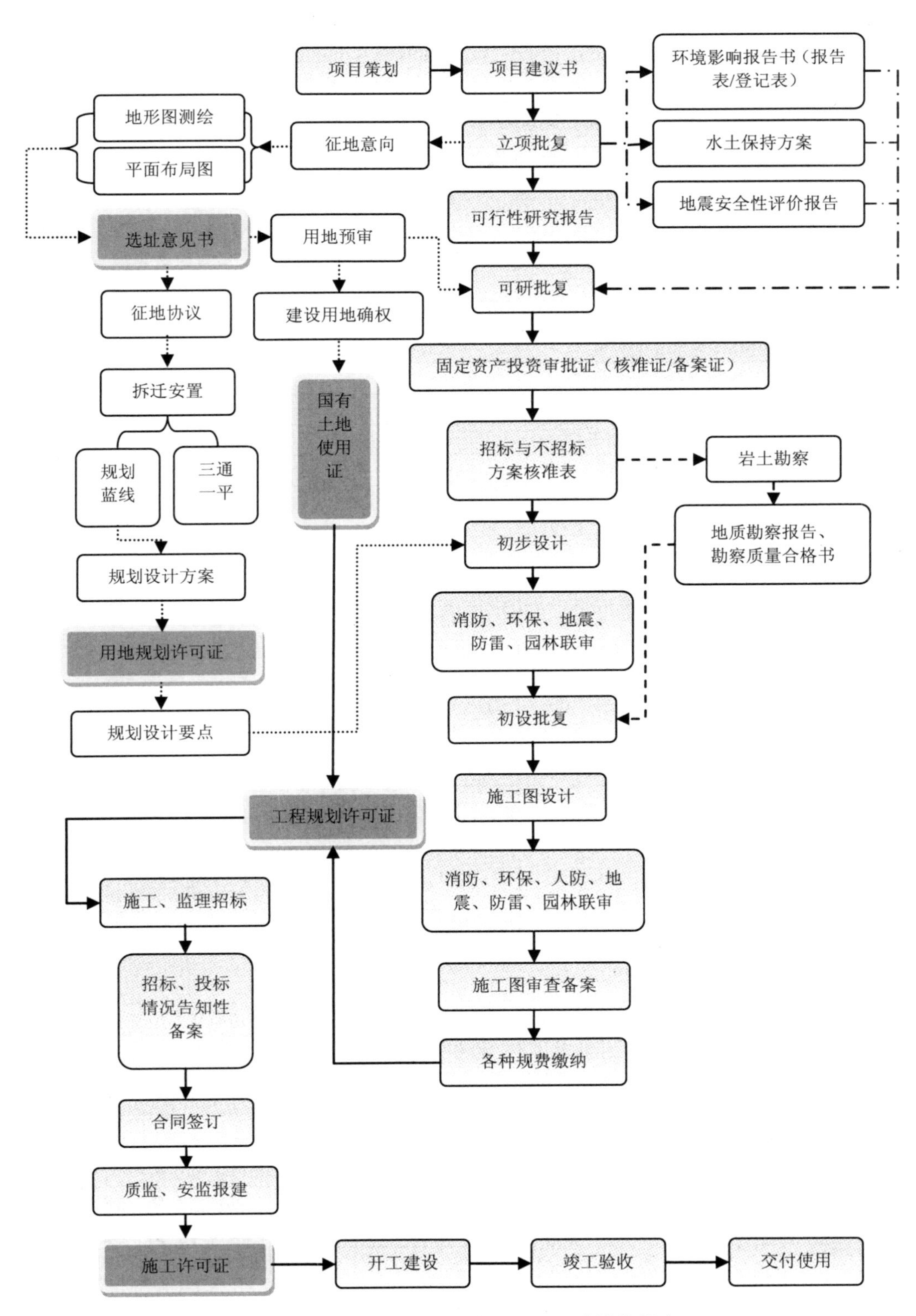

图 1-2　政府投资环保设备工程项目建设的程序

政府投资环保设备工程项目建设各阶段审批或备案部门如表1-2所示。

表1-2 项目建设各阶段审批或备案部门一览表

阶段		内容	审批或备案部门	备注
前期阶段	项目建议书阶段	1．编制项目建议书	投资主管部门	同时做好拆迁摸底调查和评估；做好资金来源及筹措的准备；准备好选址建设地点的测绘地图
前期阶段	项目建议书阶段	2．编写项目选址规划意见书	规划部门	
前期阶段	项目建议书阶段	3．办理建设用地规划许可证和工程规划许可证	规划部门	
前期阶段	项目建议书阶段	4．办理土地使用审批手续	自然资源管理部门	
前期阶段	项目建议书阶段	5．办理环保审批手续	环保部门	
前期阶段	可行性研究报告阶段	6．编制可行性研究报告		聘请有相应资质的咨询单位
前期阶段	可行性研究报告阶段	7．可行性研究报告论证		聘请有相应资质的单位
前期阶段	可行性研究报告阶段	8．可行性研究报告报批	项目审批部门	批准后的项目列入年度计划
前期阶段	可行性研究报告阶段	9．办理土地使用证	自然资源管理部门	
前期阶段	可行性研究报告阶段	10．办理征地、青苗补偿、拆迁安置等手续	自然资源管理部门、建设部门	
前期阶段	可行性研究报告阶段	11．地勘		委托或通过招标、比选等方式选择有相应资质的单位
前期阶段	可行性研究报告阶段	12．报审供水、供气、排水市政配套方案	规划、住建、土地、人防、消防、环保、文物、安全、劳动、卫生等部门提出审查意见	
准备阶段	工程设计阶段	13．初步设计		委托或通过招标、比选等方式选择有相应设计资质的单位
准备阶段	工程设计阶段	14．办理消防手续	消防部门	
准备阶段	工程设计阶段	15．初步设计文本审查	规划部门、发改部门	
准备阶段	工程设计阶段	16．施工图设计		委托或通过招标、比选等方式选择有相应设计资质的单位
准备阶段	工程设计阶段	17．施工图设计文件审查、备案	报有相应资质的设计审查机构审查，并报行业主管部门备案	
准备阶段	施工准备阶段	18．编制施工图预算		聘请有预算资质的单位
准备阶段	施工准备阶段	19．编制项目投资计划书	按建设项目审批权限报批	
准备阶段	施工准备阶段	20．建设工程项目报建备案	建设主管部门	
准备阶段	施工准备阶段	21．建设工程项目招标	业主自行招标或通过比选等竞争性方式择优选定招标代理机构，通过招标或比选等方式择优选定设计单位、勘察单位、施工单位、监理单位和设备供货单位	
准备阶段	施工准备阶段	22．开工建设前准备		包括：征地、拆迁和场地平整；三通一平；施工图纸
准备阶段	施工准备阶段	23．办理工程质量监督手续	质监管理机构	
准备阶段	施工准备阶段	24．办理施工许可证	建设主管部门	
准备阶段	施工准备阶段	25．项目开工前审计	审计机关	

阶段	内容	审批或备案部门	备注
施工阶段	26．报批开工	建设主管部门	
竣工验收阶段	27．竣工验收	质监管理机构	
后评价阶段	28．工程项目后评价		评价包括效益后评价和过程后评价

二、工业企业配套环保设备工程项目

（一）工业投资项目的概念

工业投资项目是指以新增工业生产能力为主的投资项目，其投资内容不仅包括固定资产投资的建设项目，而且包括流动资金投资的建设项目。

（二）工业企业建设项目的环保“三同时”政策

“三同时”是指建设项目的环境保护设施与主体工程同时设计、同时施工、同时投产使用。

《中华人民共和国环境保护法》第四十一条规定：“建设项目中防治污染的设施，应当与主体工程同时设计、同时施工、同时投产使用。防治污染的设施应当符合经批准的环境影响评价文件的要求，不得擅自拆除或者闲置。”

《中华人民共和国劳动法》第五十三条明确要求：“劳动安全卫生设施必须符合国家规定的标准。新建、改建、扩建工程的劳动安全卫生设施必须与主体工程同时设计、同时施工、同时投入生产和使用。”

《中华人民共和国安全生产法》第二十八条规定：“生产经营单位新建、改建、扩建工程项目的安全设施，必须与主体工程同时设计、同时施工、同时投入生产和使用，安全设施投资应当纳入建设项目概算。”

《中华人民共和国职业病防治法》第十八条规定：“建设项目的职业病防护设施所需要费用应当纳入建设项目工程预算，并与主体工程同时设计、同时施工、同时投入生产和使用。”

“三同时”制度是我国防止产生新的环境污染和生态破坏的重要环境保护管理制度。凡是通过环境影响评价确认可以开发建设的项目，建设时必须按照“三同时”规定，把环境保护措施落到实处，防止建设项目建成投产使用后产生新的环境问题，在项目建设过程中也要防止环境污染和生态破坏。建设项目的设计、施工、竣工验收等主要环节落实环境保护措施，关键是保证环境保护的投资、设备、材料等与主体工程同时安排，使环境保护要求在基本建设程序的各个阶段得到落实，“三同时”制度分别明确了建设单位、主管部门和环境保护部门的职责，有利于具体管理和监督执法。

（三）某企业环保“三同时”流程操作要点

某企业环保“三同时”流程操作要点详见表 1-3。

表 1-3　某企业环保“三同时”流程操作要点

步骤编号	流程步骤说明	责任部门	关键控制点	输入信息	输出信息
1	委托编制环境影响评价报告书	某企业	建设项目可行性研究阶段，企业应委托有资质的环境影响评价单位进行环境影响评价	—	环境影响评价
2	编制环境影响评价报告书	环评编制单位	评价单位现场调查、收集资料、编制环境影响评价报告书	—	环境影响评价报告书
3	提出审批及提交申报材料	某企业	环境影响评价文件编制完成后，企业向生态环境主管部门提出审批申请并提交申报材料	申报材料	—
4	生态环境主管部门技术审核	生态环境主管部门	生态环境主管部门对环境影响评价文件进行技术审查	—	环境影响评价
5	取得批复，项目开工建设	某企业	环境影响评价文件通过技术审查后，取得环保部门批复意见；项目可开工建设	—	环境影响评价报告书
6	环境保护设计专篇	设计单位	初步设计阶段，企业应委托有资质的设计单位编制环境保护设计专篇	—	环境保护设计专篇
7	工程建设实施施工期环境监理	监理公司	工程开工建设时，企业应委托具有相应资质的单位对工程建设实施施工期环境监理，确保环境保护设施与主体工程同时实施，并最大限度降低施工对环境的影响	—	—
8	主体工程完工后，必须向生态环境主管部门提出试生产申请	某企业	主体工程完工后，企业必须向生态环境主管部门提出试生产申请；经过环保部门现场检查并同意后方可进入试生产	试生产申请	—
9	现场检查	生态环境主管部门	生态环境主管部门组织现场检查	—	试生产批复
10	开展试生产、调试和监测环保设施	某企业	开展试生产、调试和监测环保设施	—	—

步骤编号	流程步骤说明	责任部门	关键控制点	输入信息	输出信息
11	竣工环保验收报告，并委托环境监测单位监测	设计单位 监理公司	试生产期间，企业委托竣工环保验收技术支撑单位编制竣工环保验收报告，并委托有资质的环境监测单位进行监测	—	竣工验收报告
12	验收调查单位编制竣工环保验收报告	某企业	验收单位编制竣工环保验收报告	—	竣工环保验收报告
13	向生态环境部环境工程评估中心提报竣工环保验收报告	某企业	企业将项目“竣工环保验收报告”报送环境影响评价文件审批部门，提出竣工环保验收申请，并提交相关资料	竣工验收调查报告	竣工环保验收申请
14	环保部门组织技术审查	环保部门	组织技术审查	—	—
15	向环保部门提交验收申请材料	—	通过审查后向环保部门提交验收申请资料	申请材料	—
16	生态环境主管部门现场验收及批复	生态环境主管部门	审批部门进行竣工环保验收现场检查，通过现场检查或对存在的环境问题进行整改后，相关生态环境主管部门对竣工环保验收进行批复	—	验收批复
17	取得环保批复	—	项目取得环保验收批复后，可正式投入生产	—	正式投产

三、建设项目的环境管理

根据《中华人民共和国环境保护法》和《建设项目环境保护管理条例》（国务院令第682号）的规定，在中华人民共和国领域内对环境有影响的一切建设项目，在编写项目建议书至建设竣工投产过程中，建设单位及有关部门必须依各自职责按程序（图1-3）开展环境保护工作，办理审批手续。

环境管理工作贯穿于整个项目的建设和使用全过程。建设单位在编制项目建议书和选址时要编写环境影响说明；可行性研究阶段要编写项目环境影响报告书（报告表）；在初步设计阶段应提交具有环境保护篇章的初步设计文件；在施工过程中，要保证施工现场周围的环境保护工作，防止污染和对环境的破坏；在项目投产前，必须向负责审批的环保部门提交竣工环境保护验收报告，经验收合格并获得环保部门批复后方可正式投产使用；对生产过程中新出现的环境影响要及时治理，在技术改造过程中要重编环境影响报告书。

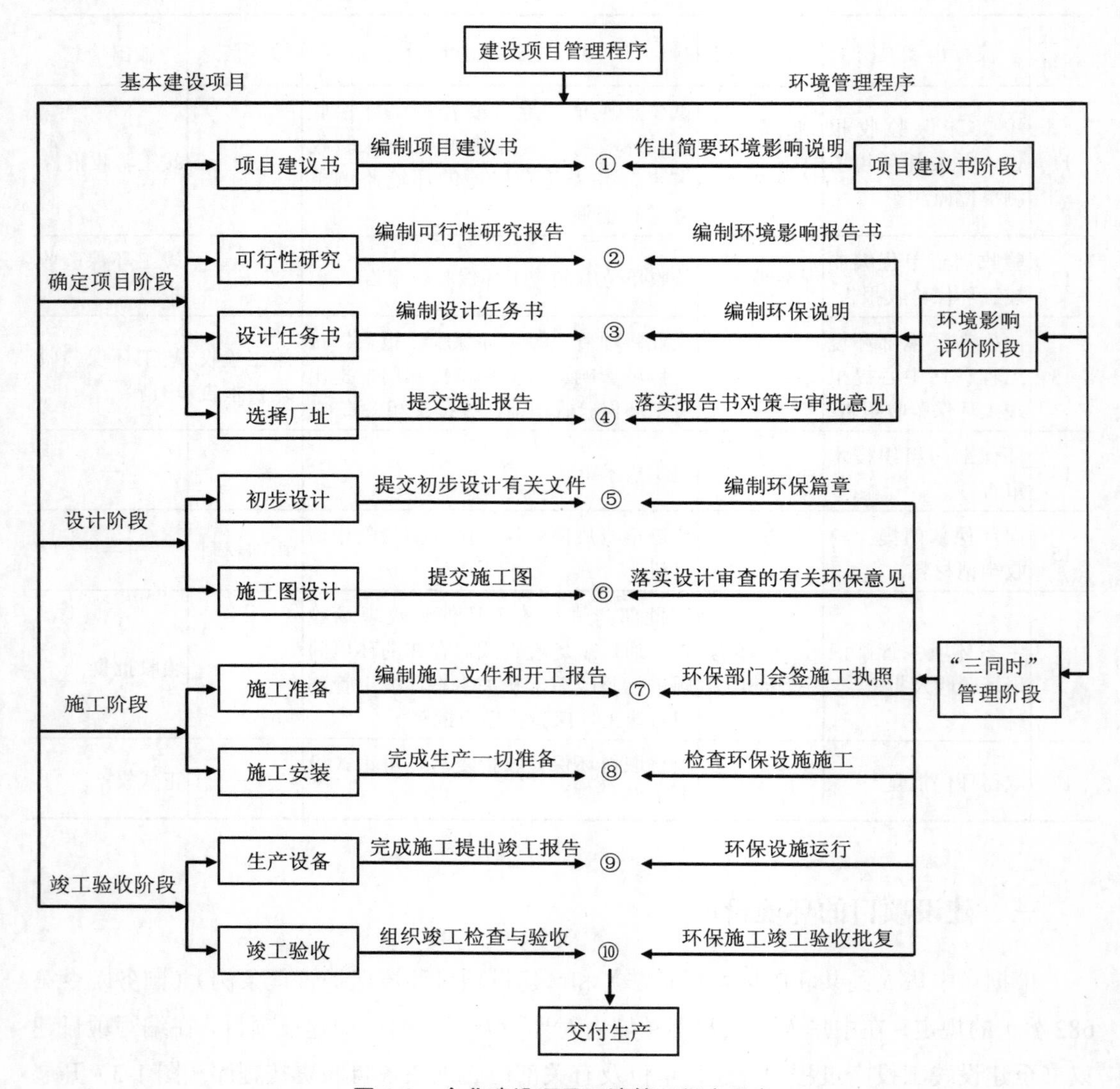

图 1-3　企业建设项目环境管理程序示意

建设项目四个主要阶段的环境管理及程序：

（一）确定项目阶段的环境管理

（1）项目建议书阶段的环境管理

1）建设单位结合选址，对项目建成投产后可能造成的环境影响进行简要说明（或环境影响初步分析）；

2）政府环保部门或企业环保管理部门参加工程现场踏勘；

3）有关环保部门的签署意见纳入项目建议书作为立项依据。

（2）设计阶段的环境管理

1）生态环境主管部门根据发改委及有关部门立项批复，督促建设单位执行环境影响报告书（表）审查制度；

2）建设单位征求环保部门意见，确定报告书或报告表，委托有资质的评价机构，编制环境影响报告书或报告表等。国家根据建设项目对环境的影响程度，按照下列规定对建设项目的环境保护实行分类管理：

- 建设项目对环境可能造成重大影响的，应当编制环境影响报告书，对建设项目产生的污染和对环境的影响进行全面、详细的评价；
- 建设项目对环境可能造成轻度影响的，应当编制环境影响报告表，对建设项目产生的污染和对环境的影响进行分析或者专项评价；
- 建设项目对环境影响很小，不需要进行环境影响评价的，应当填报环境影响登记表。

建设项目环境影响评价分类管理名录，由国务院生态环境主管部门在组织专家进行论证和征求有关部门、行业协会、企事业单位、公众等意见的基础上制定并公布。

3）依法应当编制环境影响报告书、环境影响报告表的建设项目，建设单位应当在开工建设前将环境影响报告书、环境影响报告表报有审批权的生态环境主管部门审批；建设项目的环境影响评价文件未依法经审批部门审查或者审查后未予批准的，建设单位不得开工建设。

（二）设计阶段的环境管理

一般建设项目按两个阶段进行设计，即初步设计和施工图设计。对于技术上复杂而又缺乏设计经验的项目，经行业主管部门确定，可能增加技术设计阶段；

为解决总体开发方案和建设部署等重大问题，有些行业可包括总体规划设计或总体设计。

（1）初步设计阶段的环境管理

1）建设项目初步设计必须按照建设项目环境保护设计规定编制环境保护篇章，具体落实环境影响报告书（表）及其审批意见所确定的各项环境保护措施和投资概算；

2）建设单位在设计会审前向生态环境主管部门报送设计文件；

3）特大型（重点）建设项目按审查权限由国务院生态环境主管部门或其委托的省级政府生态环境主管部门参加设计审查，一般建设项目由省级政府生态环境主管部门参加设计审查。

必要时生态环境主管部门可单独审查环保篇章。

（2）施工图设计阶段的环境管理

1）根据初步设计审查的审批意见，建设单位会同设计单位，在施工图中落实有关环保工程的设计及其环保投资的内容。

2）环保部门组织监督检查。

3）建设单位报批开工报告。批准后，建设项目列入年度计划，其中应包含相应环保投资。

（三）施工阶段的环境管理

1）建设项目需要配套建设的环境保护设施，必须与主体工程同时设计、同时施工、同时投产使用。

2）建设单位会同施工单位准备好环保工程的施工建设、资金使用情况等资料，以及文件的整理建档等用以工作备查。以季报的形式将环保工程进度情况上报生态环境主管部门。

3）环保部门检查环保报批手续是否完备、环保工程是否纳入施工计划，以及建设进度和资金落实情况并提出意见。

4）建设单位与施工单位负责落实环保部门对施工阶段的环保要求以及施工过程中的环保措施：主要是保护施工现场周围的环境，防止对自然环境造成不应有的破坏；防止和减轻粉尘、噪声、震动等对周围生活居住区的污染和危害，建设项目竣工后，施工单位应当修整和恢复在建设过程中受到破坏的环境。

（四）竣工验收阶段的环境管理

1）《建设项目环境保护管理条例》第十七条规定“编制环境影响报告书、环境影响报告表的建设项目竣工后，建设单位应当按照国务院环境保护行政主管部门规定的标准和程序，对配套建设的环境保护设施进行验收，编制验收报告”，取消了“建设项目竣工环境保护验收”行政审批事项，环保设施竣工验收主体由环保部门转为建设单位，建设单位需自行验收。

2）编制环境影响报告书（表）的建设项目竣工后，建设单位或者其委托的技术机构应当依照国家有关法律法规、建设项目竣工环境保护验收技术规范、建设项目环境影响报告书（表）和环保部门的环评批复等要求，如实查验、监测、记载建设项目环境保护设施的建设和调试情况，同时还应如实记载其他环境保护对策措施“三同时”落实情况，编制竣工环境保护验收报告。验收报告编制人员对其编制的验收报告结论终身负责，不得弄虚作假。

3）验收报告编制完成后，建设单位应组织成立验收工作组。验收工作组由建设单位、设计单位、施工单位、环境影响报告书（表）编制机构、验收报告编制机构等单位代表和专业技术专家组成。

4）验收工作组应当严格依照国家有关法律法规、建设项目竣工环境保护验收技术规范、建设项目环境影响报告书（表）和环保部门的环评批复等要求对建设项目配套建设的环境保护设施进行验收，形成验收意见。验收意见应当包括工程建设基本情况、工程变更情况、环境保护设施建设情况、环境保护设施调试效果和工程建设对环境的影响、验收存在的主要问题、验收结论和后续要求。验收工作组现场检查可以参照《关于印发建设项目竣工环境保护验收现场检查及审查要点的通知》（环办〔2015〕113 号）执行。

5）建设单位应当对验收工作组提出的问题进行整改，合格后方可出具验收合格的意见。建设项目配套建设的环境保护设施经验收合格后，其主体工程才可以投入生产或者使用。

6）建设项目竣工环境保护验收应当在建设项目竣工后 6 个月内完成。建设项目环境保护设施需要调试的，验收可适当延期，但总期限最长不得超过 9 个月。

第四节　环保设备工程建设相关规定

一、法律法规

法律法规是指中华人民共和国现行有效的法律、行政法规、司法解释、地方法规、地方规章、部门规章及其他规范性文件。其中，法律有广义、狭义两种理解。广义上讲，法律泛指一切规范性文件；狭义上讲，法律仅指全国人大及其常委会制定的规范性文件。在与法规相提并论时，法律则是指狭义上的法律。法规则主要指行政法规、地方性法规及经济特区法规等。

（一）部分相关法律

《中华人民共和国环境保护法》

《中华人民共和国水法》

《中华人民共和国节约能源法》

《中华人民共和国环境影响评价法》

《中华人民共和国大气污染防治法》

《中华人民共和国行政强制法》

《中华人民共和国循环经济促进法》

《中华人民共和国水污染防治法》

《中华人民共和国放射性污染防治法》

《中华人民共和国清洁生产促进法》

《中华人民共和国环境噪声污染防治法》

《中华人民共和国环境保护税法》

《中华人民共和国海洋环境保护法》

（二）部分相关法规

《国家危险废物名录》

《企业信息公示暂行条例》

《畜禽规模养殖污染防治条例》

《城镇排水与污水处理条例》

《气象设施和气象探测环境保护条例》

《放射性废物安全管理条例》

《太湖流域管理条例》

《危险化学品安全管理条例》

《消耗臭氧层物质管理条例》

《防治船舶污染海洋环境管理条例》

《规划环境影响评价条例》

《废弃电器电子产品回收处理管理条例》

《中华人民共和国畜禽遗传资源进出境和对外合作研究利用审批办法》

《中华人民共和国防治海岸工程建设项目污染损害海洋环境管理条例》

《防治海洋工程建设项目污染损害海洋环境管理条例》

《国家突发环境事件应急预案》

二、标准

《标准化工作指南　第 1 部分：标准化和相关活动的通用术语》（GB/T 20000.1—2014）5.3 条将标准描述为："通过标准化活动，按照规定的程序经协商一致制定，为各种活动或其结果提供规则、指南或特性，供共同使用和重复使用的文件。"其附录 A 表 A.1 对标准的定义是："为了在一定范围内获得最佳秩序，经协商一致确定并由公认机构批准，为活动或结果提供规则、指南或特性，供共同使用和重复使用的文件。"

《标准化和有关领域的通用术语　第 1 部分：基本术语》（GB/T 3935.1—1996）对标准的定义是："为在一定范围内获得最佳秩序，对活动或其结果规定共同的和重复使用的规则、导则或特性的文件。该文件经协商一致制定并经一个公认机构的批准。"标准应以科学、技术和实践经验的综合成果为基础，以促进最佳社会效益为目的。

国际标准化组织（ISO）的国家标准化管理委员会（STACO）一直致力于标准概念的

研究，先后以“指南”的形式给“标准”的定义做出了统一规定：标准是由一个公认的机构制定和批准的文件。它对活动或活动的结果规定了规则、导则或特殊值，供共同和反复使用，以实现在预定领域内最佳秩序的效果。

在我国，标准分为国家标准（GB）、地方标准（DB）、行业标准（HJ）3 种。

国家生态环境保护标准分为环境质量类标准、污染物排放类标准、环境监测规范类标准、环境基础类标准和环境管理规范类标准。

三、相关工程规范

工程规范是指对工程实施过程中的设计、施工、验收等工作内容的具体技术要求，是各项工作的规则，一般包括总体目标的技术描述、功能的技术描述、技术指标的技术描述，以及限制条件的技术描述等。

工程规范可分为工程设计与咨询规范和工程施工与验收规范。其中，工程设计与咨询规范常用的有通用水处理规范、民用水处理规范、工业水处理规范、工艺水处理规范和水处理结构规范。

四、导则与指南

导则一般由国家行政管理职能部门发布，用于规范工程咨询与设计的手段和方法，具有一定的法律效力。比如环境影响评价技术导则中区分了大气环境、地表水环境、声环境等技术类别，分别就各领域的评价技术要求、方法做了规定，各评价单位和审批单位均须遵照执行。

指南是指给出某主题的一般性、原则性、方向性的信息、指导或建议的文件。指南也是标准族的一种形式。在有指南的标准族里，标准一般是提出要求，而指南则是具体指导如何运用相关标准的操作性规范。

五、环保技术政策

技术政策是对技术发展提出的准则，目的是通过技术进步推动社会特别是经济的发展。技术政策综合考虑技术、经济、社会诸方面，因而成为技术发展和经济建设应共同遵循的发展政策。

部分常用环保技术政策如下：

《制药工业污染防治技术政策》（环境保护部公告 2012 年第 18 号）

《铅锌冶炼工业污染防治技术政策》（环境保护部公告 2012 年第 18 号）

《电解锰行业污染防治技术政策》（环发〔2010〕150 号）

《畜禽养殖业污染防治技术政策》（环发〔2010〕151 号）

《废弃家用电器与电子产品污染防治技术政策》（环发〔2006〕115号）

《矿山生态环境保护与污染防治技术政策》（环发〔2005〕109号）

《废电池污染防治技术政策》（环发〔2003〕163号）

《煤矸石综合利用技术政策要点》（国经贸资源〔1999〕1005号）

《柴油车排放污染防治技术政策》（环发〔2003〕10号）

《机动车排放污染防治技术政策》（环发〔1999〕134号）

实例：某城市污水处理厂建设项目的建设程序

思考题

一、环保设备工程项目的建设层次是怎样的？

二、简述环保设备工程的建设程序。

三、环保设备工程的前期阶段主要工作内容包括哪些？

四、列举环保设备工程竣工验收的相关要求。

第二章　环保设备工程的前期策划

第一节　工程项目的前期策划

一、工程项目前期策划的主要任务

项目前期策划的任务主要是寻找项目机会、确立项目目标、定义项目，并对项目进行详细的技术经济论证。主要有以下内容：

1）环境调查和分析：主要是了解项目所处的政策环境、宏观经济环境、自然环境、市场环境、建设环境（能源、基础设施）及建筑环境（风格、主色调等）等，从而为项目的定义和论证提供资料。

2）项目定义和论证：主要是确立开发或建设项目的目的、宗旨及指导思想，并确定项目的规模、组成、功能、标准和布局、总投资及开发或建设周期。

3）组织策划：主要是确定项目决策期的工作流程和任务分工及管理职能分工。

4）管理策划：是要确定项目建设和经营期管理的总体方案。

5）合同策划：是确定项目决策期的合同结构、内容和文本。

6）经济策划：注重于项目开发中的成本效益分析，制订资金需求量计划和融资方案。

7）技术策划：主要是分析和论证技术方案以及技术标准和规范的应用和制定。

8）营销策划：分析确定营销策略、广告及销售价格等。

9）环境和文化策划：关注项目规划中的环境艺术、生态文化等方面。

10）风险分析：包括政治风险、政策风险、经济风险、组织风险、管理风险以及营销风险等。

二、工程项目前期策划的特点

（一）工程项目前期策划的系统性

1．工程项目的构思和选择

任何工程项目都起源于项目的构思，而构思产生于解决上层系统（如国家、地方、企业、部门）问题的期望，或为了满足上层系统需要，成为实现上层系统战略目标和计划的措施等。这种构思可能很多，人们可以通过许多途径和方法（即项目或非项目手段）达到目的，那么必须在它们中间做选择，并经有关部门批准，再做进一步研究。

2．项目的目标设计和项目定义

这一阶段主要通过进一步研究上层系统情况和存在的问题，提出项目的目标因素，进而构成项目目标系统，通过对目标层面的说明形成项目定义。这个阶段包括：①情况的分析和问题的研究；②项目的目标设计；③项目的定义；④项目的审查。

3．可行性研究

可行性研究必须建立在大量的技术数据分析与技术经济论证的基础上，为工程项目作决策，包括为项目发展阶段性的技术分析评估提供可靠的保证。

（二）工程项目前期策划的科学性

1）工程项目构思基于对客观环境的评估与预测，并非来源于某些部门、企业及个人的感性思维。

2）工程项目的目标设计必须经过详细的推敲，因为方向性错误将会导致整个项目的失败。

（三）工程项目前期策划的重要性

项目的建设必须符合上层系统（如国家、地方、企业、部门）的需要，解决上层系统存在的问题。如果上马一个项目，其结果不能解决上层系统的问题，或不能为上层系统所接受，常常会成为上层系统的包袱，给上层系统带来历史性的影响。一个工程项目的失败通常会导致经济损失、企业衰败，甚至会导致社会环境的破坏。

三、工程项目前期策划应注意的问题

1）在整个过程中，相关人员必须不断地进行环境调查，并对环境发展趋向进行合理的预测。环境是确定项目目标、进行项目定义、分析可行性的最重要影响因素，是进行正确决策的基础。

2）整个过程是一个多重反馈的过程，要不断地进行调整、修改、优化，甚至放弃原定的构思、目标或方案。

3）在项目前期策划过程中，阶段决策是非常重要的，在整个过程中必须设置几个决策点，对分阶段工作结果进行分析、选择。

4）图纸未到位的工程，可先根据指南编制出策划大纲，明确策划责任，准备基础资料；同时根据已到的图纸参考同类工程经验进行定性策划，然后根据随后到位的图纸逐步补充定量内容。

5）对项目当地市场情况不了解时，项目人员不可凭经验盲目策划，必须根据需要对市场进行详细了解，必要时项目经理要亲自深入了解一些关键市场信息（材料涨跌因素、供应商诚信度、运输条件、设备材料租赁等）。

6）在项目人员未完全到位、策划职能部门不健全的情况下，项目负责人在催促人员尽快到位的同时，充分利用现有资源完成有能力进行策划的部分，或通过上级单位协调相关、就近项目的人力资源参与本部门策划。

7）防止出现项目人员不按科学程序办事，不愿花费时间、金钱和精力，过多考虑自身利益而忽视工程风险的现象。

8）上层管理者的任务是：提出解决问题的期望或将总的战略目标和计划进行分解，不必关注细节，无须立即提出问题的方案，项目的可行性研究应从市场、法律和技术经济等角度来论证。

9）项目负责人应争取高层组织的支持，协调好战略层和项目层的关系。

10）相关研究应详细、全面，注意定性分析和定量分析相结合，用数据说话，加强风险的预测分析和防范。

四、工程项目的构思

（一）项目构思的含义

项目构思又称项目创意，是指项目人员对未来投资项目的目标、功能、范围，以及项目涉及的各主要因素和大体轮廓的设想与初步界定。项目构思在很大程度上可以说是一种思维过程，是项目人员对所要实现的目标进行的一系列想象和描绘，当然这种想象和描绘并非天马行空、无所约束。

（二）项目构思的产生

项目构思是一种创造性地探索过程，是项目策划的基础和首要步骤，其实质在于挖掘企业可能捕捉到的市场机会。项目构思的好坏，不仅直接影响到整个项目策划的成败，而且关系到项目策划过程的繁简、工作量的大小等。

（三）项目构思的特征

1）地域性：项目构思要考虑开发项目的区域经济情况、周围的市场情况等。

2）前瞻性：项目构思的理念、创意、手段应着重表现为超前性、预见性。

3）市场性：项目构思要适应市场的需求，自始至终以市场的需求为依据。

4）创新性：项目构思要追求新意、独创。项目构思的方式与方法虽有共性，但运用在不同的场合、不同的地方，其所产生的效果也不一样，这需要通过构思来实践创新。

5）操作性：项目构思方案要易于操作、容易实施。

6）多样性：开发的方案是多种多样的，要对多种方案进行权衡比较、扬长避短，选择最科学、最合理、最具操作性的一种。

（四）项目构思的内容

进行项目构思时，一般来说，项目人员要考虑如下内容：

1）项目的投资背景及意义；

2）项目的投资方向和目标；

3）项目投资的功能及价值；

4）项目的市场前景及开发的潜力；

5）项目建设环境和辅助配套条件；

6）项目的成本及资源约束；

7）项目所涉及的技术及工艺；

8）项目资金的筹措及调配计划；

9）项目运营后预期的经济效益；

10）项目运营后社会、经济、环境的整体效益；

11）项目投资的风险及化解方法；

12）项目的实施及其管理。

（五）项目构思的方法

项目构思是一种创造性的活动，无固定的模式或现成的方法可循，需要根据具体情况具体分析，但仍有一些常用分析构思的方法可以借鉴、参考。项目管理者们根据实践经验，归纳出了一些有用的方法。

1）项目混合构思法。根据项目混合的形态，项目混合构思法又分为两种形式：一是项目组合法；二是项目复合法。项目组合法就是把两个或两个以上的项目相加形成新项目；项目复合法就是将两个以上的项目，根据需要复合成一个新项目。两种形式的不同在于，经过组合的项目，基本上仍保留原项目的性质，而复合成的项目则变成性质完全不同的新项目。

2）比较分析法。这种项目构思方法是指项目策划者通过对自己掌握或熟悉的某个或多个特定的项目，既可以是典型的成功项目，也可以是不成功的项目，进行纵向分析或横向联想比较，从而挖掘和发现项目投资的新机会。

3）集体创造法。一个成功的项目构思，单靠投资者本人或某些项目构思者，往往很难顺利地完成项目构思。发挥集体的力量、依靠群众力量和群众智慧进行项目构思是十分重要的。

（六）项目构思的过程

项目构思不是一蹴而就的，它需要一个逐渐发展的递进过程。项目构思一般分为三个阶段，即准备阶段、酝酿阶段和调整完善阶段。

1）准备阶段。准备阶段即进行项目构思的各种准备工作。

2）酝酿阶段。酝酿阶段一般包括创意潜伏、创意出现、构思诞生三个过程。

3）调整完善阶段。调整完善阶段就是从项目初步构思的诞生到项目构思完善的这一过程。它又包含发展、评估、定形三个阶段。

五、工程项目目标管理

（一）工程项目目标概述

1．工程项目的目标体系

工程项目目标基本表现为三方面，即时间（或进度）、成本（或投资）、技术性能（或质量标准）。实施项目的目的就是充分利用可获得的资源，使项目在一定时间内、在一定的预算基础上，获得期望的技术成果。然而这三个目标往往存在冲突。例如，通常时间的缩短要以成本的提高为代价，而时间及成本的投入不足又会影响技术性能的实现，因此实现工程目标要做到统筹全局、动态管理。

在上述三大控制目标的基础上，现代工程项目管理还强调：

1）环境目标：项目的实施和运行必须与环境协调。

2）安全目标：项目的实施和运营必须保证施工工作现场周边的人员、在项目运营中的操作人员、项目产品使用者的安全。

3）健康目标：项目的实施和运营必须保证施工工作现场周边的人员、在项目运营中的操作人员、项目产品使用者的健康。

4）各方面满意目标：项目人员与业主及其他相关者有友好的合作关系，如企业信誉好、形象好等。

2．工程项目目标的特点

1）多目标性：对一个项目而言，项目目标往往不是单一的，而是一个多目标系统。项目提出者希望通过一个项目的实施，实现一系列的目标，满足多方面的需求。但是很多时候不同目标之间存在冲突，实施项目的过程就是多个目标协调的过程，有同一个层次目标的协调，也有不同层次总目标和子目标的协调、项目目标和组织战略的协调等。

2）优先性：项目是一个多目标的系统，不同目标在项目的不同阶段，项目人员关注的重点不一样，例如在启动阶段可能更关注技术性能，在实施阶段主要关注成本，在验收阶段关注时间进度。对于不同的项目，项目人员关注的重点也不一样，例如单纯的软件项目可能更关注技术指标和软件质量。

当项目的三个基本目标发生冲突的时候，成功的项目管理者会采取适当的措施进行权衡和优选。当然项目目标的冲突不仅限于三个基本目标，有时项目的总体目标体系之间也会存在协调问题，都需要项目管理者根据目标的优先性进行权衡和选择。

3）层次性：项目目标的层次性是指项目人员对项目目标的描述需要有一个从抽象到具体的层次结构，即一个项目目标既要有最高层次的战略目标，也要有较低层次的具体目标，通常明确定义的项目目标按照意义和内容表示为一个递阶层次结构，层次越低的目标描述得应该越清晰、具体。

3．工程项目的目标分解

1）目标分解的要求包括三方面：①分解合理：如项目人员可将任务分层次、分阶段、分部门、分工序等进行分解。②方便明确：项目经分解后，关键问题或薄弱环节应当易于识别。③便于落实：项目分解后要便于人员操作。

2）目标分解的方法。项目人员可将工程项目目标按层次逐级分解。

（二）工程项目的目标管理

1．目标管理的定义

目标管理是以目标为导向、以人为中心、以成果为标准，使组织和个人取得最佳业绩的现代管理方法。目标管理是一种基本的管理技能，它通过划分组织目标与个人目标的方法，将许多关键的管理活动结合起来，实现全面、有效的管理。

工程项目的目标管理作为工程项目管理中重要的工作内容，因其涉及内容繁杂、利益方众多、建设周期长、不确定因素多等原因，在建设执行过程中，项目目标会受到各方面影响。

2．目标管理的程序

项目目标管理的全过程是由一个个循环过程所组成的，而循环控制要持续到项目建成。可通过各个阶段项目目标管理来实现项目目标：①按计划要求投入；②做好转换过程的控制工作；③及时做好反馈；④对比目标以确定是否偏离；⑤取得纠正控制效果。

3．目标管理控制的主要内容

（1）进度控制

工程项目中目标管理的进度控制是一个动态的系统，目的是更好地确保工期的质量与目标的实现。因此，工程项目的进度控制应当遵循信息的反馈原理，项目人员应对施工的相关信息进行及时反馈，以便更好地调整工程施工的进度计划，控制工程的工期在预定的时间内顺利完成。此外，工程的进度控制还需要遵循弹性原则，即在进行施工进度计划的编制时或者是在进行工程进度的控制与管理时，项目人员需对工程建设产生不利影响的因素或者风险进行全面分析，减小因风险而带来的损失，有效地实现工程进度的弹性管理。通常而言，施工技术、人为因素、资金、材料、设备，以及自然天气、气候等条件是影响建筑工程项目目标实现的因素，由此可见，要做好预防工作，工程的项目经理以及施工者、管理者等需要做好本职工作，加大管理力度，按照具体的工程项目有针对性地进行管理，确保工程顺利进行。

用于控制工程项目的目标管理方法主要为甘特图方法。作为一种切实可行的方法，甘特图方法不仅呈现出工程项目的过程管理，而且简单、易懂、信息量大。里程碑的报告方式也可对工程项目的进度进行有效控制，假如报告表达顺畅、得当，则可以真实地体现出工程项目中关键事件的进度控制与管理。除此之外，较多的计算机软件被广泛应用于大型的复杂工程项目中，确保了工程的进度管理，但难点是对软件的操作难以掌握，如果操作者不熟练，则工作效率较低。

（2）质量控制

工程项目的质量控制目的在于有效实现工程项目的质量与要求。对工程建设而言，工程项目的目标管理具有至关重要的作用。技术特征是工程项目中质量要求最基本层面的体现，它是确保工程项目活动满足技术的要求与标准，是所执行的项目合同或者项目计划应符合的相应规定。此外，影响工程质量的原因主要有人为因素、机械因素、材料因素、环境因素以及方法等，对这些因素进行有效的实时控制，能够降低工程项目的风险，保证项目的顺利竣工，提高工程项目目标管理的质量与水平。

针对工程中质量控制管理的方法，可以从对材料、人力、施工方式与机械设备及环境等方面进行控制入手。其中，对人力、材料进行控制，主要是对管理者与施工者是否按照质量控制制度施工、对工程建设中材料的采购与检验等环节进行有效的控制；

对施工方式进行控制主要是对施工的工艺、技术以及施工的组织等措施进行控制；做好工程施工的环境控制工作，包括对工程施工、劳动环境等方面的管理进行控制。此外，从工程项目进度的角度，工程的质量控制还可对项目的事前计划、技术与物资以及施工的组织、施工的现场准备、施工的事中和事后的竣工验收等阶段进行有效的管理与控制。

（3）成本控制

对工程项目的成本进行控制，指的是对工程项目的投资总额进行必要的管理与控制，主要包括从项目规划开始直至竣工阶段对工程所有的支出进行控制。与此同时，要重视对影响项目成本的各类不利因素采取必要的措施，将工程实际的所有支出控制在预算范围之内，对各项费用的支出进行严格的审查，注重分析项目的实际成本与预算成本之间的差异，并找出原因，以利于下次改进。

工程项目的成本控制是建立在工程成本计划的基础上进行的控制方法。工程项目的成本控制管理指的是把有关工程的实际支出尽量控制在计划范围以内，以更好地确保工程的顺利竣工，并且对工程的成本报告进行比较与分析，由财务人员进行编制，以便更有效地对成本控制进行预测，避免出现工程超支的现象。假如出现工程超支的现象，应该确保有足够的资金补充至工程项目经理的手中，用于工程的建设。对施工成本控制的管理及方法，主要是通过对材料费的控制、对成本的控制或者定额管理以及制度控制等方法进行。

（三）工程项目目标管理的控制措施

为了取得目标控制的理想成果，项目人员应从多方面采取措施对项目实施控制。

1）组织措施：项目人员分析由于组织的原因而影响项目目标实现的问题，并采取相应的措施，如调整项目组织结构、任务分工、管理职能分工、工作流程和项目管理人员等。

2）管理措施：项目人员分析由于管理的原因而影响项目目标实现的问题，并采取相应的措施，如调整进度管理的方法和手段，改变施工管理和强化合同管理等。

3）经济措施：项目人员分析由于经济的原因而影响项目目标实现的问题，并采取相应的措施，如落实加快工程施工进度所需的资金等。

4）技术措施：项目人员分析由于技术（包括设计和施工的技术）的原因而影响项目目标实现的问题，并采取相应的措施，如调整设计、改进施工方法和改变施工机械设备等。

第二节　工程项目的立项

一、政府投资环保项目的立项程序

立项阶段是基本建设项目最初的决策阶段。根据国家对区域环境污染控制的目标、城市远期与近期发展规划、当前国民经济发展状况以及城市污水、废气等排放现状，政府主管部门提出建设城市污水处理厂等环保工程的设想，安排环保部门或城建部门负责组织编制城市污水处理厂项目建议书和项目可行性研究报告，同时委托环境影响评价单位编制项目环境影响评价报告。

根据基本建设项目的程序，立项阶段的工作划分为项目建议书和可行性研究报告两个阶段。

项目建议书在得到上级主管部门的批准后方可进一步开展可行性研究。对于不同等级标准的建设项目，国家规定的审批机关和报建程序不尽相同。按照国家标准，基本建设项目划分为大型、中型、小型三类，但明确规定城市排水管网、污水处理等项目，在国家统一下达的计划工作中，不作为大中型项目，其项目建议书和可行性研究报告，按隶属关系由省（自治区、直辖市）的发改委审批。

城市污水处理厂等大型环保工程在批准项目建议书之后和进行可行性研究工作之前，应首先进行城市排水系统工程规划，或按照城市污水处理厂建设项目的设想，完善城市排水工程的规划。总体规划的内容包括确定城市排水体制或提出城市现状排水体制的改造方向，城市污水处理厂建设数目和拟建地域，建设规模和工程分期，处理水回用对象、回用方式以及回用水深度处理系统的建设规模等发展设想，作为可行性研究的依据，通常将该部分作为可行性研究的一个内容，或作为附件出现在可行性研究报告中。

项目的可行性研究报告和环境影响评价报告并非互不相干。可行性研究报告需要环境影响评价报告复核城市污水现状水量和水质及其预测，同时根据环境影响评价报告对水体纳污条件、污染物总量控制指标以及河流控制断面的水质要求提出城市污水处理厂污水排放的污染物浓度控制指标；环境影响评价报告则需要按可行性研究报告的污水和污泥处理工艺和设备完成工程分析。因此，两者必须相互协调，在编制过程中互相提供可靠的资料。

可行性研究报告是项目前期工作最重要的内容，一经正式批准，就必须严格执行，任何部门、单位或个人都不能擅自变更。确有正当理由需要变更时，需将修改的建设规模、厂址、技术方案、主要协作条件、突破原定投资控制数等内容报请原审批单位同意，并正式办理变更手续。

一般政府投资的大中型城市污水处理厂项目的立项程序如图 2-1 所示。

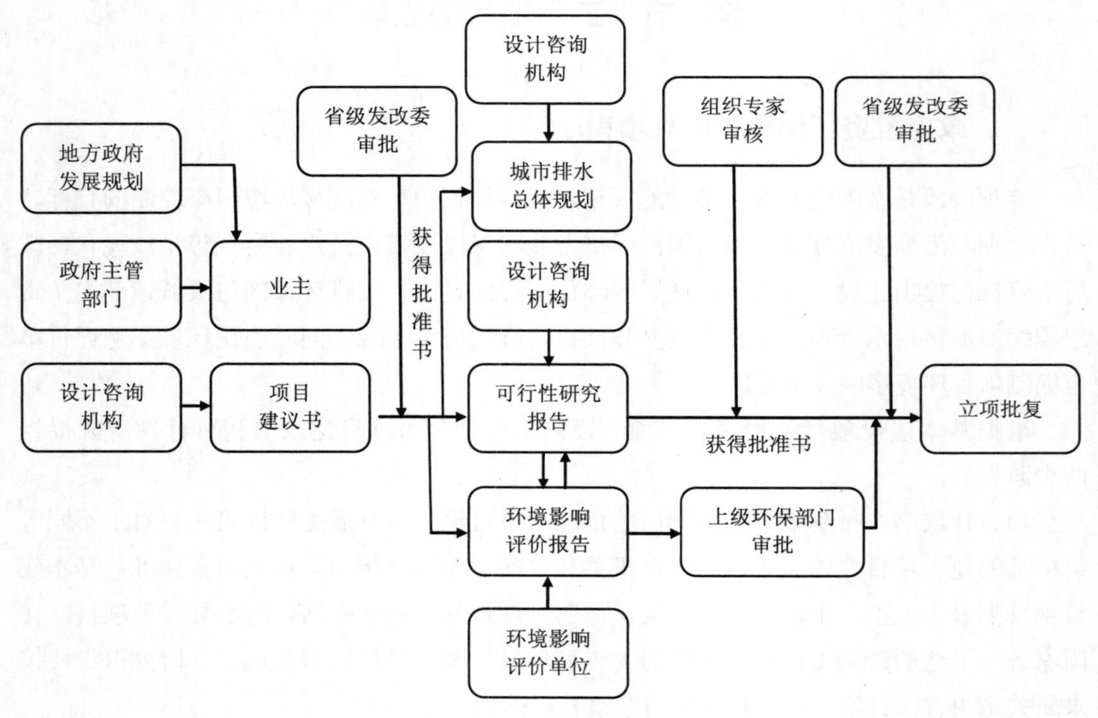

图 2-1 一般政府投资的大中型城市污水处理厂项目的立项程序

二、工业企业投资环保项目的立项程序

企业中的项目要动用企业的资源，所以就企业内部项目立项的本质来说，企业批准了一个项目就如同批准了一项投资。从公司管理机制和企业财务管理的角度来说，投资都是需要经过论证、审批的，不同的投资规模需要不同权限管理者的批准。

在企业内部实行项目管理，一般都会有立项的过程，但是，是所有任务都要正式立项，还是只有部分任务需要正式立项，划分的标准是什么？项目能否通过立项的审批标准是什么？正式立项对后续的项目管理会产生什么影响？在建立企业级项目管理体系中，有许许多多的管理思想和要求，都会在立项过程中集中体现出来。

项目的立项属于项目管理五大环节中的启动环节。无论作为甲方还是乙方，当企业运用项目管理方法时，项目的立项环节是企业对整个项目进行管理的重点环节。企业在立项过程中所确定的项目目标、范围、投资规模、时间要求、各种假设和限制条件，都直接决定着项目后续各个环节的工作。管理好立项环节，是企业加强项目管理的一个重要工作。

《国务院关于投资体制改革的决定》（国发〔2004〕20号）中指出：政府仅对重大项目和限制类项目从维护社会公共利益制度方面进行核准，其他项目无论规模大小，均改为备案制。企业投资建设实行核准制的项目，仅需向政府提交项目申请报告，不再经过批准项目建议书、可行性研究报告和开工报告的程序。政府对企业提交的项目申请报告，主要从维护经济安全、合理开发利用资源、保护生态环境、优化重大布局、保障公共利益、防止出现垄断等方面进行核准。企业不使用政府性资金投资建设，除国家法律法规和国务院专门规定禁止投资的项目以外，均实行备案制。

某企业环保设施立项建设程序如图2-2所示。

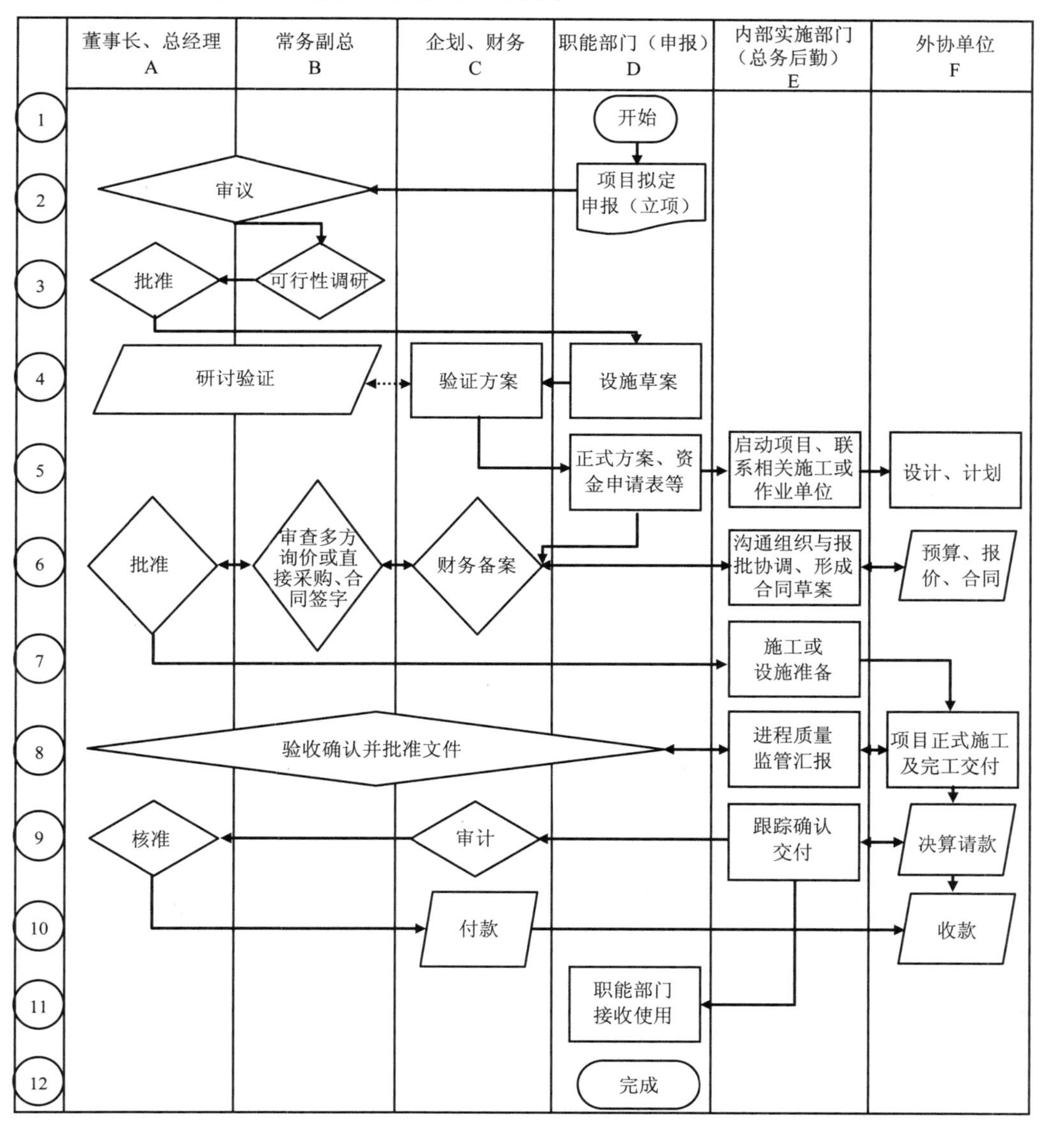

图2-2　某企业环保设施立项建设程序

第三节 项目建议书

一、概论

项目建议书（又称项目立项申请书或立项申请报告）是由项目筹建单位或项目法人根据国民经济的发展、国家和地方中长期规划、产业政策、生产力布局、国内外市场、所在地的内外部条件，就某一具体新建、扩建项目提出的项目建议文件，是对拟建项目提出框架性的总体设想。它要从宏观上论述项目设立的必要性和可能性，把项目投资的设想变为概略的投资建议。

项目建议书是由项目投资方向其主管部门上报的文件，目前广泛应用于项目的国家立项审批工作中。项目建议书的呈报可以供项目审批机关做出初步决策。它可以减少项目选择的盲目性，为下一步可行性研究打下基础。

项目建议书的研究内容包括进行市场调研、对项目建设的必要性和可行性进行研究、对项目产品的市场、项目建设内容、生产技术和设备及重要技术经济指标等进行分析，并对主要原材料的需求量、投资估算、投资方式、资金来源、经济效益等进行初步估算。

二、主要内容

项目建议书的主要内容：

1）项目概况。项目概况包括项目名称、项目提出的必要性和依据、项目承办单位的有关情况及项目建设的主要内容等。

2）项目建设初步选址及建设条件。项目建设拟选地址包括地理位置、占地范围、占用土地类别（国有、集体所有）和数量、拟占土地的现状及现有使用者的基本情况；如果不指定建设地点，要提出对占地的基本要求。项目建设条件包括能源供应条件、主要原材料供应条件、交通运输条件、市政公用设施配套条件及实现上述条件的初步设想；需进行地上建筑物拆迁的项目，要提出拆迁安置初步方案。

3）项目建设规模和内容。项目建设规模和内容包括污染物排放量和污染程度、排放标准、工艺方案、运输方案、工程量初步估算等。

4）投资估算、资金筹措及还贷方案设想。这一项包括项目总投资额、资金来源等。利用银行贷款的项目要将建设期间的贷款利息计入总投资额内，利用外资的项目要说明外汇平衡方式和外汇偿还办法。

5）项目的进度安排。项目的进度安排包括项目的估计建设周期、分部实施方案、计划进度等。

6）经济效果和社会效益的初步估计。该项初步估计包括初步的财务评价、国民经济评价、环境效益和社会效益分析等。

7）环境影响的初步评价。该项初步评价包括对治理“三废”措施、生态环境影响进行分析等。

8）结论。这里指项目建议的主要结论。

9）附件。附件通常包括建设项目拟选位置地形图（城近郊区比例尺为 1∶2 000，远郊区县比例尺为 1∶10 000），标明项目建设占地范围和占地范围内及附近地区地上建筑物现状。在自有地皮上建设，要附规划部门对项目建设初步选址的意见。

三、深度要求

（一）关于投资建设的必要性和依据

1）项目建议书需阐明拟建项目提出的背景、拟建地点，提出或出具与项目有关的长远规划或行业、地区规划资料，说明项目建设的必要性；

2）项目建议书需对改建、扩建项目要说明现有企业的情况；

3）对于引进技术和设备的项目，项目建议书还要说明国内外技术的差距与概况以及进口的理由，工艺流程和工艺条件的概要等。

（二）关于工艺方案、拟建项目规模和建设地点的初步设想

1）结合生产等情况，初步分析污染物排放量，在此基础上项目建议书需初步确定项目建设规模；并对拟建项目规模经济合理性进行初步的评价。

2）结合实测数据或类似企业生产过程中污染物排放浓度，项目建议书需初步确定企业的污染物排放浓度，并结合国家、地方或行业有关标准确定排放标准。

3）结合企业排放的污染物浓度水平和排放标准，工艺方案设想需确定污染物的处理工艺流程，进而形成相应的工艺方案。

4）项目建议书需分析项目拟建地点的自然条件和社会条件，论证建设地点是否符合地区布局或企业的生产要求。

（三）关于资源、交通运输以及其他建设条件和协作关系的初步分析

1）项目建议书需写明拟利用的资源供应的可行性和可靠性；

2）项目建议书需写明主要协作条件情况、项目拟建地点的水电及其他公用设施、地方材料的供应情况；

3）对于技术引进和设备进口项目，项目建议书需说明主要原材料、电力、燃料、交

通运输、协作配套等方面的要求，以及已具备的条件和资源落实情况。

（四）关于主要工艺技术方案的设想

1）主要生产技术和工艺。如拟引进国外技术，项目建议书应说明引进的国别以及国内技术与之相比存在的差距，技术来源、技术鉴定及转让等情况；

2）主要专用设备来源。如拟采用的国外设备，项目建议书应说明引进理由以及拟引进设备的国外厂商的概况。

（五）关于投资估算和资金筹措的设想

根据掌握数据的情况，项目建议书可对投资进行详细估算，也可以按单位生产能力或类似企业情况进行估算或匡算。投资估算应包括建设期利息、投资方向调节税和考虑一定时期内的涨价影响因素（即涨价预备金），流动资金可参考同类企业条件及利率，说明偿还方式、测算偿还能力，对于技术引进和设备进口项目应估算项目的外汇总用汇额以及其用途，外汇的资金来源与偿还方式，以及国内费用的估算和来源。

（六）关于项目建设进度的安排

1）建设前期工作的安排应包括涉外项目的询价、考察、谈判、设计等。

2）项目建设需要的时间和生产经营时间。

（七）关于经济效益和社会效益的初步估算

1）根据计算项目全部投资的内部收益率、贷款偿还期等指标以及其他必要的指标，项目建议书需对盈利能力、偿还能力进行初步分析；

2）项目建议书需对项目的社会效益和社会影响进行初步分析，如有可能应含有初步的财务分析和国民经济分析的内容。

（八）有关的初步结论和建议

对于技术引进和设备进口的项目建议书，还应有邀请外国厂商来华进行技术交流的计划、出国考察计划以及可行性分析工作的计划（如聘请外国专家指导或委托咨询的计划）等附件。

环保设备工程项目建议书的编制大纲

第四节 项目可行性研究报告

一、概述

可行性研究报告是指在从事一种经济活动（投资）之前，要从经济、技术、生产、供销到社会环境、法律等各种因素进行具体调查、研究、分析，确定有利和不利的因素、项目是否可行，估计成功率大小、经济效益和社会效果程度，供决策者和主管机关审批的上报文件。

项目可行性研究报告是在投资决策之前，对拟建项目进行全面技术经济分析的科学论证。在投资管理中，可行性研究是指对拟建项目有关的自然、社会、经济、技术等情况进行调研、分析比较以及预测建成后的社会、经济效益的研究。在此基础上，综合论证项目建设的必要性、财务的盈利性、经济上的合理性、技术上的先进性和适应性以及建设条件的可能性和可行性，从而为投资决策提供科学依据。

可行性分析报告是在前一阶段的项目建议书获得审批通过的基础上，主要对项目市场、技术、财务、工程、经济和环境等方面进行精确、系统、完整的分析，完成包括市场和销售、规模和产品、厂址、原辅料供应、工艺技术、设备选择、人员组织、实施计划、投资与成本、效益及风险等的计算、论证和评价，选定最佳方案，依此就是否应该投资开发该项目以及如何投资，或就此终止投资还是继续投资开发等给出结论性意见，为投资决策提供科学依据，并作为进一步开展工作的基础。

一般来说，可行性研究是以市场供需为立足点，以资源投入为限度，以科学方法为手段，以一系列评价指标为结果。它通常处理两方面的问题：一是确定项目在技术上能否实施；二是如何才能取得最佳效益。

按照用途，可行性研究报告可分为审批性可行性研究报告和决策性可行性研究报告。审批性可行性研究报告主要是项目立项时向政府审批部门申报的书面材料。根据国家投资体制改革要求，我国大部分地区，企业投资类项目采取项目备案制和项目核准制（编制项目申请报告）；政府性项目使用财政资金的要编制可行性研究报告。可行性研究报告工作程序见图 2-3。

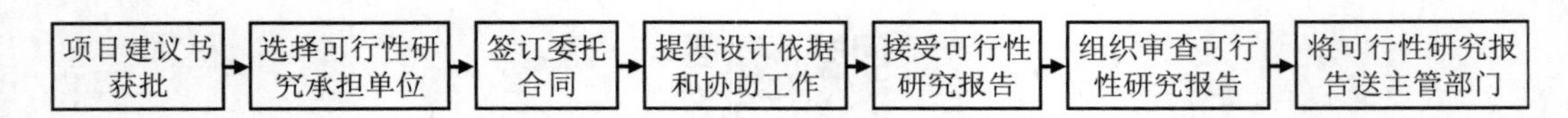

图 2-3 可行性研究报告工作程序

二、可行性研究报告的主要内容

可行性研究报告编制的内容包括：明确编制范围、确定污染物处理规模和目标、工艺方案比较和选择、方案设计、投资估算、融资方案分析、财务分析、经济分析、社会评价、结论和建议等。考虑到环保设备工程体现出的是显著的国民经济效益、环保效益和社会效益，因此应重点阐述工程建设的技术可行性和财务可行性。

可行性研究的重点在于论证项目建设的可行性，包括技术可行性、财务可行性、经济可行性和社会可行性，具体论证内容见表 2-1。

表 2-1 项目可行性论证的内容

类别	立场	论证内容	章节
技术可行性	站在科学的立场	客观评价所选用技术的先进性、可靠性	方案比较和选择
财务可行性	站在投资者的立场	通过财务效益与费用的预测，编制财务报表，计算评价指标，进行财务盈利能力分析、偿债能力分析和财务生存能力分析	财务评价
经济可行性	站在国家的立场	国民经济评价是按照资源合理配置的原则，从国家整体角度考察项目的效益和费用，用货物影子价格、影子汇率、影子工资和社会折现率等经济参数，分析计算项目对国民经济的净贡献，评价项目的经济合理性	经济评价
社会可行性	站在利益相关者的立场	分析拟建项目对当地社会的影响和当地社会条件对项目的适应性和可接受程度，评价项目的社会可行性	社会评价

三、可行性研究报告与项目建议书的区别

（一）含义不同

项目建议书，又称立项申请书，是项目单位就新建、扩建事项向发改委项目管理部门申报的书面申请材料。项目建议书的主要作用是决策者可以通过项目建议书中的内容进行综合评估后，做出对项目批准与否的决定。

可行性研究报告同样是在投资决策之前，对拟建项目进行全面技术经济分析的科学

论证，对拟建项目有关的自然、社会、经济、技术等进行调研、分析比较以及预测建成后的社会效益、经济效益，在此基础上，综合论证项目建设的必要性、财务的盈利性、经济上的合理性、技术上的先进性和适应性，以及建设条件的可能性和可行性，从而为投资决策提供科学依据的书面材料。

（二）研究的内容不同

项目建议书是初步选择项目，其决定是否需要进行下一步工作，主要考察建议的必要性和可行性。可行性研究报告则需进行全面深入的技术经济分析论证，做多方案比较，推荐最佳方案，或者否定该项目并提出充分理由，为最终决策提供可靠依据。

（三）基础资料依据不同

项目建议书是依据国家的长远规划和行业、地区规划以及产业政策，拟建项目的有关自然资源条件和生产布局状况，以及项目主管部门的相关批文。可行性研究报告除把已批准的项目建议书作为研究依据外，还需把文件详细的设计资料和其他数据资料作为编制依据。

（四）内容繁简和深度不同

两个阶段的基本内容大体相似，但项目建议书要求略简单，属于定性性质。可行性研究报告则是在这个基础上进行充实补充，使其更完善，具有更多的定量论证。

（五）投资估算的精度要求不同

项目建议书的投资估算一般根据国内外类似已建工程进行测算或对比推算，误差准许控制在 20%以上。可行性研究报告必须对项目所需的各项费用进行比较详尽、精确的计算，误差要求不应超过 10%。

可行性研究报告编制大纲

第五节 项目环境影响评价

环境影响评价是指对规划和建设项目实施后可能造成的环境影响进行分析、预测和评估，提出预防或者减轻不良环境影响的对策和措施，进行跟踪监测的方法与制度。通俗地说就是分析项目建成投产后可能对环境产生的影响，并提出污染防治对策和措施。

一、环评工作构成

1）签订合同。环评单位和建设方签订环评合同。

2）收集资料。这是环评中非常重要的环节，直接关系到环评质量的好坏。

3）报告书或报告表的编制。编制过程中有任何问题都要积极和建设方沟通。比如除尘器的选择、环保投资、排放总量的核准。

4）评审。一般来说，报告书需要生态环境主管部门专门组织专家进行评审。

5）修改。一般来说，专家会提一些意见，环评单位要根据会议纪要里写的意见逐条修改，修改后出一本补充材料或者重新印一本报告书，交给建设方。

6）审批。建设方拿到环评单位的修改稿后就可以送到生态环境主管部门报批。

二、环评工作程序

（一）业主的工作程序

业主在取得项目建议书的批准文件后，需立即选择环境评价单位进行委托环境影响评价工作；环评单位调研及分析后提出评价工作初步纲要，征询环保部门和业主意见后，编写环评大纲，业主在环评编制单位完成环评报告的编制后，向当地生态环境主管部门提交建设项目环境影响报告及相关材料，并由生态环境主管部门进行核验，其会做出予以受理或不予受理的处理意见；在生态环境主管部门受理之后，将对环评报告书进行审查，部分建设项目的环评报告需要进行技术评估，由评估机构组织专家对环评报告书进行技术评估，评估机构会在30个工作日内提交评估报告；最终生态环境主管部门根据审查和评估结论提出审批建议，经审议通过后办理批件，进入设计阶段后提供给设计单位作为建设项目环保设计的依据（图2-4）。

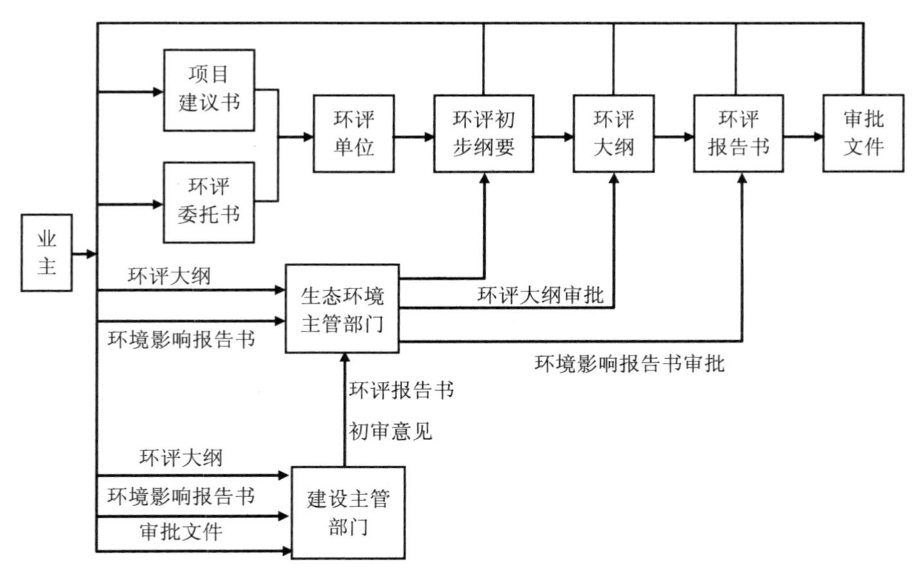

图 2-4　环评阶段业主的工作程序简图

（二）环评单位的工作程序

环境影响评价工作大体分为三个阶段。第一阶段为准备阶段，主要工作为研究有关文件，进行初步的工程分析和环境现状调查，筛选重点评价项目，确定各单项环境影响评价的工作等级，编制环评工作大纲；第二阶段为正式工作阶段，主要工作为进一步做工程分析和环境现状调查，并进行环境影响预测和环境影响评价；第三阶段为报告书编制阶段，主要工作为汇总、分析第二阶段工作所得到的各种资料、数据，得出结论，完成环境影响报告书的编制（图 2-5）。

1．环境影响评价大纲的编写

环境影响评价大纲是环境影响报告书的总体设计和行动指南。评价大纲应在开展评价工作之前编制，它是具体指导环境影响评价的技术文件，也是检查报告书内容和质量的主要依据。环评单位应在充分了解有关文件、进行初步的工程分析和环境现状调查的基础上，首先提出环评初步工作纲要，经征询生态环境主管部门和业主的意见后，方可编写环评工作大纲。

2．环境现状调查

其目的是掌握环境质量现状或本底，为环境影响预测、评价、累积效应分析以及生产过程中的环境管理提供基础数据。环境现状调查的主要方法为搜集资料法、现场调查法及遥感法，三者往往有机结合、互相补充。

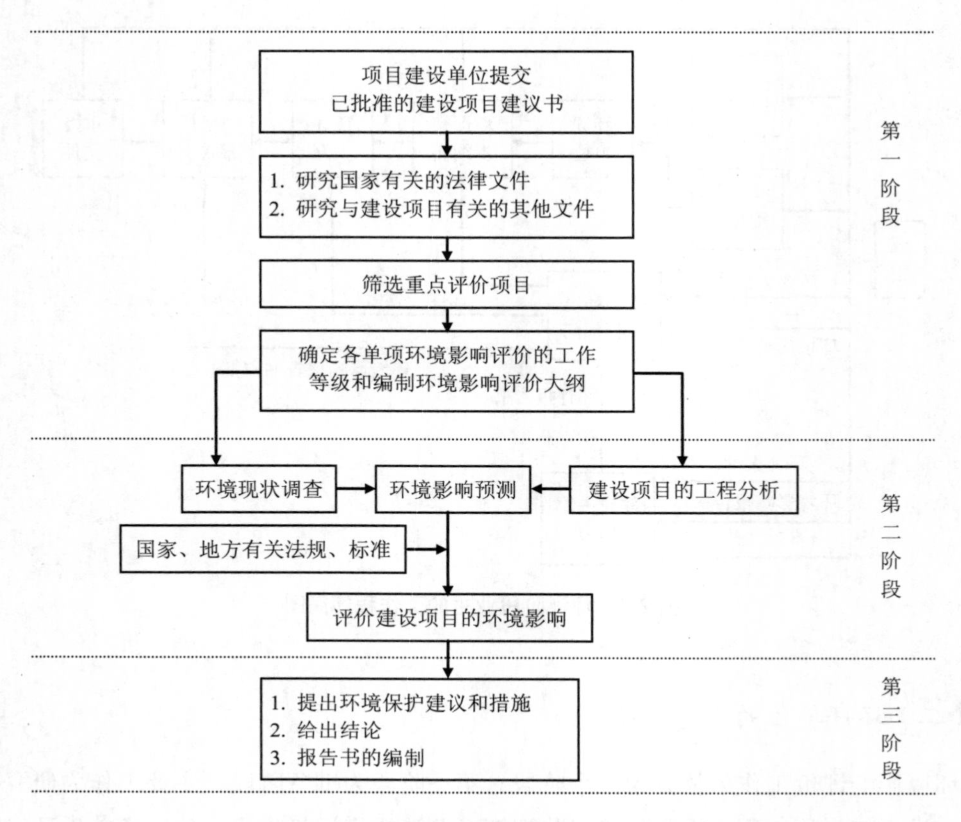

图 2-5 环评阶段环评单位的工作程序简图

3. 建设项目工程分析

工程分析是分析建设项目影响环境的因素。其主要任务是通过对工程全部组成、一般特征和污染特征的全面分析，从项目总体上分析项目建设与环境全局的关系，也从微观上提供评价所需基础数据。工程分析是环境影响预测和评价的基础，并且贯穿于整个评价工作的全过程，其主要作用有：①为项目决策提供依据；②弥补可行性研究报告对建设项目产污环节和源强估算的不足；③为环保设计提供优化建议，为项目的环境管理提供建议指标和科学数据。目前采用较多的工程分析方法有类比分析法、物料平衡计算法、查阅参考资料分析法等。

4. 环境影响预测

环境影响预测是通过一定的技术方法，预测建设项目在不同实施阶段对环境的影响。通常采用的预测方法有数字模式法、物理模型法、类比调查法和专业判断法。

5. 环境影响评价

评价建设项目的环境影响是对环境影响资料进行鉴别、收集、整理，以各种形象化的形式呈现各种信息，向决策者反映项目建设对环境影响的范围、程度和性质。环境影响评价的方法较多，如列表清单法、网络法、指数法、矩阵法、环境影响综合评价模型等。

三、环评文件的编制

（一）环境影响报告书

环境影响报告书应全面、概括地反映环境影响评价的全部工作，文字应简洁、准确，并尽量采用图表和照片，以使提交的资料清楚、论点明确，利于阅读和审查。

环保设备工程项目的环境影响报告书应当包括下列内容：①建设项目概况；②建设项目周围环境现状；③建设项目对环境可能造成影响的分析、预测和评估；④建设项目环境保护措施及其技术、经济论证；⑤建设项目对环境影响的经济损益分析；⑥对建设项目实施环境监测的建议；⑦产业政策的符合性分析；⑧公众参与；⑨项目选址合理性分析；⑩总量控制指标和COD削减能力；⑪环境影响评价的结论。

（二）环境影响报告表

生态环境部制定了《建设项目环境影响报告表》的内容和格式，环保设备工程项目在编制环境影响报告表时，应按照表中内容、格式及编制说明的要求进行填写。环境影响报告表的主要内容如下。

1）建设项目基本情况：项目概况、工程内容及规模、与本项目有关的原有污染情况及主要环境问题。

2）建设项目所在地的自然环境简况、社会环境简况：自然环境简况包括地形、地貌、地质、气候、气象、水文、植被、生物多样性等，社会环境简况包括社会经济结构、教育、文化、文物保护等。

3）环境质量状况：建设项目所在地的区域环境质量现状及主要环境问题（环境空气、地表水、地下水、声环境、生态环境等）、主要环境保护目标（名单及保护级别）。

4）评价适用标准：环境质量标准、污染物排放标准、总量控制指标。

5）建设项目工程分析：工艺流程图和简介、主要污染工序。

6）预测项目产生的主要污染物及其排放情况。

7）环境影响分析：施工期环境影响简要分析，营运期环境影响分析。

8）建设项目拟采取的污染防治措施及预期治理效果。

9）结论与建议。

四、环评文件的报批

环保设备工程项目应当在可行性研究阶段或项目申请阶段进行环境影响评价，编制和报批环境影响评价文件。

使用政府性资金投资建设的城镇污水处理厂属于审批类建设项目，应当在报送可行性研究报告前完成环境影响评价文件报批手续；不使用政府性资金投资建设的城镇污水处理厂或工业废水、废气等环保设备工程属于核准类建设项目，应当在提交项目申请报告前完成环境影响评价文件报批手续。

第六节　工程的建设模式

一、市场化建设模式

市场化是指用市场作为解决社会、政治和经济等问题的基础手段的一种状态，意味着对经济的放松管制。市场化建设是指根据市场经济的规律与要求，按照企业化运营方式，充分配置内外部资源，实现自身效益的最大化。

市场化建设最早起源于美国的建筑工程管理模式，是一种由项目出资人委托有相应资质的项目代建人对项目的可行性研究、勘察、设计、监理、施工等全过程进行管理，并按照建设项目工期和设计要求完成建设任务，直至项目竣工验收后交付使用人的项目建设管理模式。

目前在环保行业常见的几种建设模式如下：

（一）工程总承包（EPC）模式

工程总承包（engineering procurement construction，EPC）模式，又称设计、采购、施工一体化模式，是指在项目决策以后，从设计开始，经招标，委托一家工程公司对设计、采购、建造进行总承包。在这种模式下，按照承包合同规定的总价或可调总价方式，由工程公司负责对工程项目的进度、费用、质量、安全进行管理和控制，并按合同约定完成工程。EPC 有很多种衍生和组合形式，如 EP+C、E+P+C、EPCM、EPCS、EPCA 等。

1．优点

业主把工程的设计、采购、施工和开工服务工作全部委托给工程总承包商负责组织实施，业主只负责整体的、原则的、目标的管理和控制，总承包商更能发挥主观能动性，能运用其先进的管理经验为业主和承包商自身创造更多的效益；提高了工作效率，减少了协调的工作量；设计变更少，工期较短；由于采用的是总价合同，基本上不用再支付索赔及追加项目费用；项目的最终价格和要求的工期具有更大的确定性。

2．缺点

业主不能对工程进行全程控制；总承包商对整个项目的成本工期和质量负责，加大了总承包商的风险，总承包商为了降低风险获得更多的利润，可能通过调整设计方案来降低成本，可能会影响长远意义上的质量；由于采用的是总价合同，承包商获得业主变更令及追加费用的弹性很小。

（二）公共部门与民营企业合作（PPP）模式

民间参与公共基础设施建设和公共事务管理的模式统称为公共部门与民营企业合作（public private partnership，PPP）模式。具体是指政府、民营企业基于某个项目而形成的相互间合作关系的一种特许经营项目融资模式。由该项目公司负责筹资、建设与经营。政府通常与提供贷款的金融机构达成一个直接协议，该协议不是对项目进行担保，而是政府向借贷机构做出的承诺，将按照政府与项目公司签订的合同支付有关费用。这个协议使项目公司能比较顺利地获得金融机构的贷款。而项目的预期收益、资产以及政府的扶持力度将直接影响贷款的数量和形式。采取这种融资形式的实质是，政府通过给予民营企业长期的特许经营权和收益权来换取基础设施加快建设及有效运营。

PPP 模式适用于投资额大、建设周期长、资金回报慢的项目，包括铁路、公路、桥梁、隧道等交通部门，电力、煤气等能源部门以及电信网络等通信事业等。

无论是在发达国家还是在发展中国家，PPP 模式的应用越来越广泛。项目成功的关键是项目的参与者和股东都已经清晰地了解项目的所有风险、要求和机会，才有可能充分享受 PPP 模式带来的收益。PPP 模式如图 2-6 所示。

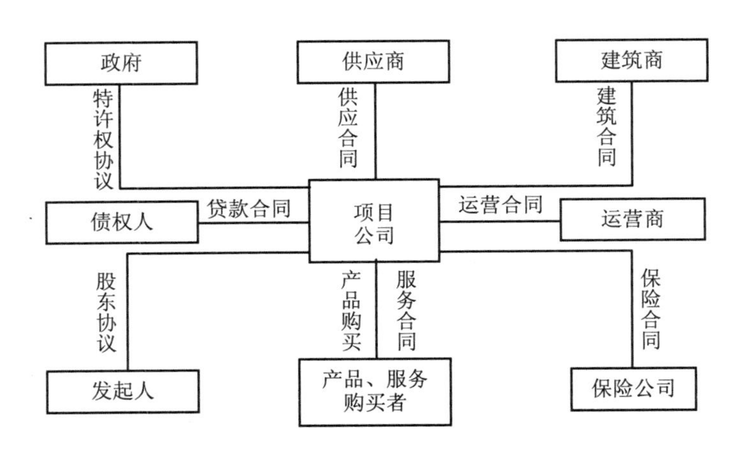

图 2-6　PPP 模式

PPP 模式的内涵主要包括以下四个方面：

第一，PPP 模式是一种新型的项目融资模式，是以项目为主体的融资活动，是项目融资的一种实现形式，主要根据项目的预期收益、资产以及政府扶持措施的力度而不是根据项目投资人或发起人的资信来安排融资。项目经营的直接收益和通过政府扶持所转化的效益是偿还贷款的资金来源，项目公司的资产和政府给予的有限承诺是贷款的安全保障。

第二，PPP 模式可以使民营资本更多地参与到项目中以提高效率、降低风险。这也正是现行项目融资模式所欠缺的。政府的公共部门与民营企业以特许权协议为基础进行全程的合作，双方共同对项目运行的整个周期负责。PPP 模式的操作规则使民营企业参与到城市大型环保项目的确定、设计和可行性研究等前期工作中来，这不仅降低了民营企业的投资风险，而且将民营企业在投资建设中更有效率的管理方法与技术引入项目中来，还能有效地实现对项目建设与运行的控制，从而有利于降低项目建设投资的风险，较好地保障国家与民营企业各方的利益。这对缩短项目建设周期、降低项目运作成本甚至资产负债率具有值得肯定的现实意义。

第三，PPP 模式可以在一定程度上保证民营资本“有利可图”。民营企业的投资目标是寻求既能够还贷又有投资回报的项目，无利可图的基础设施项目是吸引不到民营资本投入的。而采取 PPP 模式，政府可以给予私人投资者相应的政策扶持作为补偿，从而很好地解决这个问题，如税收优惠、贷款担保、土地优先开发权等。通过实施这些政策可提高民营资本投资城市大型环保项目的积极性。

第四，PPP 模式在减轻政府初期建设投资负担和风险的前提下，提高大型环保项目服务质量。在 PPP 模式下，公共部门和民营企业共同参与大型环保项目的建设和运营，由民营企业负责项目融资，有可能增加项目的资本金数量，进而降低较高的资产负债率，而且不但能节省政府的投资，还可以将项目的一部分风险转移给民营企业，从而减轻政府的风险。同时双方可以形成互利的长期目标，更好地为社会和公众提供服务。

1. 优点

公共部门和民营企业在初始阶段就共同参与论证，有利于尽早确定项目融资的可行性，缩短前期工作周期，节省政府投资；可以在项目初期实现风险分配，同时政府分担一部分风险，使风险分配更合理，减少了承建商与投资商的风险，从而降低了融资难度；参与项目融资的民营企业在项目前期就参与进来，有利于民营企业一开始就引入先进技术和管理经验；公共部门和民营企业共同参与建设和运营，双方可以形成互利的长期目标，更好地为社会和公众提供服务；整合项目参与各方组成战略联盟，对协调各方不同的利益目标起关键作用；政府拥有一定的控制权。

2．缺点

对于政府来说，如何确定合作公司给政府增加了难度，而且在合作中要负有一定的责任，增加了政府的风险负担；组织形式比较复杂，增加了管理上协调的难度；如何设定项目的回报率可能成为一个颇有争议的问题。

（三）建造—运营—移交（BOT）模式

BOT（build-operate-transfer）模式是指一国财团或投资人为项目的发起人，从一个国家的政府获得某项基础设施的建设特许权，然后由其独立联合其他方组建项目公司，负责项目的融资、设计、建造和经营。在整个特许期内，项目公司通过项目的经营获得利润，并用此利润偿还债务。在特许期满之时，整个项目由项目公司无偿或以极少的名义价格移交给东道国政府。

BOT 模式的最大特点是由于获得政府许可和支持，有时可得到优惠政策，拓宽了融资渠道。BOOT（build-own-operate-transfer）、BOO（build-own-operate）、BLT（build-lease-transfer）和 TOT（transfer-operate-transfer）等均是 BOT 模式的不同演变方式，但其基本特点是一致的，即项目公司必须得到政府有关部门授予的特许权。该模式主要用于机场、隧道、发电厂、港口、收费公路、电信、供水和污水处理等一些投资较大、建设周期长和可以运营获利的基础设施项目。BOT 模式如图 2-7 所示。

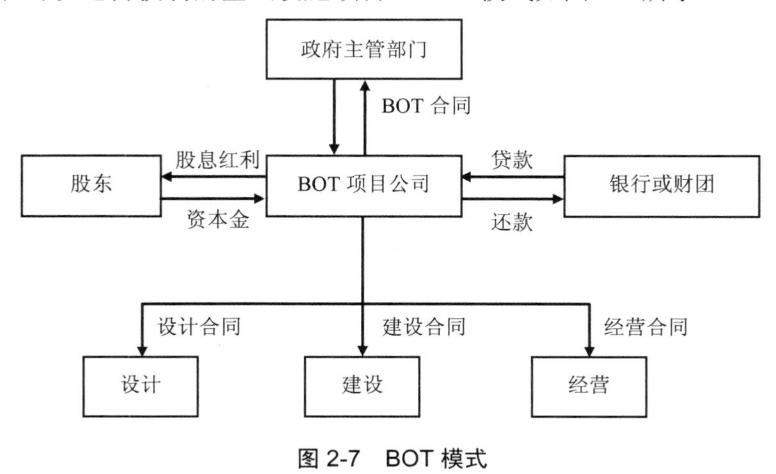

图 2-7　BOT 模式

1．优点

可以减少政府主权借债和还本付息的责任；可以将公营机构的风险转移到私营承包商，避免公营机构承担项目的全部风险；可以吸引国外投资，以支持国内基础设施的建设，解决了发展中国家缺乏建设资金的问题；BOT 项目通常都由外国的公司来承包，这会给项目所在国带来先进的技术和管理经验，既给所在国的承包商带来较多的发展机会，也促进了国际经济的融合。

2．缺点

在特许权期限内，政府将失去对项目所有权和经营权的控制；参与方多，结构复杂，项目前期过长且融资成本高；可能导致大量的税收流失；可能造成设施的掠夺性经营；在项目完成后，会有大量的外汇流出；风险分摊不对称等。政府虽然转移了建设、融资等风险，却承担了更多的其他责任与风险，如利率、汇率风险等。

（四）移交—经营—移交（TOT）模式

TOT（transfer-operate-transfer）模式是国际上较为流行的一种项目融资方式，通常是指政府部门或国有企业将建设好的项目的一定期限的产权或经营权，有偿转让给投资人，由其进行运营管理；投资人在约定的期限内通过经营收回全部投资并得到合理的回报，双方合约期满之后，投资人再将该项目交还政府部门或原企业的一种融资方式。TOT 模式融资是BOT模式融资方式的新发展，也是企业进行收购与兼并所采取的一种特殊形式。从某种程度上讲，TOT 模式具备我国企业在并购过程中出现的一些特点，因此可以理解为基础设施运营企业对资产的收购与兼并。TOT 模式的流程（图 2-8）大致是：首先进行经营权转让，即把存量部分资产的经营权置换给投资者，双方约定一定的转让期限；其次，在此期限内，经营权受让方全权享有经营设施及资源所带来的收益；最后，期满后，再由经营权受让方移交给经营权转让方。

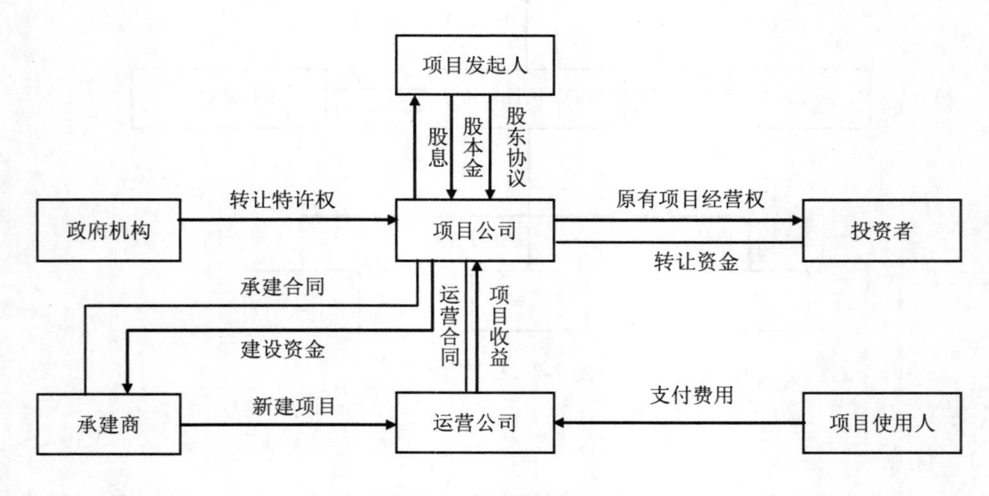

图 2-8 TOT 模式流程

1．TOT 方式的运作程序

1）制定 TOT 方案并报批。转让方须先根据国家有关规定编制 TOT 项目建议书，征求行业主管部门同意后，按现行规定报有关部门批准。国有企业或国有基础设施管理人只有获得国有资产管理部门批准或授权才能实施 TOT 模式。

2）项目发起人（同时又是投产项目的所有者）设立特殊目的载体（special purpose vehicle，SPV）或特殊目的公司（special purpose corporation，SPC）。发起人把完工项目的所有权和新建项目的所有权均转让给 SPV，以确保有专门机构对两个项目的管理、转让、建造负有全权责任，并对出现的问题加以协调。SPV 常常是政府设立或政府参与设立的具有特许权的机构。

3）TOT 项目招标。按照国家规定，需要进行招标的项目，须采用招标方式选择 TOT 项目的受让方，其程序与 BOT 模式大体相同，包括招标准备、资格预审、准备招标文件、评标等。

4）SPV 与投资者洽谈以达成在未来一定期限内转让投产运行项目全部或部分经营权的协议，并取得资金。

5）转让方利用获得的资金建设新项目。

6）新项目投入使用。

7）项目期满后，收回转让的项目。转让期满，资产应在无债务、未设定担保、设施状况完好的情况下移交给原转让方。当然，在有些情况下是先收回转让项目，然后新项目才投入使用的。

2．开展 TOT 项目融资的主要优点

1）盘活城市基础设施存量资产，开辟经营城市新途径。随着城市扩容速度加快，迫切需要大量资金用于基础设施建设，面对巨大资金需求，地方财政投入可以说是“杯水车薪”“囊中羞涩”。另外，通过几十年的城市建设，城市基础设施中部分经营性资产的融资功能一直闲置，没有得到充分利用，甚至出现资产沉淀现象。如何盘活这部分存量资产，以发挥其最大的社会和经济效益，是每个城市经营者必须面对的问题。TOT 项目融资方式，正是针对这种现象设计的一种经营模式。

2）增加了社会投资总量，以基础行业发展带动相关产业的发展，促进整个社会经济稳步增长。TOT 项目融资方式的实施，盘活了城市基础设施存量资产，同时也引导更多的社会资金投向城市基础设施建设，从“投资”角度拉动了整个相关产业迅速发展，促进社会经济平稳增长。

3）促进社会资源的合理配置，提高了资源使用效率。在计划经济模式下，公共设施领域经营一直是沿用垄断经营模式，其他社会主体很难进入基础产业。由于垄断经营本身的一些“痼疾”，公共设施通常经营水平低下、效率难以提高。引入 TOT 项目融资方式后，市场竞争机制的作用，给所有基础设施经营单位增加了无形压力，促使其改善管理、提高生产效率。同时，一般介入 TOT 项目融资的经营单位，都是一些专业性强的公司，在接手项目经营权后，能充分发挥专业分工的优势，利用其成功的管理经验，使项目资源的使用效率和经济效益迅速提高。

4）促使政府转变观念和转变职能。实行 TOT 项目融资后，首先，政府可以真正体会到“经营城市”不仅仅是一句口号，更重要的是一项严谨、细致、科学的工作；其次，政府对增加城市基础设施投入增添了一项新的融资方法。政府决策思维模式将不仅紧盯“增量投入”，而且时刻注意“存量盘活”；再次，基础设施引入社会其他经营主体后，政府可以真正履行“裁判员”角色，把工作重点放在加强城市建设规划、引导社会资金投入方向、更好地服务企业、监督企业经济行为等方面。

3．和其他融资方式相比，TOT 项目融资方式有其独特的优势

1）与 BOT 项目融资方式比较。一方面，TOT 项目融资省去了建设环节，使项目经营者免去了建设阶段的风险，使项目接手后就有收益。另一方面，由于项目收益已步入正常运转阶段，项目经营者可以通过把经营收益权向金融机构提供质押担保进行再融资。

2）与向银行和其他金融机构借款融资方式比较。银行和其他金融机构向项目法人贷款，其实质是一种借贷合同关系。虽然也有一些担保措施，但由于金融机构不能直接参与项目经营，只能通过间接手段监督资金的安全使用。在社会信用体系还没有完全建立起来的阶段，贷款者要承担比较大的风险。由于贷款者“惜贷”心理作用，项目经营者想要通过金融机构筹集资金，但又苦于烦琐的手续和复杂的人事关系。TOT 项目融资，出资者直接参与项目经营，由于利益驱动，经营风险自然会控制在其所能承受的范围内。

3）与合资、合作融资方式比较。合资、合作牵涉两个以上的利益主体。由于双方站在不同利益者角度，合资、合作形式一般都存在一段“磨合期”，决策程序相对也比较长，最后利润分配也是按协议或按各方实际出资比例分配。实行 TOT 项目融资，其经营主体一般只有一个，合同期内经营风险和经营利益全部由经营者承担，这样，在企业内部开展决策效率和内部指挥协调的工作就相对容易得多了。

4）与内部承包或实物租赁融资方式比较。承包或租赁虽然也是把项目经营权在一定时期让渡出去，但与 TOT 项目融资相比，仍有许多不同之处。经营承包一般主体为自然人，项目对外法人地位不变，项目所有权权利完整保留。租赁行为虽然经营者拥有自己独立的对外民事权利，但资产所有权权利仍由出租者行使，租赁费用一般按合同约定分批支付或一年支付一次。TOT 项目融资是两个法人主体之间契约行为，经营者在合同期内，仍有独立的民事权利和义务，按合同约定，经营者还可拥有部分财产所有者的权利。经营者取得财产经营权的费用也一次性支付。

5）与融资租赁方式比较。融资租赁是指出租者根据承租人对供应商和设备的选定，购买其设备交承租人使用，承租人支付租金的行为。融资租赁方式涉及购买和租赁两个

不同合同，合同主体也涉及出租人、供应商、承租人三方。其运作实质是“以融物形式达到融资的目的”。TOT项目融资方式的合同主体只有财产所有人和其他社会经营主体两者。经营者既是出资者，又是项目经营者。所有者暂时让渡所有权和经营权，其目的是通过项目融资，筹集到更多的建设资金投入到城市基础设施建设。TOT项目融资方式，省去了设备采购和建设安装环节，其采购设备调试风险和建设安装风险已由项目所有者承担。合同约定的标的交付后，经营者即可进入正常经营阶段，获取经营收益。

6）与其他土地开发权作为补偿方式比较。以开发权作为补偿的项目本身一般不具备创收经营权，项目具有纯公益性质。TOT项目融资，其项目本身必须是经营性资产，有比较固定的收益。与取得其他开发权融资方式比较，避免了建设环节风险和政策不确定性因素风险，其运作方式对项目所有者和经营者都有益处。实施TOT项目融资方式应注意新建项目的效益，由于新建项目规模大，耗费资金多，因此一定要避免以前建设中曾经出现的“贪洋求大”、效益低、半途而废等情况。

（五）项目管理承包（PMC）模式

项目管理承包（project management consultant，PMC），是指项目管理承包商代表业主对工程项目进行全过程、全方位的项目管理，包括进行工程的整体规划、项目定义、工程招标、选择工程总承包商，并对设计、采购、施工、试运行进行全面管理，一般不直接参与项目的设计、采购、施工和试运行等阶段的具体工作。PMC模式体现了初步设计与施工图设计的分离，施工图设计进入技术竞争领域，只不过初步设计是由PMC完成的。

1. 优点

PMC模式可以充分发挥管理承包商在项目管理方面的专业技能，统一协调和管理项目的设计与施工，减少矛盾；有利于建设项目投资的节省；该模式可以对项目的设计进行优化，可以实现在项目生存期内达到成本最低；在保证质量优良的同时，有利于承包商获得对项目未来的契约股或收益分配权，可以缩短施工工期，在高风险领域，通常采用契约股这种方式来稳定队伍。

2. 缺点

业主参与工程的程度低，变更权利有限，协调难度大；业主方的风险在于能否选择一个高水平的项目管理公司。

该模式通常适用于：项目投资在1亿美元以上的大型项目；缺乏管理经验的国家和地区的项目，引入PMC模式可确保项目的成功建成，同时帮助这些国家和地区提高项目管理水平；利用银行或国外金融机构、财团贷款或出口信贷而建设的项目；工艺装置多而复杂，业主对这些庞大项目工艺不熟悉的项目。

（六）设计—建造（DB）模式

设计—建造（design and build，DB）模式，在国际上也称交钥匙（turn-key-operate）模式。在中国称设计—施工（design-construction）总承包模式，是指在项目原则确定之后，业主选定一家公司负责项目的设计和施工。这种方式在投标和订立合同时是以总价合同为基础的。设计—建造总承包商对整个项目的成本负责，它首先选择一家咨询设计公司进行设计，然后采用竞争性招标方式选择分包商，当然也可以利用本公司的设计和施工力量完成一部分工程。

避免了设计和施工的矛盾，可显著降低项目的成本和缩短工期。然而，业主关心的重点是工程按合同竣工交付使用，而不在乎承包商如何去实施。同时，在选定承包商时，把设计方案的优劣作为主要的评标因素，可保证业主得到高质量的工程项目。

1．优点

1）业主和承包商密切合作，完成项目规划直至验收，减少了协调的时间和费用。

2）承包商可在参与初期将其材料、施工方法、结构、价格和市场等知识和经验融入设计中。

3）有利于控制成本、降低造价。国外经验证明：实行 DB 模式，平均可降低造价约 10%。

4）有利于进度控制、缩短工期。

5）风险责任单一。从总体来说，建设项目的合同关系是业主和承包商之间的关系，业主的责任是按合同规定的方式付款，总承包商的责任是按时提供业主所需的产品，总承包商对于项目建设的全过程负有全部的责任。

2．缺点

业主对最终设计和细节控制能力较低；承包商的设计对工程经济性有很大影响，在 DB 模式下承包商承担了更大的风险；建筑质量控制主要取决于业主招标时功能描述的质量，而且总承包商的水平对设计质量有较大影响；该模式出现时间较短，缺乏特定的法律、法规约束，没有专门的险种；交付方式操作复杂，竞争性较小。

（七）平行发包（DBB）模式

平行发包模式即设计—招标—建造（design-bid-build，DBB）模式，它是一种在国际上比较通用且应用最早的工程项目发包模式之一，是指由业主委托建筑师或咨询工程师进行前期的各项工作（如进行机会研究、可行性研究等），待项目评估立项后再进行设计。在设计阶段编制施工招标文件，随后通过招标选择承包商；而有关单项工程的分包和设备、材料的采购一般都由承包商与分包商和供应商单独订立合同并组织实施。在工程项目实施阶段，工程师则为业主提供施工管理服务。这种模式最突出的特点是强调工程项目的实施必须按照 D—B—B 的顺序进行，只有一个阶段全部结束另一个阶段才能开始。

1．优点

管理方法较成熟，各方对有关程序都很熟悉，业主可自由选择咨询设计人员，对设计要求可控制，可自由选择工程师，可采用各方均熟悉的标准合同文本，有利于合同管理、风险管理和减少投资。

2．缺点

项目周期较长，业主与设计、施工方分别签约，自行管理项目，管理费较高；设计的可施工性差，工程师控制项目目标能力不强；不利于工程事故的责任划分，容易出现因图纸问题产生争端和索赔等。

该管理模式在国际上最为通用，以世界银行、亚洲开发银行贷款项目和国际咨询工程师联合会（FIDIC）的合同条件为依据的项目均采用这种模式。中国目前普遍采用的“项目法人责任制”“招标投标制”“建设监理制”“合同管理制”基本上参照世界银行、亚洲开发银行和 FIDIC 的这种传统模式。

（八）施工管理（CM）承包模式

施工管理（construction management，CM）承包模式又称“边设计、边施工”方式、分阶段发包方式或快速轨道（fast track）方式。CM 模式是由业主委托 CM 单位，以一个承包商的身份，采取有条件的“边设计、边施工”，着眼于缩短项目周期，也称快速路径法，即以 Fast Track 的生产组织方式来进行施工管理，直接指挥施工活动，在一定程度上影响设计活动，而它与业主的合同通常采用“成本+利润”的承发包模式。此方式通过施工管理商来协调设计和施工的矛盾，使决策公开化。

其特点是由业主和业主委托的工程项目经理与工程师组成一个联合小组共同负责组织和管理工程的规划、设计和施工。完成一部分分项（单项）工程设计后，即对该部分进行招标，发包给一家承包商，无总承包商，由业主直接按每个单项工程与承包商分别签订承包合同。

CM 模式的两种实现形式，即 CM 单位的服务，分代理型和风险型。

1）代理型 CM（“Agency” CM）：以业主代理身份工作，收取服务酬金。

2）风险型 CM（“At-Risk” CM）：以总承包商身份，可直接进行分发包，直接与分包商签合同，并向业主保证承诺最大工程费用 GMP，如果实际工程费超过了 GMP，超过部分由 CM 单位承担。

1．优点

在项目进度控制方面，由于 CM 模式采用分散发包、集中管理，设计与施工充分搭接，有利于缩短建设周期；CM 单位加强与设计方的协调，可以减少因修改设计而造成的工期延误；在投资控制方面，通过协调设计，CM 单位还可以帮助业主采用价值工程等方法向设计提出合理化建议，以挖掘节约投资的潜力，还可以大大减少施工阶段的设计变更。如果采用了具有 GMP 的 CM 模式，CM 单位将对工程费用的控制承担更直接的经济责任，因而可以大大降低业主在工程费用控制方面的风险；在质量控制方面，设计与施工的结合和相互协调，在项目上采用新工艺、新方法时，有利于工程施工质量的提高；分包商的选择由业主和承包人共同决定，因而更为明智。

2．缺点

对 CM 经理以及其所在单位的资质和信誉的要求都比较高；分项招标导致承包费可能较高；CM 模式一般采用“成本加酬金”合同，对合同范本要求比较高。

（九）捆绑模式

捆绑模式在我国企业中运用的相对较少。捆绑形式是将产品与企业进行捆绑合作，即将产品与企业直接挂钩，进行定向的销售和合作，捆绑模式是共生营销的一种形式，是指两个或两个以上的品牌或公司在促销过程中进行合作，从而扩大它们的影响力，它作为一种跨行业和跨品牌的新型营销方式，开始被越来越多的企业重视和运用。不是所有的企业的产品和服务都能随意地“捆绑”在一起。捆绑销售要达到“1+1>2”的效果取决于两种商品的协调和相互促进，而不存在难以协调的矛盾。捆绑模式的成功还依赖于正确捆绑策略的制定。

捆绑模式的优势：

捆绑模式可以降低成本。通过学习交流获得学习效应提高营销效率、降低销售成本；通过共享销售队伍来降低销售成本；通过与生产互补产品的企业合作降低广告费用。

服务层次的提高。通过与其他企业共享销售队伍、分销渠道，使顾客能够更方便购买，得到更好的服务，来提高产品的差异性，增强顾客的忠诚度。

捆绑模式可以达到品牌形象的相互提升。弱势企业可以通过和强势企业的联合捆绑，提高企业捆绑销售产品和品牌在消费者心中的知名度和美誉度，从而提升企业形象和品牌形象。强势企业也可以借助其他企业的核心优势互补，使自己的产品和服务更加完美，品牌形象也更优化。

二、非市场化运营模式

非市场化运营模式是与市场化运营模式相反的运营模式。市场化运营是在国家经济统筹安排的情况下进行的经济行为；非市场化运营模式是由国家统筹安排、公司没有独立的经济操作能力的一种运营方式。

改革开放以来，受我国社会形态的影响，部分企业仍然主要采取的是政府主导型的经营模式，这种类型的经营模式对于个别企业的发展具有特殊的作用，并且在突发事件和特定自然灾害等情况下发挥出了重要的救援作用。首先，采取非市场化的经营模式能和政府行为相配合，可以帮助政府排忧解难。非市场化运营模式的行为受到政府的控制，通过与政府相关政策行为的配合，不仅发挥了企业的作用，同时更好地发挥了政府相关政策和行为的功能。其次，企业采取非市场化的经营模式对于促进自身的发展具有一定积极作用。政府主导下的企业的主要领导人都由政府任命，这也是企业受控于政府的一种表现。而这些被任命的领导人很大一部分都是来自政府的一些组织机构或卸任的官员干部，这样的领导班子背景对于企业的发展具有促进作用。因为，他们不仅具有自己的关系网络，同时多年的从政经验更加有利于他们与政府进行沟通交流。此外，在政府的领导下，其组织的稳定性和工作的规范性得到了保障，这也有利于企业的长远发展。再次，采用非市场化的经营模式有助于社会的稳定。

非市场化的运营模式具有以下优势：首先，这种模式不再将经济效益放在首位，而是将社会效益放在首位，降低了行业竞争。其次，非市场化经营模式是在国家政府主导下的运作模式，可以很大程度地将社会的竞争力与企业的运作相结合，充分发挥企业的优势。最后，企业的运作是靠国家支持的，产品由国家统筹安排，运作简单，操作方便。

但是，非市场化的运营模式也存在一些缺点：企业的发展是在政府干预下进行的，社会竞争力小，运作效率低；政府的过多干预也会降低企业的职能，发展空间小。

三、环保设施运营模式

在我国投入运行的环保设施中，仍有部分不能正常运行。主要原因是：技术方面，这些环保设施采用的工艺不合理、产品质量低劣或工程质量差；非技术方面，环保设施运营模式不合理。从某种意义上说，非技术原因是现阶段导致环保设施不能正常运行的主要原因。

面对环保设施运营管理存在的问题，必须进行积极的探索和全面的改革，建立新的环保设施运营管理的模式，把环保设施运营推向社会化、专业化、市场化。但是，目前我国环保设施运营完全走向市场化还有一定难度。①计划经济的机制还在起作用，适应市场经济的政策体系和调控机制还没有完全形成。②环境保护的市场体系还不完善，特别是环保服务市场体系和资本市场体系尚未全面形成。市场运作方面缺乏公平竞争机制和规范运行的条件。③人们的环境意识还不够，公众整体环境意识不高，缺乏保护环境的自觉性和紧迫性。④东西部地区由于经济发展不同，环保设施运营存在很大差距。

因此，第一，国家应制定有效的环保设施运营资质管理办法，必须取得运营资质，或委托有运营资质的单位运营，以保证环保设施的正常运行；第二，新污染源的治理应提倡BOT方式，环保公司要将设计、施工、运营一包到底，避免设计、施工、运营三方脱节，互相推诿；第三，应建立环保设施建设方案招标管理办法，防止产生腐败；第四，对具有环保设施运营资质的单位应给予一定的优惠政策和相应的资金补助，加强环保执法力度，从而达到最佳的治理效果；第五，委托业主和运营单位必须签订运营合同，依照合同要求各自承担相应的法律责任；第六，各省生态环境主管部门应组织力量对要取得环保设施运营资质的企、事业单位上岗人员进行培训，培训合格方可上岗；第七，各省生态环境主管部门应加强对已获得环保设施运营资质的企、事业单位监督管理，对环保设施进行定期检查，一旦发现问题立即上报，对该单位进行处罚，直至吊销其环保设施运营资质证书；第八，环保设施运营单位定期向省生态环境主管部门报告排污单位环保设施运行情况、各类污染物处理总量、排污达标率、运行成本等，从而达到对排污单位的监督管理。

现行的环保设施运营模式有两种：一种是排污企业建设的环保设施是由该企业负责运行管理；另一种是公共性的环保设施如城市生活污水和生活垃圾处理设施是由公益性的事业单位进行管理。

这两种模式都存在着不利于环保设施正常运行的种种弊端：其一，工业企业环保设施的运行费用由企业负担，公共性的环保设施运行的费用由政府负担，无论对企业还是对政府这都是一个沉重的包袱。其二，环保设施的运行没有引入企业运行模式，对设施运行管理的单位或个人来说，不进行成本效益核算，没有明显的经济效益，因此，难以有积极性来保障环保设施的正常运行。其三，对环保设施运行管理的个人或单位，目前没有进行资质方面的认可管理，相当一部分的单位和个人业务素质很差，不具备环保设施运行管理的能力，不可能保障环保设施的正常运行。

思考题

一、项目前期策划的重要性？

二、政府投资的立项程序是怎样的？

三、项目的环境影响评价的作用是什么？

四、简要概括BOT模式的混合经济特色。

五、PPP模式具有哪些特点？

六、比较TOT和BOT模式，说说它们的相似处和不同之处。

七、概括捆绑模式的优缺点。

八、简要说明各种工程建设模式的特点。

第三章　环保设备工程监理

第一节　工程监理的概念

一、概念

监理是以某项条例或准则为依据，对一项行为进行监视、督查、控制和评价。当然，这是由一个执行机构或执行者来实施的行为。

环保设备工程监理是指对环保产业、环保设备工程、环境项目进行监视、督查、控制和评价。

二、相关法律法规

（一）法律

（1）《中华人民共和国合同法》

（2）《中华人民共和国投标招标法》

（3）《中华人民共和国环境保护法》

（4）《中华人民共和国环境影响评价法》

（5）《中华人民共和国城市规划法》

（6）《中华人民共和国建筑法》

（二）相关行政法规

（1）《建设工程质量管理条例》（中华人民共和国国务院令第 279 号）

（2）《建设工程安全生产管理条例》（中华人民共和国国务院令第 393 号）

（3）《建设工程勘察设计管理条例》（中华人民共和国国务院令第 662 号）

（4）《中华人民共和国土地管理法实施条例》（中华人民共和国国务院令第 256 号）

（三）部门规章

（1）《工程监理企业资质管理规定》（中华人民共和国国务院令第 158 号）
（2）《注册监理工程师管理规定》（住建部令第 147 号）
（3）《建设工程监理范围和规模标准规定》（住建部令第 86 号）
（4）《建筑工程设计招标投标管理办法》（住建部令第 33 号）
（5）《房屋建筑和市政基础设施施工招标投标管理办法》（住建部令第 89 号）
（6）《评标委员会和评标方法暂行规定》（七部委 12 号令）
（7）《建筑工程施工许可管理办法》（住建部令第 18 号）
（8）《实施工程建设强制标准监督规定》（住建部令第 81 号）

三、工程监理

工程监理是指具有相应资质的工程监理企业，接受建设单位的委托，承担其项目管理工作，并代表建设单位对承建单位的建设行为进行监督管理的专业化服务活动。

建设单位拥有确定建设工程规模、标准、功能以及选择勘察、设计、施工、监理单位等重大问题的决定权。

工程监理的职责：在审批施工单位前提交总施工进度计划、现金流入计划总说明及施工阶段提交各种详细计划及变更计划；审批施工单位根据总施工进度计划编制详细进度计划；核查监督施工工程质量；定期向建设单位报告工程进度情况，协调建设有关各方关系；管理建设工程相关合同；做好各类资料管理。

工程监理单位受业主委托对建设工程实施监理时，应遵守以下基本原则：

（一）公正、独立、自主的原则

监理工程师在建设工程监理中必须尊重科学、尊重事实，组织各方协同配合，维护有关各方的合法权益。为此，必须坚持公正、独立、自主的原则。业主与承建单位虽然都是独立运行的经济主体，但他们追求的经济目标有差异，监理工程师应在按合同约定的权、责、利关系的基础上，协调双方的一致性。只有按合同的约定建成工程，业主才能实现投资的目的，承建单位也才能实现自己生产的产品价值，取得工程款和实现盈利。

（二）权责一致的原则

监理工程师承担的职责应与业主授予的权限相一致。监理工程师的监理职权，依赖于业主的授权。这种权力的授予，除体现在业主与监理单位之间签订的委托监理合同之中，而且还应作为业主与承建单位之间建设工程合同的条件。因此，监理工程师在明确业主提出的监理目标和监理工作内容要求后，应与业主协商，明确相应的授权，达成共识后明确反映在委托监理合同中及建设工程合同中。据此，监理工程师才能开展监理活动。总监理工程师代表监理单位全面履行建设工程委托监理合同，承担合同中确定的监理方向业主方所承担的义务和责任。因此，在委托监理合同实施中，监理单位应给总监理工程师充分授权，体现权责一致的原则。

（三）总监理工程师负责制的原则

总监理工程师是工程监理全部工作的负责人。要建立和健全总监理工程师负责制，就要明确权、责、利关系，健全项目监理机构，具有科学的运行制度、现代化的管理手段，形成以总监理工程师为首的高效能的决策指挥体系。

总监理工程师负责制的内涵包括：

（1）总监理工程师是工程监理的责任主体

责任是总监理工程师负责制的核心，它构成了对总监理工程师的工作压力与动力，也是确定总监理工程师权力和利益的依据。所以总监理工程师应是向业主和监理单位所负责任的承担者。

（2）总监理工程师是工程监理的权力主体

根据总监理工程师承担责任的要求，总监理工程师全面领导建设工程的监理工作，包括组建项目监理机构，主持编制建设工程监理规划，组织实施监理活动，对监理工作进行总结、监督、评价。

（四）严格监理、热情服务的原则

各级监理人员严格按照国家政策、法规、规范、标准和合同控制建设工程的目标，依照既定的程序和制度，认真履行职责，对承建单位进行严格监理。

监理工程师还应为业主提供热情的服务，“应运用合理的技能，谨慎而勤奋地工作”。由于业主一般不熟悉建设工程管理与技术业务，监理工程师应按照委托监理合同的要求多方位、多层次地为业主提供良好的服务，维护业主的正当权益。但是，不能因此而一味地向各承建单位转嫁风险，从而损害承建单位的正当经济利益。

（五）综合效益的原则

建设工程监理活动既要考虑业主的经济效益，也必须考虑与社会效益和环境效益的有机统一。建设工程监理活动虽经业主的委托和授权才得以进行，但监理工程师应首先严格遵守国家的建设管理法律、法规、标准等，以高度负责的态度，既对业主负责，谋求最大的经济效益，又要对国家和社会负责，取得最佳的综合效益。只有在符合宏观经济效益、社会效益和环境效益的条件下，业主投资项目的微观经济效益才能得以实现。

四、环境监理

环境监理是指环境监理单位受法人（业主）委托，遵照国家和地方环境保护的法律、法规，根据经批准的建设项目环境影响评价文件、设计文件、施工承包合同中关于环境保护的条款和与法人签订的建设项目环境监理合同，按照“守法、诚信、公正、科学”的原则，对建设项目环境保护“三同时”实施和施工过程中影响环境的活动进行监督管理的行为，目的是保证工程施工阶段建设项目所在地的环境质量和“三同时”制度得到落实。建设项目环境监理与建设项目环境影响评价制度和“三同时”制度一样，同为目前我国建设项目环境管理模式中的内容，是建设项目环境影响评价制度和“三同时”制度的重要组成，是项目环境管理制度的一项重要内容。

环境监理的内容包括建设项目初步设计和施工设计中是否全面落实了环境影响报告书及其批复文件的要求；建设项目的施工过程落实环境影响报告书及其批复文件的要求；建设项目施工期间的污染防治生态建设与保护措施的实施与进度；施工期间的环境污染物排放是否符合国家和地方标准；环境保护投资是否落实到位。

五、安全监理

安全监理是指具有相应资质的工程监理单位受建设单位（或业主）的委托，依据国家的有关建设工程法律、法规，经政府主管部门批准的建设工程的建设文件、委托监理合同及其他建设工程合同，对建设工程安全生产实施的专业化监督管理。

建设工程安全监理的性质主要体现在服务性、科学性、独立性和公正性等四个方面。服务性是指从它的业务性质方面定性的，其服务对象是建设单位。科学性表现在监理工程师掌握现代管理及安全管理的理论、方法和手段，具有丰富的建设工程管理和安全管理经验，科学的工作态度和严谨的工作作风。独立性要求工程监理单位按照“公正、独立、自主”原则开展监理工作。不得与工程施工承包单位、材料设备供应单位有隶属和其他利害关系。公正性是指社会公认的职业道德准则，也是监理行业的基本职业道德准则。当建设单位与施工单位双方发生利益冲突或者矛盾，监理工程师应以事实为依据，以法律和合同为准绳，公正地协调和解决利益冲突，维护双方的合法权益。

第二节　工程监理的目标及组织

一、环保设备工程监理的目标

环保设备工程监理的主要目标是实现环境质量、工程进度、设备费用三大控制。

（一）环境质量监理目标

以严格的监理、热情的服务，按施工承包合同文件、技术规范和验收标准等进行监理。建立全面的质量控制体系，强化承包商自检体系的管理，严格做好中间的质量检验以及现场质量验收，搞好工序监测。以形成承包商自检，监理工程师抽检的二级质量保证系统。工作中强调事前控制，严格开工申请的审批，使工程优良率达到合同规定的质量要求。杜绝发生重大质量事故和一级一般质量事故，有效地防止发生二、三级一般质量事故，尽可能少发生质量问题；清除质量通病，确保工程质量，保证工程为优良工程。

（二）工程进度监理目标

要求施工承包商根据合同要求提出工程总进度计划，年度和月度施工进度计划和月报，审查并督促其实施。及时进行计划进度与实际进度的比较，按月给业主通报工程进度情况。出现偏差时指令承包商进行调整，并督促承包商的资金、机械、材料、人工等及时到位，以保证工程在合同规定的工期内竣工。

（三）设备费用监理目标

认真审查承包商提交的现金流动计划，现场核实工程数量和计量，审查签发付款证书。严格审查计日工、额外工程、设计变更、价格调整，认真仔细地做好施工现场记录，当承包商要求额外补偿索赔时，做好各种证据、资料的记录、整理，为业主把好费用关，控制好工程费用，力求工程费用不超过计划费用。

二、监理组织

（一）直线制监理组织形式

直线制监理组织形式（图 3-1）适用于能划分为若干相对独立子项目的大、中型建设工程，可以按子项目、建设阶段、专业内容分解。

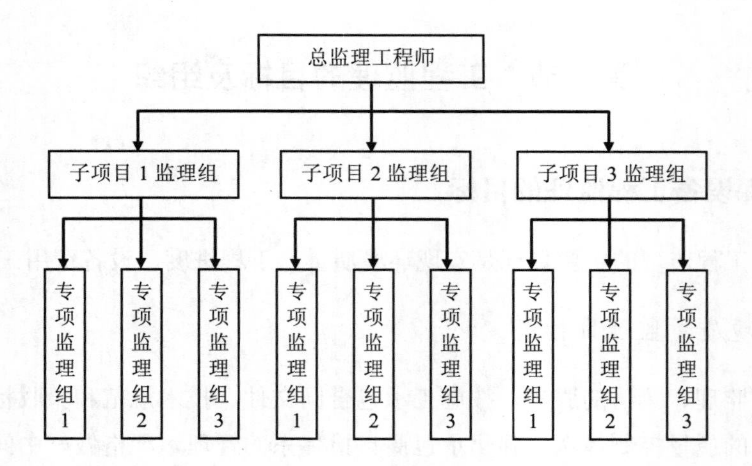

图 3-1 直线监理组织形式

主要优点是组织机构简单、权利集中、命令统一、职责分明、决策迅速、隶属关系明确。缺点是实行没有职能部门的“个人管理”，这就要求总监理工程师通晓各种业务，通晓多种知识技能，成为“全能”式人物。

（二）职能制监理组织形式

职能制监理组织形式（图 3-2）有两种形式：一种是直线指挥部门和人员；另一种是职能部门和人员。优点是加强了项目监理目标控制的职能化分工，能够发挥职能机构的专业管理作用，提高管理效率，减轻总监理工程师的负担。

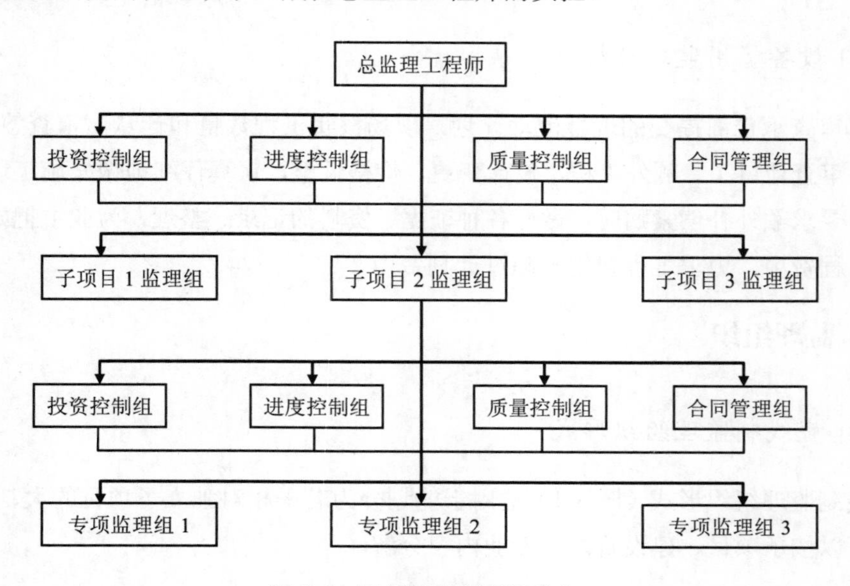

图 3-2 职能制监理组织形式

（三）直线职能制监理组织形式

直线职能制监理组织形式（图 3-3）的特点：指挥部门拥有对下级实行指挥和发布命令的权利，并对该部门全面负责；职能部门是直线指挥人员的参谋，他们只能对指挥部门进行业务指导，而不能对指挥部门直接进行指挥和发布命令；该形式具有保持直线领导、统一指挥、职责清楚和职能制组织目标管理专业化的优点。缺点是职能部门与指挥部门易产生矛盾，信息传递路线长，不利于互通情报。

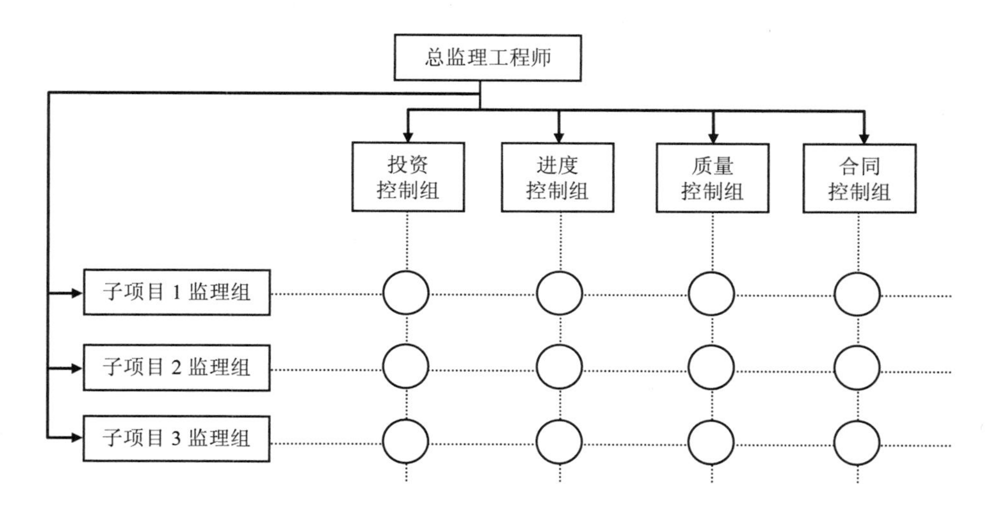

图 3-3　直线职能制监理组织形式

第三节　工程监理工作程序

一、监理机构的成立

（一）确定项目监理机构目标

建设工程监理目标是项目监理机构建立的前提，项目监理机构的建立应根据委托监理合同中确定的监理目标，制定总目标并明确划分监理机构的分解目标。

（二）确定监理工作内容

根据监理目标和委托监理合同中规定的监理任务，明确列出监理工作内容，并进行分类归并及组合。监理工作的归并及组合应便于监理目标控制，并综合考虑监理工程的组织管理模式、工程结构特点、合同工期要求、工程复杂程度、工程管理及技术特点；还应考虑监理单位自身组织管理水平、监理人员数量、技术业务特点等。

如果建设工程进行实施阶段全过程监理，监理工作划分可按设计阶段和施工阶段分别归并和组合。

（三）项目监理机构的组织结构设计

1．选择组织结构形式

由于建设工程规模、性质、建设阶段等的不同，设计项目监理机构的组织结构时应选择适宜的组织结构形式以适应监理工作的需要。组织结构形式选择的基本原则是：有利于工程合同管理，有利于监理目标控制，有利于决策指挥，有利于信息沟通。

2．合理确定管理层次与管理跨度

项目监理机构中一般应有三个层次：

1）决策层。由总监理工程师和其他助手组成，主要根据建设工程委托监理合同的要求和监理活动内容进行科学化、程序化决策与管理。

2）中间控制层（协调层和执行层）。由各专业监理工程师组成，具体负责监理规划的落实，监理目标控制及合同实施的管理。

3）作业层（操作层）。主要由监理员、检查员等组成，具体负责监理活动的操作实施。项目监理机构中管理跨度的确定应考虑监理人员的素质、管理活动的复杂性和相似性、监理业务的标准化程度、各项规章制度的建立健全情况、建设工程的集中或分散情况等，按监理工作实际需要确定。

3．项目监理机构部门划分

项目监理机构中合理划分各职能部门，应依据监理机构目标、监理机构可利用的人力和物力资源以及合同结构情况，将投资控制、进度控制、质量控制、合同管理、组织协调等监理工作内容按不同的职能活动形成相应的管理部门。

4．制定岗位职责及考核标准

岗位职务及职责的确定，要有明确的目的性，不可因人设事。根据责权一致的原则，应进行适当的授权，以承担相应的职责；并应确定考核标准，对监理人员的工作进行定期考核，包括考核内容、考核标准及考核时间。

二、监理规划

监理规划的编制应针对项目的实际情况，明确项目监理机构的工作目标，确定具体的监理工作制度、程序、方法和措施并应具有可操作性。

监理规划编制的程序与依据应符合下列规定：

1）监理规划应在签订委托监理合同及收到设计文件后开始编制，完成后必须经监理单位技术负责人审核批准，并应在召开第一次工地会议前报送建设单位。

2）监理规划应由总监理工程师主持、专业监理工程师参加编制。

3）编制监理规划应依据：①建设工程的相关法律、法规及项目审批文件；②与建设工程项目有关的标准、设计文件、技术资料；③监理大纲、委托监理合同文件以及与建设工程项目相关的合同文件。

监理规划应包括以下主要内容：①工程项目概况；②监理工作范围；③监理工作内容；④监理工作目标；⑤监理工作依据；⑥项目监理机构的组织形式；⑦项目监理机构的人员配备计划；⑧项目监理机构的人员岗位职责；⑨监理工作程序；⑩监理工作方法及措施；⑪监理工作制度；⑫监理设施。

对中型及以上或专业性较强的工程项目，项目监理机构应编制监理实施细则。监理实施细则应符合监理规划的要求并应结合工程项目的专业特点做到详细具体、具有可操作性。

三、监理实施细则的编制程序与依据应符合下列规定

1）监理实施细则应在相应工程施工开始前编制完成并必须经总监理工程师批准。

2）监理实施细则应由专业监理工程师编制。

3）编制监理实施细则的依据：①已批准的监理规划；②与专业工程相关的标准、设计文件和技术资料；③施工组织设计。

四、监理工作程序

（一）监理工作总程序

监理工作总程序见图3-4。

（二）工程质量控制程序

工程质量控制程序见图3-5。

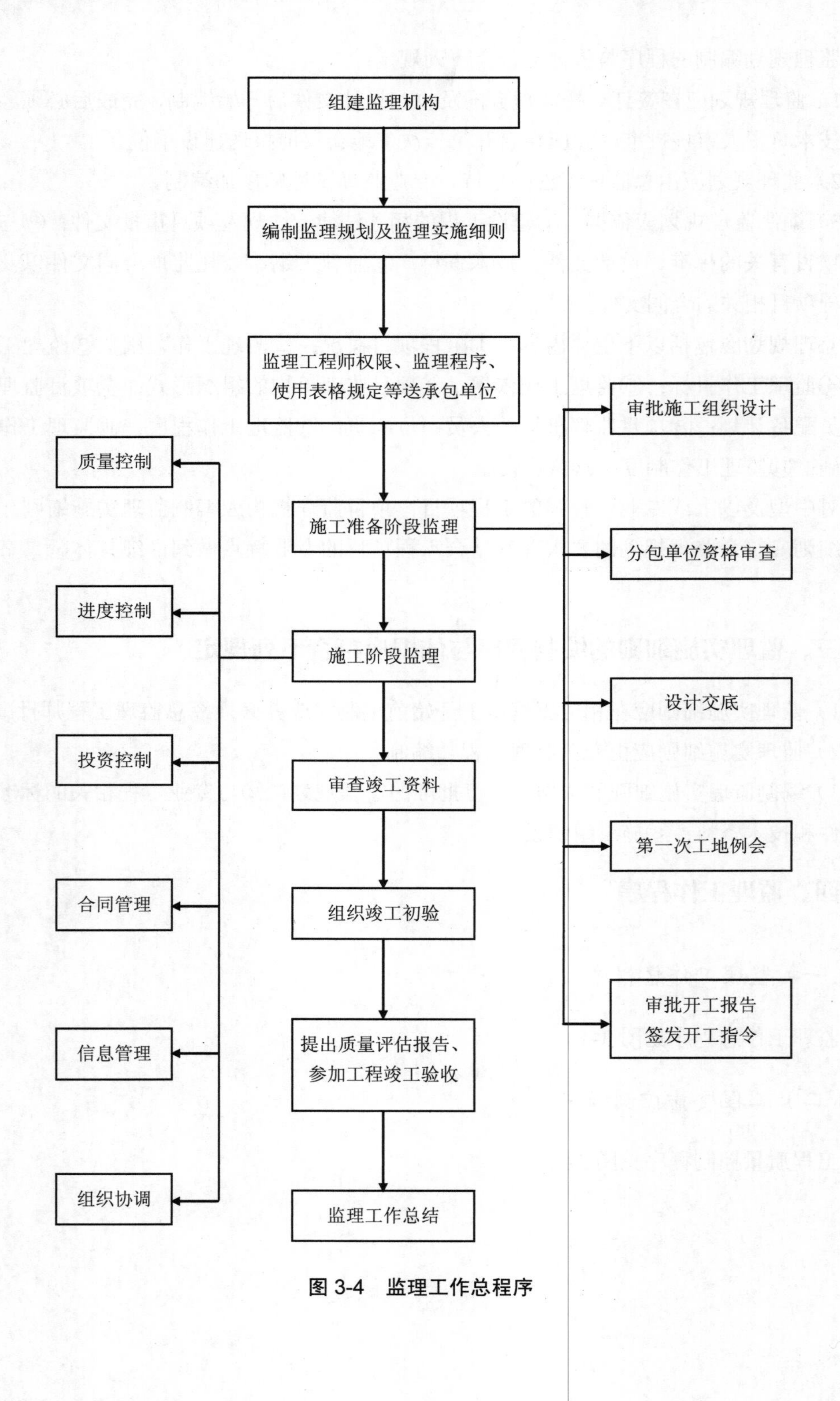
组建监理机构
编制监理规划及监理实施细则
监理工程师权限、监理程序、使用表格规定等送承包单位
施工准备阶段监理
施工阶段监理
审查竣工资料
组织竣工初验
提出质量评估报告、参加工程竣工验收
监理工作总结
质量控制
进度控制
投资控制
合同管理
信息管理
组织协调
审批施工组织设计
分包单位资格审查
设计交底
第一次工地例会
审批开工报告
签发开工指令

图 3-4 监理工作总程序

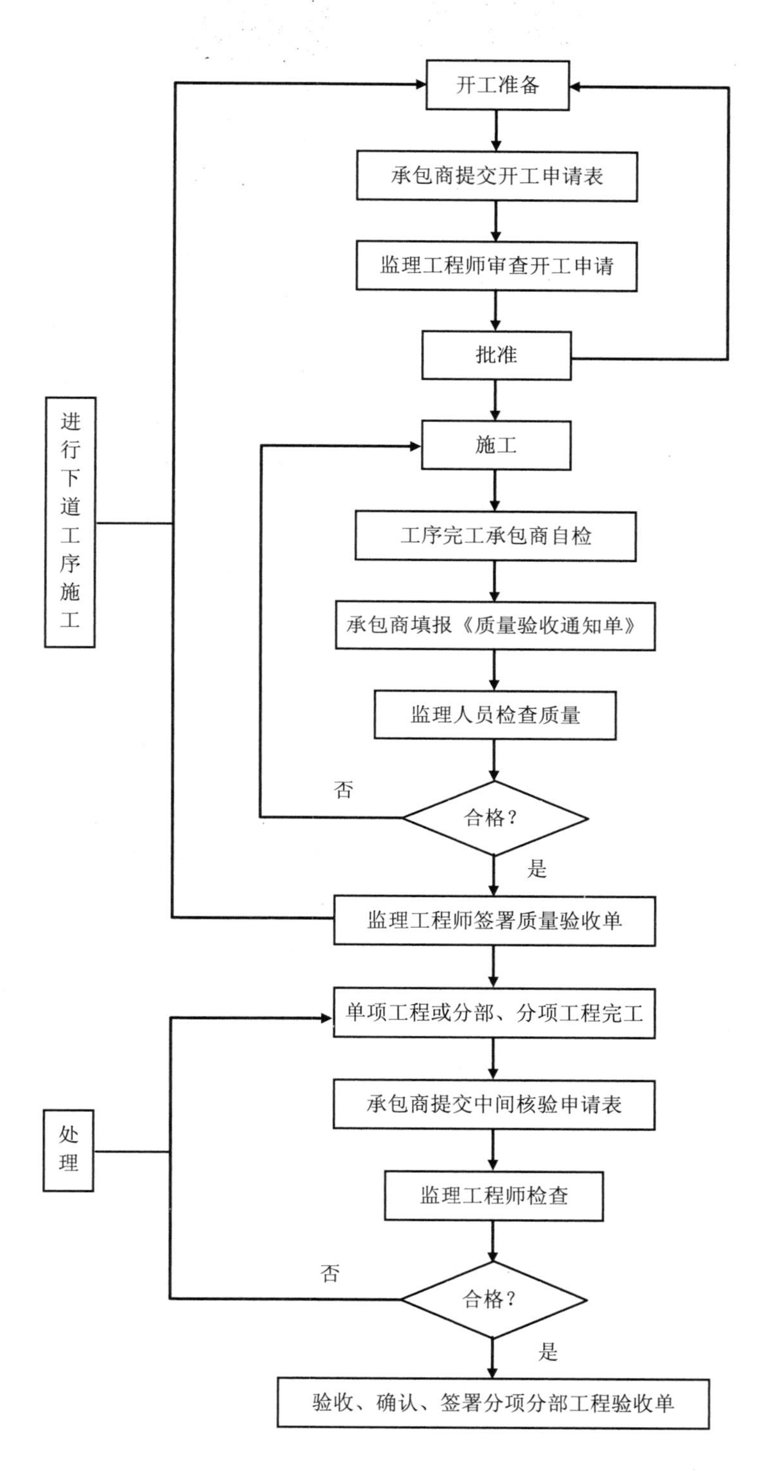

图 3-5　工程质量控制程序

（三）工程进度控制程序

工程进度控制程序见图 3-6。

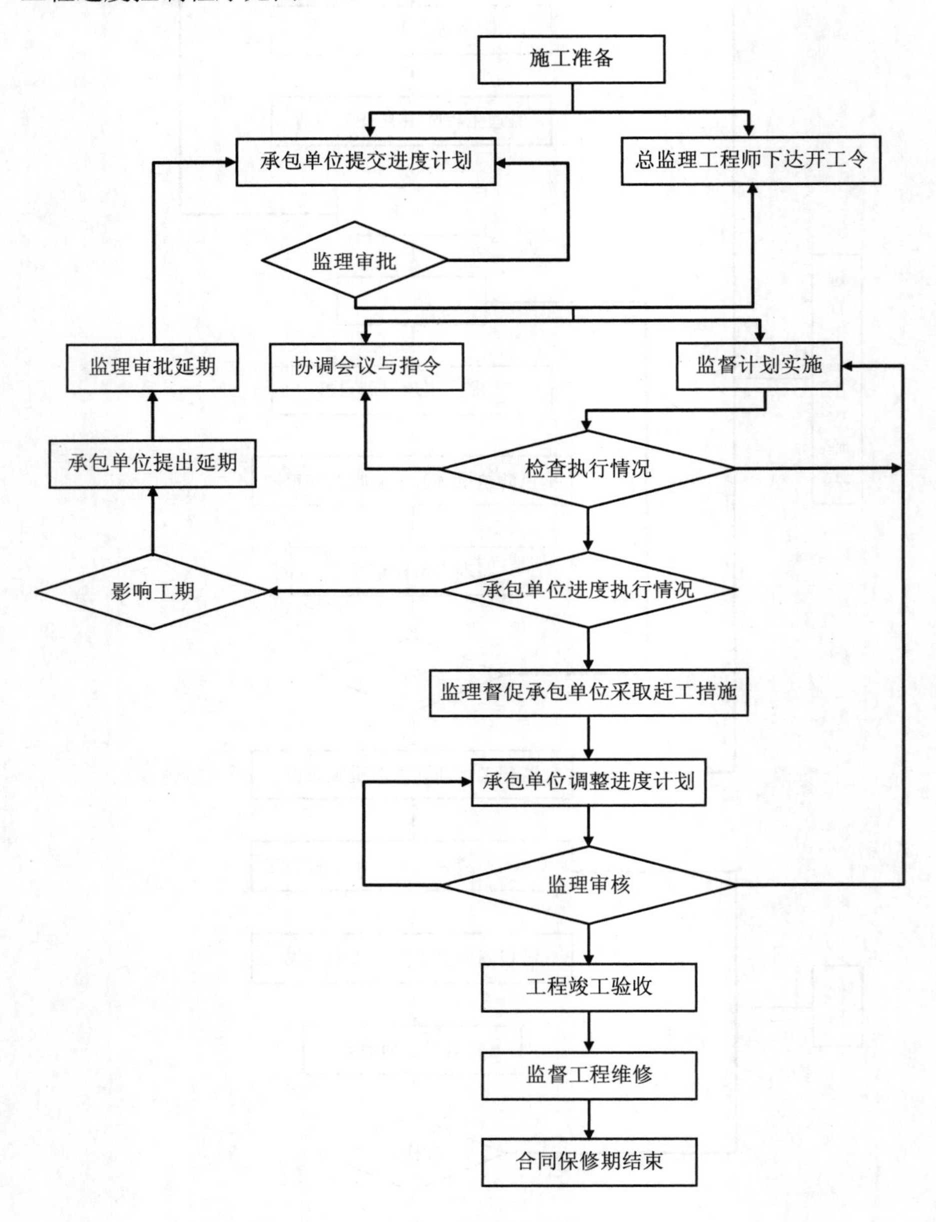

图 3-6 工程进度控制程序

（四）工程投资控制程序

工程投资控制程序见图 3-7。

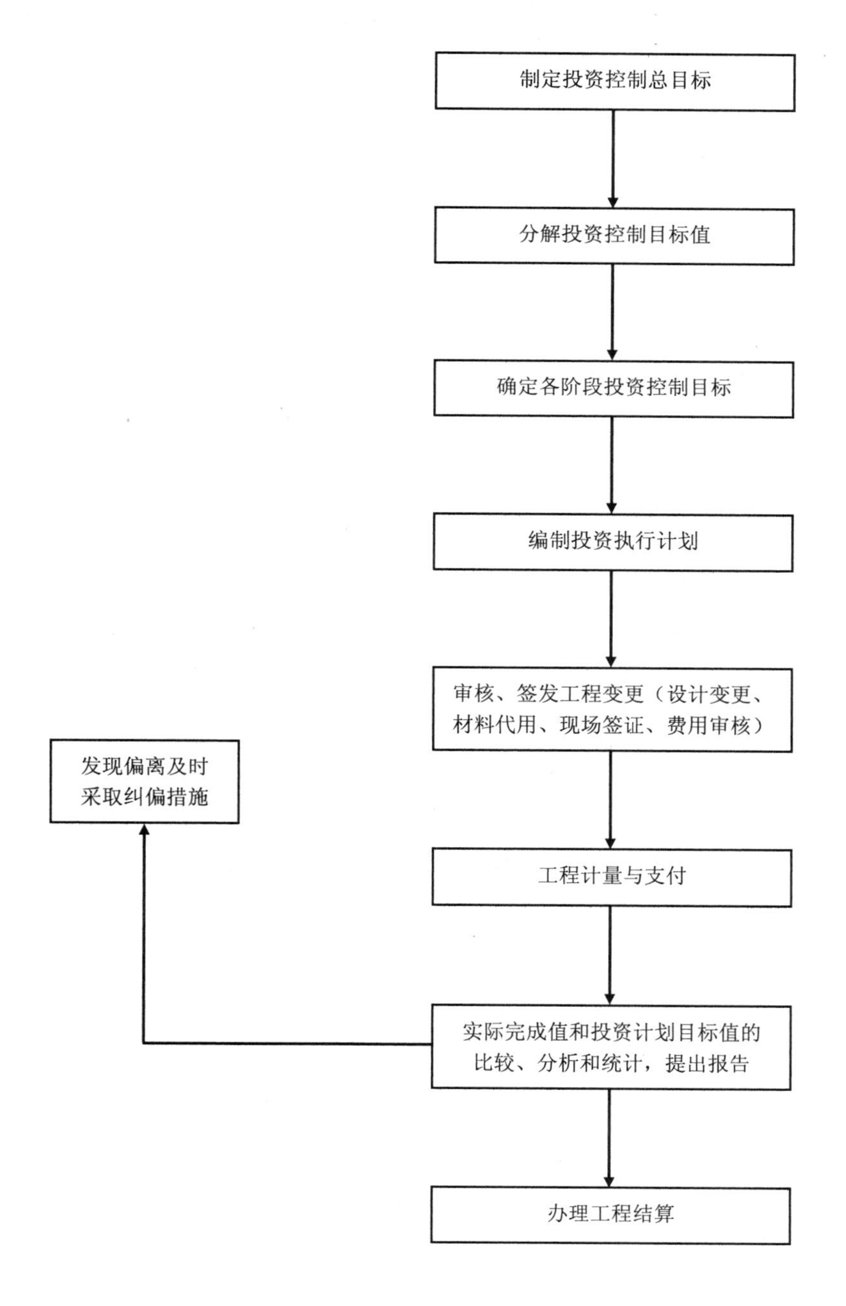

图 3-7　工程投资控制程序

（五）工程质量事故处理程序

工程质量事故处理程序见图 3-8。

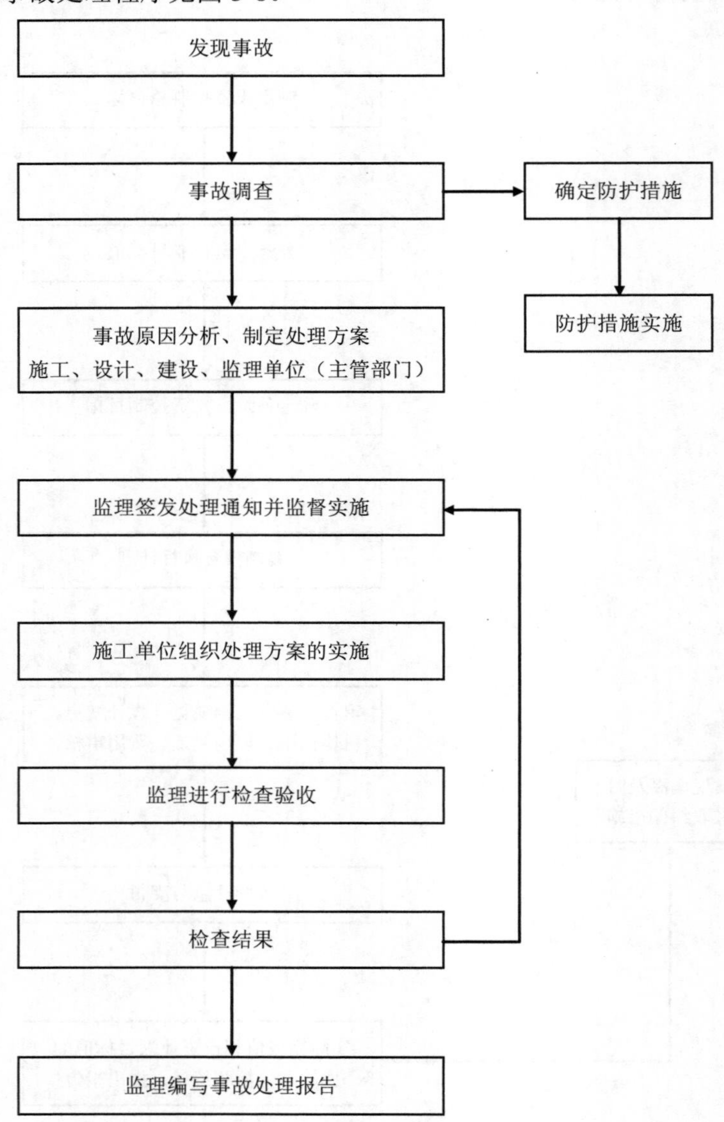

图 3-8 工程质量事故处理程序

（六）工程竣工验收程序

工程竣工验收程序见图 3-9。

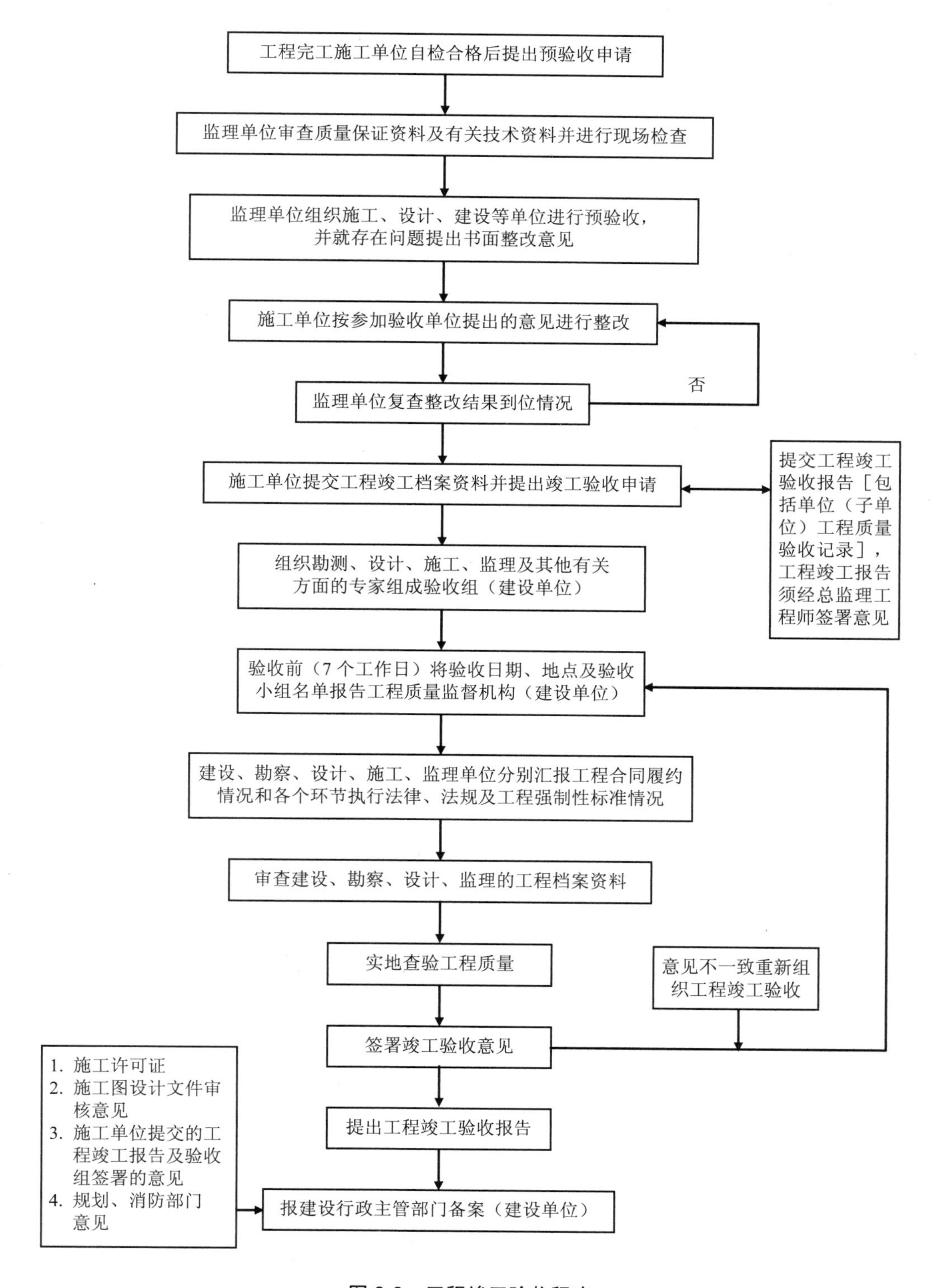

图 3-9 工程竣工验收程序

第四节 工程监理工作内容

一、工程监理的工作内容

控制工程建设的投资控制、建设工期控制、工程质量控制、安全控制；进行信息管理、工程建设合同管理；协调有关单位之间的工作关系，即“四控、两管、一协调”。

建设工程监理按监理阶段可分为设计监理和施工监理。设计监理是在设计阶段对设计项目所进行的监理，其主要目的是确保设计质量和时间等目标满足业主的要求；施工监理是在施工阶段对施工项目所进行的监理，其主要目的在于确保施工安全、质量、投资和工期等满足业主的要求。目前我国实行的还仅仅是施工阶段的工程监理，还没有设计阶段的工程监理，但在市政工程和房屋建筑工程这两个工程行业实行了施工图审查制度，相当于一种变通了的设计阶段的工程监理，但也仅局限于这两个工程行业。

二、环境监理的工作内容

（一）施工准备阶段环境监理

参加建设项目施工设计交底，熟悉项目环境影响评价文件和设计文件，掌握项目环境保护对象和配套污染治理设施环保措施，了解项目建设过程的具体环保目标，对环境敏感区做出标识，并根据环境影响评价文件、设计文件和现场实际情况提出补充和优化建议。

审查施工单位提交的施工组织设计、施工技术方案、施工进度计划、开工报告，对施工方案中环保目标和环保措施提出审核意见，制订环境监理核查计划。

审查施工临时用地方案是否符合环保要求，临时用地环保恢复计划是否可行。

组织首次环境监理工地会议，提出环境监理目标和环境监理措施要求。

审查施工单位的环保管理体系是否责任明确，切实可行。

（二）施工阶段环境监理

审查环保施工单位工程施工安装资质，核查项目环境保护工程及配套的污染治理设施设备，检查施工单位编制的分项工程施工方案中的环保措施是否可行。

对施工现场、施工作业和施工区的环境敏感点，进行巡视或旁站监理，检查环评文件中提出的项目环境保护对象和配套污染治理设施、环保措施的落实情况。包括如下内容：

1）大气污染防治措施的环境监理。检查和监测施工期大气污染防治达标排放情况，施工影响区域应达到规定的环境质量标准。

2）施工期生产和生活污水的环境监理。内容包括来源、排放量、水质标准、处理设施的建设过程和处理效果等，检查和监测是否达到了污水排放标准。

3）固体废物处理措施的环境监理。包括施工废渣、生活垃圾的产生与处理，监督固体废物处理的程序和达标情况，保证工程所在地现场清洁整齐，不污染环境。

4）噪声控制措施的环境监理。为防止噪声危害，对产生强烈噪声或振动的污染源，应按环评文件要求进行防治。监督施工区域及其影响区域的噪声环境质量达到相应的标准，重点是靠近生活营地和居民区施工，必须避免噪声扰民。

5）野生动植物及生态保护措施的环境监理。监督各种迁移、隔离、改善栖息地环境，以及人工增殖等各方面措施的落实情况。

6）人群健康措施的环境监理。监督生活饮用水安全可靠，要求建设单位预防传染疾病在施工人员中传播，并提供必要的生活安全及卫生条件等措施。

7）施工期危险化学材料管理的环境监理。监督危险化学材料的放置场所、使用行为和处置方法措施是否符合环保要求，保证危险化学材料的安全使用和处置。

8）核查落实项目环境保护工程和配套污染治理设施、环保措施建设，落实生态环境主管部门关于项目环境保护工程和配套污染治理设施、环保措施的变更审批意见。

9）监督落实环评文件提出的塌陷区和移民等环保措施，并对环评文件未提出的环保措施进行必要的补充。

工程建设中产生环境污染的工序和环节的环境监理。包括土石方建设过程；隧道、桥梁、管道、道路施工过程中的土地开挖过程；车辆运输过程；尾矿库、灰渣场、取土场的建设过程及建设达标情况；砂石料场开采、加工、贮存及环保措施的落实情况；取、弃土场防护恢复措施及施工材料运输过程中的环保防护措施落实情况；施工便道修筑和使用情况；生态环境脆弱、敏感地带或敏感点施工；临时用地植被恢复及水保措施等。

根据施工环境影响情况，组织环境监测，依据监测结果，行使环境监理监督权。

向施工单位发出环境监理工作指示，并检查环境监理指令的执行情况。

编写环境监理月报、季报、年报和专项报告。

组织环境监理工地例会。由项目建设单位、环境监理单位、专家、施工单位、社会公众代表组成，对施工现场、施工作业的环境问题进行检查。工程建设过程中，应根据项目周围环境敏感点、水源保护区、人口密集的地区或项目施工影响的情况，每隔一定时间开展一次例会，就前一阶段项目施工环境影响进行评估，采取的措施和效果进行总结，找到新的解决方案与办法，并责成建设方、施工单位实施。

协助生态环境主管部门和建设单位、施工单位处理突发环保事件。

（三）施工交工阶段环境监理

1）参加项目交工检查，确认现场清理工作、临时用地的恢复等是否达到环保要求。

2）评估项目环境保护工程和配套污染治理设施、环保措施建设，评估环保目标的完成情况，对尚存的施工环境问题提出处理方案和建议。

3）检查建设单位、施工单位的环保管理是否达到要求。

4）编制工程项目施工过程的环境监理报告。报告内容应包括建设项目的内容、时段、环境影响因素、具体的减缓措施、环保措施的实施情况、建设项目“三同时”完成情况及结论。环境监理报告书应提交生态环境主管部门审批。

三、安全监理的工作内容

施工过程中安全监理工作的主要内容：

1）督促施工承包单位按照工程建设强制性标准和施工组织设计、专项施工方案组织施工，及时制止违规违章施工指挥、施工作业。

2）对施工过程中的高危作业等进行巡视检查，每天不少于一次。

3）发现严重违规施工和存在安全事故隐患的，应当要求施工承包单位整改，并检查整改结果，签署复查意见；情况严重的，由总监理工程师下达工程暂停令并报告建设单位；施工承包单位拒不整改或者不停止施工的，应及时向主管部门报告。

4）督促施工承包单位进行安全自检工作。

5）参加或组织施工现场的安全检查。

6）核查施工承包单位施工机械、安全设施的验收手续，并签署意见；未经安全监理人员签署认可的不得投入使用。

7）监理人员对高危作业的关键工序实施跟班监督。

思考题

一、比较工程监理、环境监理、安全监理的不同点。

二、简述工程监理的职责。

三、简述环境监理的特点和工作内容。

四、简述安全监理的特点和工作内容。

五、简述环保设备工程监理的工作程序。

第四章　环保设备工程的施工管理

第一节　工程的招投标

一、招投标的基本概念

招标是指招标单位（即建设单位、项目法人、业主、发包人）发展招标活动的全过程，包括勘察设计、施工、监理、材料设备供应等内容，其中施工招标和设备采购招标最普遍。具备招标资格的招标单位或招标代理单位，就拟建工程编制招标文件和标底，发出招标通知，公开或非公开地邀请投标单位前来投标，经过评标、定标，最终与中标单位签订承包合同，招标活动结束。

投标是指投标单位进行投标活动的全过程，包括查阅招标信息、准备资格预审文件、购买招标文件、编制投标文件、报价决策、提交投标文件等过程。经过开标、评标、定标，如未中标，在收到中标结果通知和退回的投标保证金后，投标活动即告结束；如中标，即与招标单位谈判并签订承包合同。

二、招投标的程序

《中华人民共和国招标投标法》规定，建设工程招标方式分为公开招标和邀请招标。

公开招标是指招标人通过报刊、广播、电视或网络等公共传播媒介介绍、发布招标公告或信息而进行的招标。它是一种无限制的竞争方式。

邀请招标是指招标人以投标邀请书的方式邀请特定的法人或者其他组织投标。招标人采用邀请招标方式的，应当向三个以上具备承担招标项目能力、资信良好的特定的法人或者其他组织发出投标邀请书。邀请招标虽然也能够邀请到有经验和资信可靠的投标者投标，保证履行合同，但限制了竞争范围，可能会失去技术上和报价上有竞争力的投标者。

按照《工程建设项目施工招标投标办法》的规定，国家发改委发展计划部门确定的国家重点建设项目和各省（市、自治区）人民政府确定的地方重点项目，以及全部使用国有资金投资或者国有资金投资占控股或者主导地位的工程建设项目应当公开招标。有下列情况之一的，经批准可以进行邀请招标：

1）项目技术复杂或有特殊要求，只有少量几家潜在投标人可供选择的；

2）受自然地域环境限制的；

3）涉及国家安全、国家机密或者抢险救灾，适宜招标但不宜公开招标的；

4）拟公开招标的费用与项目的价值相比不值得的；

5）法律、法规规定不宜公开招标的。

招标程序一般可分为发标前准备、招标投标、评标定标三个阶段。招标程序如图 4-1 所示。

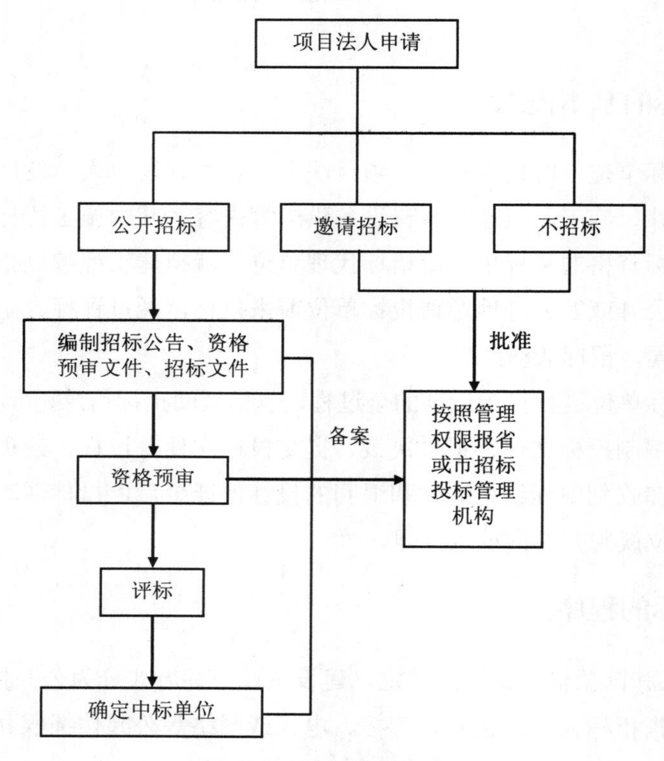

图 4-1 招标程序框图

投标程序包括查阅招标报刊、编制资格预审材料、办理资格审查、购买招标文件、研究招标文件、现场勘探、招标答疑、制定施工组织方案、投标查询、投标估价、投标报价、编制投标文件、投送投标文件、投标澄清等。

建设工程投标一般遵循以下程序：①投标报价前期的调查研究，收集信息资料；②对是否参加投标做出决策；③研究招标文件并制定施工方案；④工程成本估算；⑤确定投标报价的策略；⑥编制投标文件；⑦投递投标文件；⑧参加开标会议；⑨投标文件澄清与陈述；⑩若中标，签订工程合同。

1．准备阶段

在准备阶段，要对招标投标活动的整个过程做出具体安排，包括对招标项目进行论证分析、确定采购方案、编制招标文件、制定评标办法、邀请相关人员等。主要程序是：

1）制定总体实施方案。即对招标工作做出总体安排，包括确定招标项目的实施机构和项目负责人及其相关责任人、具体的时间安排、招标费用测算、采购风险预测以及相应措施等。

2）项目综合分析。对要招标采购的项目，应根据政府采购计划、采购人提出的采购需求（或采购方案），从资金、技术、生产、市场等几个方面对项目进行全方位综合分析，为确定最终的采购方案及清单提供依据。必要时可邀请有关方面的咨询专家或技术人员参加对项目的论证、分析，同时也可以组织有关人员对项目实施的现场进行踏勘，或者对生产、销售市场进行调查，以提高综合分析的准确性和完整性。

3）确定招标采购方案。通过进行项目分析，会同采购人及有关专家确定招标采购方案。也就是对项目的具体要求确定出最佳的采购方案，主要包括项目所涉及产品和服务的技术规格、标准以及主要商务条款，以及项目的采购清单等，对有些较大的项目在确定采购方案和清单时有必要对项目进行分包。

4）编制招标文件。招标人根据招标项目的要求和招标采购方案编制招标文件。

5）邀请有关人员。主要是邀请有关方面的领导和来宾参加开标仪式，以及邀请监督机关（或公证机关）派代表进行现场监督。

2．招标投标阶段

招投标的详细流程如下：

1）招标资格与备案。招标人自行办理招标事宜，按规定向建设主管部门备案；委托代理招标事宜的应签订委托代理合同。

2）确定招标方式。按照法律法规和规章确定公开招标或邀请招标。

3）发布招标公告或投标邀请书。实行公开招标的，应在国家或地方指定的报刊、信息网或其他媒介，并同时在中国工程建设和建筑业住处网上发布招标公告；实行邀请招标的应向三个以上符合资质条件的投标人发送投标邀请。

4）编制、发放资格预审文件和递交资格预审申请书。采用资格预审的，编制资格预审文件，向参加投标的申请人发放资格预审文件。

填写资格预审申请书。投标人按资格预审文件要求填写资格预审申请书（如是联合体投标应分别填报每个成员的资格预审申请书）。

5）资格预审，确定合格的投标申请人。审查、分析投标申请人报送的资格预审申请书的内容，招标人如需要对投标人的投标资格合法性和履约能力进行全面的考察，可通过资格预审的方式来进行审核。招标人可按有关规定编制资格预审文件并在发出三日前报招标投标监督机构审查，资格预审应当按有关规定进行评审，资格预审结束后将评审结果向招标投标监督机构备案。备案三日内招标投标监督机构没有提出异议的，招标人可发出“资格预审合格通知书”，并通知所有不合格的投标人。

资格审查一般主要审查：①具有独立签订合同的权利。②具有履行合同的能力，包括专业、技术资格和能力，资金状况，设备和其他设施状况，管理能力，经验、信誉和相应从业人员。③没有处于被责令停业、投标资格被取消、财产被接管、冻结、破产等状况。④在最近 3 年内没有骗取中标和严重违约及重大工程质量问题。⑤法律和行政法规规定的其他资格条件。如营业执照、法人代表证明或法人委托书、资质等级证书、安全生产许可证、体系认证书等。

6）编制、发出招标文件。

根据有关规定、原则和工程实际情况要求编制招标文件，并报送招标投标监督机构进行备案审核。招标人按招标文件规定的时间召开发标会议，向投标人发放招标文件、施工图纸及有关技术资料。审定的招标文件一经发出，招标单位不得擅自变更其内容，确需变更时，须经招标投标管理机构批准，并在投标截止日期前通知所有的投标单位。对已售出的招标文件需要进行澄清或者非实质性修改的，招标人一般应当在提交投标文件截止日期 15 天前以书面形式通知所有招标文件的购买者，该澄清或修改内容为招标文件的组成部分。这里应特别注意，必须是在投标截止日期前 15 天发出招标文件的澄清和修改部分。

7）踏勘现场。

招标人按招标文件要求组织投标人进行现场踏勘，解答投标单位提出的问题，并形成书面材料，报招标投标监督机构备案。

8）编制、递交投标文件。

投标人按照招标文件要求编制投标书，并按规定进行密封，在规定时间送达招标文件指定地点。

3．评定标阶段

包括几个过程，具体如下：

（1）组建评标委员会

1）评标委员会由招标人负责组建。

2）评标委员会由采购人的代表及其技术、经济、法律等有关方面的专家组成，总人数一般为 5 人以上的单数，其中专家不得少于 2/3。与投标人有利害关系的人员不得进入评标委员会。

3）《政府采购法》以及财政部制定的相关配套办法对专家资格认定、管理、使用有明文规定，因此，政府采购项目需要招标的，专家的抽取须遵其规定。

4）在招标结果确定之前，评标委员会成员名单应相对保密。

（2）开标

招标人依据招标文件规定的时间和地点，开启所有投标人按规定提交的投标文件，公开宣布投标人的名称、投标价格及招标文件中要求的其他主要内容。开标由招标人主持，邀请所有投标人代表和相关人员在招标投标监督机构监督下公开按程序进行。

从发布招标文件之日起至开标，时间不得少于20天。

（3）评标

评标是对投标文件的评审和比较，可以采用综合评估法或经评审的最低价中标法。

评标委员会根据招标文件规定的评标方法，借助计算机辅助评标系统对投标人的投标文件按程序要求进行全面、认真、系统地评审和比较后，确定出不超过3名合格中标候选人，并标明排列顺序。

评标委员会推荐中标候选人或直接确定中标人应当符合：①能够最大限度满足招标文件中规定的各项综合评价标准；②能够满足招标文件的实质性要求，并且经评审的投标价格最低，但低于企业成本的除外。

（4）定标

招标人根据招标文件要求和评标委员会推荐的合格中标候选人，确定中标人，也可授权评标委员会直接确定中标人。

使用国有资金投资的项目，招标人应当确定排名第一的中标候选人为中标人。排名第一的中标候选人放弃中标，因不可抗力提出不能履行合同，或者招标文件中规定内容未满足的，招标人可以确定排名第二的中标候选人为中标人，以此类推。所有推荐的中标候选人未被选中的，应重新组织招标。不得在未推荐的中标候选人中确定中标人。

招标人授权评标委员会直接确定中标人的应按排序确定排名第一的为中标人。

（5）中标结果公示

招标人在确定中标人后，对中标结果进行公示，时间不少于3天。

（6）中标通知书备案

公示无异议后，招标人将工程招标、开标、评标、定评情况形成书面报告送招标投标监督机构备案。发出经招标投标监督机构备案的中标通知书。

（7）合同签署、备案

中标人在30个工作日内与招标人按照招标文件和投标文件订立书面合同，签订合同5日内报招标投标监督机构备案。

三、招标文件的编制

招标文件是招标人向潜在投标人发出并告知项目需求、招标投标活动规则和合同条件等信息的要约邀请文件，是项目招标投标活动的主要依据，对招标投标活动各方均具有法律约束力。招标人根据招标项目的要求和招标采购方案编制招标文件。招标文件一般应包括招标公告（投标邀请函）、招标项目要求、投标人须知、合同格式、投标文件格式等五个部分。

1．招标公告（投标邀请函）

主要是招标人的名称、地址和联系人及联系方式等；招标项目的性质、数量；招标项目的地点和时间要求；对投标人的资格要求；获取招标文件的办法、地点和时间；招标文件售价；投标时间、地点以及需要公告的其他事项。

2．招标项目要求

主要是对招标项目进行详细介绍，包括项目的具体方案及要求、技术标准和规格、合格投标人应具备的资格条件、竣工交货或提供服务的时间、合同的主要条款以及与项目相关的其他事项。

3．投标人须知

主要是说明招标文件的组成部分、投标文件的编制方法和要求、投标文件的密封和标记要求、投标价格的要求及其计算方式、评标标准和方法、投标人应当提供的有关资格和资信证明文件、投标保证金的数额和提交方式、提供投标文件的方式和地点以及截止日期、开标和评标及定标的日程安排以及其他需要说明的事项。

4．合同格式

主要包括合同的基本条款、工程进度、工期要求、合同价款包含的内容及付款方式、合同双方的权利和义务、验收标准和方式、违约责任、纠纷处理方法、生效方法和有效期限及其他商务要求等。

5．投标文件格式

主要是对投标人应提交的投标文件做出格式规定，包括投标函、开标一览表、投标价格表、主要设备及服务说明、资格证明文件及相关内容等。

招标文件因各部分所含内容的不同，一般可按以下十一个章节分别编写，名称如下：

第一章　投标须知

第二章　合同条件

第三章　合同协议条款

第四章　合同格式

第五章　技术规范

第六章　投标书

第七章　工程预算书

第八章　资质及相关资料

第九章　施工组织设计

第十章　图纸及工程量清单

第十一章　评标办法

招标文件的编制要特别注意以下几个方面：

1）所有采购的货物、设备或工程的内容，必须详细地一一说明，以构成竞争性招标的基础；

2）制定技术规格和合同条款不应造成对有资格投标的任何供应商或承包商的歧视；

3）评标的标准应公开和合理，对偏离招标文件另行提出新的技术规格的标书的评审标准，更应切合实际、力求公平；

4）符合本国政府的有关规定，如有不一致之处要妥善处理。

四、投标文件的编制

投标文件应当对招标文件提出的实质性要求和条件做出响应。施工招标项目的投标文件一般包括投标函、投标报价、施工组织设计、商务和技术偏差表等部分，具体内容由招标文件规定。如某污水处理厂投标文件由投标函及投标函附录、法定代表人身份证明或附有法定代表人身份证明的授权委托书、联合体协议书、廉政合同、投标保证金、已标价工程量清单、已标价设备清单、施工组织设计、项目管理机构、拟分包项目情况表、资格审查资料和投标人须知及其他材料组成。

投标人根据招标文件载明的项目实际情况，拟在中标后将中标项目的部分非主体、非关键性工作进行分包的，应当在投标文件中载明。

投标文件通常分为商务文件、技术文件和价格文件，部分招标文件把商务文件和价格文件合并为商务文件。

1．商务文件

这类文件是用以证明投标人履行了合法手续及招标人了解投标人产业资信、合法性的文件。一般包括投标保函、投标人的授权书及证明文件、联合体投标人提供的联合协议、投标人所代表的公司资信证明等。如有分保函还应出具资信文件，供招标人审查。

2．技术文件

如果是建设项目，则包括全部施工组织设计内容，用以评价投标人的技术实力和经验。技术复杂的项目对技术文件的编写内容及格式均有详细要求，投标人应当按照规定认真填写。

3．价格文件

这是投标文件的核心，全部价格文件必须完全按照招标文件的规定格式编制，不允许有任何改动。如有漏填，则视为其已经包含在其他价格报价中。

投标文件编制程序如下：

1）拟定投标文件编制计划。正式编制投标文件前应拟好计划，合理安排各时段的人员配置数量，在时间安排上要留有余地，规划出修改和完善标书的时间，以确保在规定期限内参加投标。

2）合理确定投标文件编制组织和人员。根据招标文件要求和投标人工作人员的专业类别，成立领导班子、商务文件编制小组和技术文件编制小组。本项工作重点放在合理安排人力资源，指定编制班子总负责人、小组负责人、合同评审员、技术人员、商务人员及其他相关人员，把最合适编制某部分内容的人员安排进去，如工程试运行方案应由环境专业和电气专业的工程师编制。为了使技术方案和商务报价不脱节，应优选技术组和商务组间的协调人员，确保两批编标人员沟通顺畅。

3）编制投标文件。在编制投标文件期间，应反复研读招标文件，避免对某些问题的疏漏。该环节应重点明确以下几项工作并安排好工作时间。

①工程量清单报价。对招标人提供的图纸和工程量清单进行认真的复核，明确清单的编制和计价方式后，严格按照报价的计算和决策程序报价。

②设备选型与报价。根据招标文件设备清单、各类设备的技术规范要求和业主的倾向，确定是要国内产品还是要进口物资，进而选定几个能提供合适产品的供应商进行询价比较。每种主要设备供应选定三个不同的供应商进行商谈，确定供货价格并要求其出具授权函。与供应商的谈判应保密，但是应让供应商知道他不是唯一的选择。最终确定的供应商名单应严格保密，当某投标产品确定了唯一的供应商时，更不能让该供应商知道该信息，以免中标后，该供应商违规提价。获得供应商的报价后，结合投标人的综合成本和预期利润，确定每种招标物资的报价。

③编制施工组织计划。根据技术条款中载明的工程范围、总布置、总进度的要求，业主提供的临时设施文件、施工方法、材质要求、规范及标准适用、质量检查及检验、施工安全保护、环境保护要求，水文、气象、地质资料，计量与支付的规定，现场调研和招标澄清的结果等综合信息，编制施工组织计划。

④及时出具各种证明与保证。投标文件的编制涉及多种证明材料的提供，主要包括联合体协议、分包协议、物资供应商的授权函、工程业绩证明、财务资料、单位资质和投标担保等。投标人应根据以往的经验，准备充裕的时间完成以上工作。虽然分包人、物资供应商等利益方均会积极配合投标工作，需要的各种资料都会以最快捷的途径提交给投标人。但是，如果事前不准备充足，会使投标人处于被动的局面。

4）审查投标文件。审查内容包括投标文件结构性审查（如标书内容组成的完整性、投标文件的装订）和实质性要求的响应性审查（如投标保函、授权委托书、签署、密封等）。

投标文件编制注意事项：

①招标文件要求填写的地方，投标人都应填写。重要数据不填的，可能被作为废标处理。

②填报的文件应反复校对，保证分项报价表和报价总表计算均无错误。如填写中有错误而不得不修改时，应在修改处签字。此外，投标报价调整后，与之相关的其他内容也要进行调整，如规定按报价比例出具的投标保证金和中标服务费等。

③投标文件应用打印方式输出。

④投标文件应当整洁，纸张统一，封面精美，字迹端正清晰，装帧美观大方。

⑤如果招标文件规定投标保证金为报价的某一比率时，开具的投标保函不要太早，以防泄露自己的报价；如果规定投标保证金不少于报价的某一比率时，投标人可以按高于该比例的金额开具保函。

第二节　工程的设计

一、设计阶段和内容

工程图纸设计一般应分为方案设计、初步设计和施工图设计三个阶段，特殊情况下可增加扩大初步设计阶段。

初步设计一般应包括：设计说明书、工程概算书、主要设备材料表、初步设计图纸。

施工图设计一般应包括：施工图设计说明、修正概算或工程预算、主要设备及材料表、施工图设计图纸。

设备如需经过招投标确定供货商，应在初步设计完成后进行设备标书的编制。

二、方案设计

方案设计是环保设备工程设计中的重要阶段，它是一个极富有创造性的设计阶段，它涉及设计者的知识水平、经验、灵感和想象力等。方案设计包括设计目的分析、工艺流程确定、工艺单元设计几个过程。该阶段主要是从分析污染物治理目标出发，确定实现污染治理功能和发挥所有设备性能所需要的总体对象（技术系统），确定治理工艺，并对工艺流程进行初步的评价和优化。设计人员根据设计任务书的要求，运用自己掌握的知识和经验，选择合理的技术系统，构思满足设计要求的原理解答方案。

方案设计文件主要由以下 3 个方面组成：

1）设计说明书，包括各专业设计说明以及投资估算等内容；对于涉及建筑节能、环保、绿色建筑、人防等专业，其设计说明应有相应的专门内容。具体包括：①设计依据、设计要求及主要技术经济指标；②总平面设计说明；③设备设计说明；④结构设计说明；⑤电气设计说明；⑥给水排水设计说明；⑦投资估算文件一般由编制说明、总投资估算表、单项工程综合估算表、主要技术经济指标等内容组成。

2）总平面图以及相关建筑设计图纸。包括总平面设计图纸和工艺流程图纸。

3）设计委托或设计合同中规定的效果图、透视图、鸟瞰图、模型等。

三、初步设计

初步设计的主要任务是明确工程规模、设计原则和标准，深化可行性研究报告提出的推荐方案并进行必要的局部方案比较，提出拆迁、征地范围和数量，以及主要工程数量、主要材料设备数量、编制设计文件及工程概算。

初步设计的主要依据是批准的可行性研究报告（方案设计）。对没有可行性研究（方案设计）的设计项目，初步阶段应进行方案比选工作，并应达到规定的深度。

初步设计文件包括以下几个方面：

（1）设计说明书

包括设计总说明、各专业设计说明。对于涉及建筑节能、环保、绿色建筑、人防、装配式建筑等，其设计说明应有相应的专项内容。

具体内容包括：①工程设计依据；②工程建设的规模和设计范围；③总指标；④设计要点综述；⑤在设计审批时需解决或确定的主要问题。

（2）有关专业的设计图纸

1）总平面：在初步设计阶段，总平面专业的设计文件应包括设计说明书、设计图纸。

2）建筑：在初步设计阶段建筑专业设计文件应包括设计说明书和设计图纸。

3）结构：在初步设计阶段结构专业设计文件应有设计说明书、结构布置图和计算书。

4）建筑电气：在初步设计阶段建筑电气专业设计文件应包括设计说明书、设计图纸、主要电气设备。

5）给水排水：初步设计阶段，建筑工程给水排水专业设计文件应包括设计说明书、设计图纸、设备及主要材料表、计算书。

6）设备：初步设计应有设计说明书，除小型、简单工程外，初步设计还应包括设计安装图纸、主要设备表、计算书。

（3）主要设备或材料表

（4）工程概算书

建设项目设计概算是初步设计文件的重要组成部分。概算文件应单独成册。设计概算文件由封面、签署页（扉页）、目录、编制说明、建设项目总概算表、工程建设其他费用表、单项工程综合概算表、单位工程概算书等内容组成。

（5）有关专业计算书（计算书不属于必须交付的设计文件，但应按本相关条款的要求编制）

四、施工图设计

施工图设计的主要任务是提供能满足施工、安装、加工和使用要求的设计图纸、说明书、材料设备表和要求设计部门编制的施工预算。

施工图设计应以批准的初步设计为依据，如与批准的初步设计有较大变动时，需经原审批部门批准；若建设单位提出重大变更时，需通过计划管理部门，重新安排任务。

施工图设计文件包括以下几个方面：

（1）设计图纸及图纸总封面

合同要求所涉及的所有专业的设计图纸（含图纸目录、说明和必要的设备、材料表）以及图纸总封面；对于涉及建筑节能设计的专业，其设计说明应有建筑节能设计的专项内容；涉及装配式建筑设计的专业，其设计说明及图纸应有装配式建筑专项设计内容。

1）总平面：在施工图设计阶段，总平面专业设计文件应包括图纸目录、设计说明、设计图纸、计算书。

2）建筑：在施工图设计阶段，建筑专业设计文件应包括图纸目录、设计说明、设计图纸、计算书。

3）结构：在施工图设计阶段，结构专业设计文件应包含图纸目录、设计说明、设计图纸、计算书。

4）建筑电气：在施工图设计阶段，建筑电气专业设计文件图纸部分应包括图纸目录、设计说明、设计图、主要设备表，以及电气计算部分的计算书。

5）给水排水：在施工图设计阶段，建筑给水排水专业设计文件应包括图纸目录、施工图设计说明、设计图纸、设备及主要材料表、计算书。

6）设备：在施工图设计阶段，环保设备专业设计文件应包括图纸目录、设计说明和施工说明、设备及主要材料表、设计图纸、计算书。

（2）合同要求的工程预算书

施工图预算文件包括封面、签署页（扉页）、目录、编制说明、建设项目总预算表、单项工程综合预算表、单位工程预算书。（对于方案设计后直接进入施工图设计的项目，若合同未要求编制工程预算书，施工图设计文件应包括工程概算书。）

（3）各专业计算书

计算书不属于必须交付的设计文件，但应按本相关条款的要求编制并归档保存。

五、设计后期工作

设计后期工作的主要任务是配合施工，参加工程试运转、设计回访、设计质量复评与设计总结。

项目施工开始后，应安排有关设计人员定期到现场配合施工。配合施工的要求是：施工图设计交底，加工及安装交底，解决与设计有关的施工问题，局部变更设计或会签施工洽商单，处理施工中发生的质量事故，参加隐蔽工程及工程竣工验收等，并编写配合施工报告。

大型或技术复杂的工程，待工程完成后，应组织设计人员参加试运行，进行必要的测试验证设计和优化生产运行。工程运行一定时间后，应组织设计人员进行回访，了解工艺运行及设备运转情况，征求对设计的意见。回访后应编写设计回访报告。

对于大型或技术复杂的工程，应在施工、试运行、设计回访的基础上，全面总结设计的优缺点和经验教训，并做出设计质量复评。

第三节 工程概（预）算编制

一、工程概（预）算的概念与分类

（一）概（预）算的概念

工程概（预）算是指在工程建设过程中，根据不同设计阶段设计文件的具体内容和有关定额、指标及取费标准，预先计算和确定建设项目的全部工程费用的技术经济文件。

概算也叫设计概算，设计概算是指在投资估算的控制下，由设计单位根据初步设计（或扩大初步设计）图纸及说明书、概算定额（或指标）、各项费用定额或取费标准（指标）以及设备、材料预算价格等资料，编制和确定工程项目从筹建至竣工交付使用所需全部费用的经济文件。概算发生在初步设计或扩大初步设计阶段；概算需要具备初步设计或扩大初步设计图纸，对项目建设费用计算确定工程造价；编制概算要注意不能漏项、缺项或重复计算，标准要符合定额或规范。

预算也叫施工图预算，施工图预算是指在施工图设计完成后，按照规则计算出工程量，并考虑施工组织设计确定的施工方案，按照现行预算定额、工程建设定额、工程建设费用定额、材料预算价格和建设主管部门规定的费用计算程序及其他取费规定等，确定单位工程、单项工程及工程项目建筑安装工程造价的技术和经济指标，并形成工程预算表。预算发生在施工图设计阶段，需要具备施工图纸，汇总项目的人、机、料的预算，确定建安工程造价；编制预算关键是计算工程量、准确套用预算定额和取费标准。

概算和预算的区别如下：

1）所起的作用不同，概算是确定和控制项目投资额的依据，是优选设计方案的依据，也是建设项目招标和总发包的依据；预算是确定单位工程和单项工程造价的依据，是招标、签订施工合同和竣工结算的依据，也是银行拨付工程价款的依据。

2）编制依据不同，概算依据概算定额或概算指标进行编制，其项目较简单，较高的概括性；预算则依据预算定额和综合预算定额进行编制，其项目较详细、较重要。

3）编制内容不同，概算应包括工程建设的全部内容，如总概算要考虑从筹建开始到竣工验收交付使用前所需的一切费用；预算一般不编制总预算，只编制单位工程预算和综合预算书，它不包括准备阶段的费用（如勘察、征地、生产职工培训费用等）。

4）编制单位不同：概算由设计单位或造价咨询单位编制，而设计、施工、造价咨询三单位都可编制预算。

5）精确程度不同：概算的概括性高，精密度不高，与实际偏差 5%～10%；而预算较详细，精确度高，与实际偏差 3%～5%。

（二）概（预）算的分类

（1）根据建设活动开展阶段不同的分类

1）设计概算及其修正。

设计概算是在初步设计或扩大初步设计阶段，由设计单位根据初步设计或扩大初步设计图纸，概算定额、指标，工程量计算规则，材料、设备的预算单价，根据建设主管部门颁发的有关费用定额或取费标准等资料预先计算工程从筹建至竣工验收交付使用全过程建设费用经济文件。简言之，即计算建设项目总费用。

修正概算是在技术设计阶段，由于设计内容与初步设计的差异，设计单位应对投资进行具体核算，对初步设计概算进行修正而形成的经济文件。其作用与设计概算相同。

2）施工图预算。

施工图预算是指拟建工程在开工之前，根据已批准并经会审后的施工图纸、施工组织设计、现行工程预算定额、工程量计算规则、材料和设备的预算单价、各项取费标准，预先计算工程建设费用的经济文件。

3）施工预算。

施工预算是施工单位内部为控制施工成本而编制的一种预算。它是在施工图预算的控制下，由施工企业根据施工图纸、施工定额并结合施工组织设计，通过工料分析，计算和确定拟建工程所需的工、料、机械台班消耗及其相应费用的技术经济文件。施工预算实质上是施工企业的成本计划文件。

（2）根据编制对象不同的分类

1）单位工程概（预）算。

单位工程概（预）算是根据设计文件和图纸、结合施工方案和现场条件计算的工程量和概（预）算定额以及其他各项费用取费标准编制的，用于确定单位工程造价的文件。

2）单项工程综合概（预）算。

单项工程综合概（预）算是由组成该单项工程的各个单位工程概（预）算汇编而成的，用于确定单项工程（建筑单体）造价的综合性文件。

3）工程建设其他费用概（预）算。

工程建设其他费用概（预）算是指根据有关规定应在建设投资中计取的，除建筑安装工程费用、设备购置费用、工器具及生产工具购置费、预备费以外的一切费用。

工程建设其他费用概（预）算以独立的项目列入单项工程综合概（预）算和（或）总概（预）算中。

4）建设项目总概（预）算。

建设项目总概（预）算是由组成该建设项目的各个单项工程综合概（预）算、设备购置费用、工器具及生产工具购置费、预备费加工程建设其他费用概（预）算汇编而成的，用于确定建设项目从筹建到竣工验收全部建设费用的综合性文件。

二、概（预）算的编制流程

（一）熟悉施工图纸及施工组织设计

在编制施工图预算之前，必须熟悉施工图纸，详尽地掌握施工图纸和有关设计资料，熟悉施工组织设计和现场情况，了解施工方法、工序、操作及施工组织、进度。要掌握单位工程各部位建筑概况，如层数、层高、室内外标高、墙体、楼板、顶棚材质、地面厚度、墙面装饰等工程的做法，对工程的全貌和设计意图有了全面、详细的了解以后，才能正确使用定额结合各分部分项工程项目计算相应工程量。

（二）熟悉定额并掌握有关规则

建设工程预算定额有关工程量计算的规则、规定等是正确使用定额计算定额“三量”的重要依据。因此，在编制施工图预算计取工作量之前，必须弄清楚定额所列项目包括的内容、适用范围、计量单位及工程量的计算规则等，以便为工程项目的准确列项、计算、套用定额子目做好准备。

（三）列项、计算工程量

施工图预算的工程量，具有特定的含义，不同于施工现场的实物量。工程量往往要综合、包含多种工序的实物量。工程量的计算应以施工图及设计文件参照预算定额计算工程量的有关规定列项、计算。

工程量是确定工程造价的基础数据，计算要符合有关规定。工程量的计算要认真、仔细，既不重复计算，又不漏项。计算底稿要清晰、整齐，便于复查。

（四）套定额子目，编制工程预算书

将工程量计算底稿中的预算项目、数量填入工程预算表中，套相应定额子目，计算工程直接费用，按有关规定计取其他直接费用、现场管理费等，汇总求出工程直接费用。

直接费用汇总后，即可按预算费用程序表及有关费用定额计取间接费用、计划利润和税金，将工程直接费用、间接费用、计划利润、税金汇总后，即可求出工程造价。

（五）编制工料分析表

将各项目工料用量求出汇总后，即可求出用工或主要材料用量。

（六）审核、编写说明、签字、装订成册

工程施工图预算书计算完毕后，为确保其准确性，应经有关人员审核后，结合工程及编制情况填写编写说明，填写预算书封面，签字，装订成册。

土建工程预算、设备工程预算、电气工程预算分别编制出以后，由施工企业预算合同部门集中后送建设单位签字、盖章、审核，然后才能确定其合法性。

三、概（预）算编制方法

（一）常用名词

定额：是在合理的劳动组织和正常的生产条件下，完成单位合格产品所需要消耗的人工、材料和机械台班的数量标准。

施工定额：是以同一性质的施工过程或工序为测定对象，确定建筑安装工程在正常的施工条件下，为完成一定计量单位的某一施工过程或工序所需人工、材料和机械台班等消耗的数量标准。

概算定额：是确定一定计量单位扩大分项工程（或扩大结构构件）的人工、材料和施工机械台班消耗量的标准，是介于预算定额和概算指标之间的一种定额。

预算定额：是指在正常合理的施工条件下，规定完成一定计量单位的分项工程或结构构件所必需的人工、材料和施工机械台班以及价值货币表现合理消耗的数量标准。

措施费：指为完成工程项目施工，发生于该工程施工前和施工过程中非工程实体项目的费用，包括环境保护、安全施工、文明施工、夜间施工、脚手架工程等。

预备费：指在初步设计概算中难以预料的工程费用。

估算：投资估算是指在对项目的建设规模、技术方案、设备方案、工程方案及项目实施进度等进行研究并基本确定的基础上，估算项目投入总资金。

决算：竣工决算是指所有工程项目竣工后，建设单位按照国家有关规定在新建、改建和扩建工程项目竣工验收阶段编制的竣工决算报告。

（二）建设项目的分解

任何一项建设工程，就其投资构成或物质形态而言，是由众多部分组成的复杂而又有机结合的总体，相互存在许多外部和内在的联系。要对一项建设工程的投资耗费计量与控制，必须对建设项目或建设工程进行科学合理的分解，使之划分为若干简单、便于计算的部分或单元。另外，建设项目根据工艺流程和建筑物、构筑物的使用功能，按照设计规范要求也必须对建设项目进行必要而科学的分解，使设计符合工艺流程和使用功能的客观要求。

根据我国现行有关规定，建设项目一般分解为若干单项工程、单位工程、分部工程、分项工程等。

图 4-2 是某污水处理厂项目的分解图示。

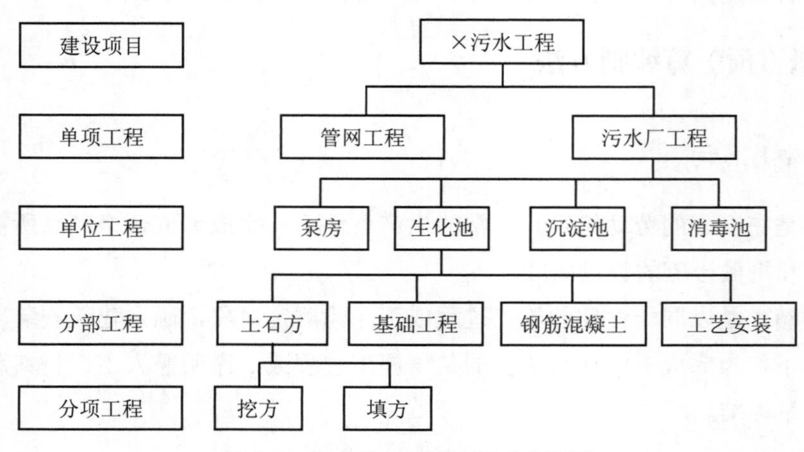

图 4-2 污水处理工程项目分解图示

（三）概（预）算编制方法

概（预）算按阶段不同分为投资估算、设计概算、施工图预算和施工预算，各个阶段在编制内容、方法上有很大的不同。其中以施工图预算和施工预算使用最为普遍和广泛，编制也最为复杂。学会了施工图预算编制，对其他阶段的概（预）算编制就可以举一反三。因而，下面以介绍施工图预算编制为主，其他的编制只做一般性介绍。

1. 投资估算编制方法

（1）按设备费用的百分比估算法

以拟建项目的设备费为基数，根据已建成的同类项目或装置的建筑安装工程费和其他费用等占设备价值的百分比，求出相应的建筑安装工程及其他费用，其总和即为项目或装置的投资。

（2）朗格系数法

以设备费为基数，乘以适当系数（朗格系数）来推算项目的建设费用。

（3）生产能力指数法

根据已建成的、性质类似的建设项目或生产装置的投资额和生产能力与拟建项目或生产装置的生产能力比较来估算项目的投资额。

（4）单位指标估算法

投资估算指标的形式很多，如元/m^2、元/m^3、元/（kVA）等。根据这些指标，乘以所需的面积、体积、容量等，就可以求出相应的土建工程、安装工程的投资。

2. 设计概算编制方法

（1）扩大单价法

当初步设计达到一定深度、建筑结构比较明确时，可采用扩大单价法。

（2）概算指标法

当初步设计深度不够，不能准确计算工程量，但工程采用的技术比较成熟而又有类似概算指标可以利用时，可采用概算指标法。

（3）类似工程概算法

当工程设计对象与已建成或在建工程相类似，结构特征基本相同，或者概算定额和概算指标不全时，可采用类似工程概算法。

（4）单位估价法

类似于编制预算，即用概算定额和相应的取费标准来编制，其步骤参照预算编制。

3. 施工图预算编制

（1）编制方法

一般施工图预算的传统编制方法主要有两种：单位估价法和实物造价法。

单位估价法是指根据分部分项工程量直接套用预算基价，计算出定额直接费用后，再根据费用定额计算其他费用的一种编制方法。土建及安装工程多采用此种方法。

实物造价法是指不直接套用预算基价，而根据实际施工的人工、材料和机械台班消耗量，分别乘以当地人工工资标准、材料预算价格和机械台班价格，汇总后再计算其他各项费用的编制方法。二次装饰工程多采用此方法。

（2）编制依据

施工图预算的编制依据也就是编制时应具备的条件和依据，有了这些条件和依据，就可以顺利地编制施工图预算。

一般地说，施工图预算的编制依据是：①已经批准的施工图纸、标准图集和施工方案；②现行的预算定额或预算基价（或称为单位估价表）；③当地的人工工资标准、材料预算价格和施工机械台班价格；④各项费用取费标准（也称综合费用定额）；⑤价差文件；⑥预算工具书、软件和规定表格（各地表格有所不同，教学中应因地制宜）。

在上述依据中，具有已经批准的施工图纸是编制预算的先决条件，因为施工图已经批准，就意味着项目被批准，就意味着项目是真实存在的，因而编制预算也就有了目标和实际意义。

（3）编制步骤

长期以来，我国的概（预）算编制都采用单位估价法，因为它直截了当，只要有一本现行的预算定额（预算基价或单位估价表）和费用定额，必要的材料市场价，不需要更多的其他资料，就可以很方便地编制预算，因而此种方式仍是我国大多数省市普遍使用的方式。

采用单位估价法编制施工图预算的步骤主要有：①熟悉施工图纸、了解现场；②根据预算定额，结合施工方案划分分项工程；③按规则计算每一个分项工程的工程量（一般在工程量计算表上完成）；④套用预算单价，计算定额直接费（可在预算表上手工完成或由预算软件自动生成）；⑤套用定额消耗量，做工料分析，汇总形成材料清单（可在工料分析表上手工完成或由预算软件自动生成）；⑥计算其他直接费和、间接费用、利润和税金等，确定单位工程预算造价（可在费用汇总表上手工完成或由预算软件自动生成）；⑦技术经济指标分析；⑧编写编制说明，装订成册。

（4）预算书的组成

预算书通常所指的就是一份预算文件，是预算工作完成后所产生的结果，也就是把预算人员的劳动变成了反映在纸质上的数字和信息。

一般报送审定的预算书应有以下内容：①封面；②编制说明；③各项费用计算汇总表；④工程预（决）算表；⑤材料清单。而作为计算底稿的工程量计算表和工料分析表，一般留在预算人员手中备查。

4．工程量清单

（1）工程量清单的含义

工程量清单是把承包合同中规定的，准备实施的全部工程项目和内容，按工程部位、性质以及它们的数量、单价、合价等用列表的方式表示出来，用作投标报价和中标后计算工程款的依据，是一种国际上通用的概（预）算编制方法。

工程量清单一般包括以下内容：

1）前言。说明工程量清单在合同中的地位，工程量的计算规则，应摊入单价内的费用内容，对工程量清单中没有列入和漏报项目的处理原则，以及使用工程量清单所应注意的问题等。

2）工程量清单表。

3）计日工表。计日工（计点工）表给出了在工程实施过程中，可能发生的临时性或新增加的工程计价方法和名义数量。一般应列有劳务、材料和机械 3 个表。表中的单价和合价由投标单位填入。

4）汇总表。将各分部、分项工程量清单表总计及暂定金额（计日工表及不可预见费）汇编入本表，构成汇总表。

（2）工程量清单的单价内容

工程量清单的单价是由投标单位经过对清单中所列项目逐一分析，通过计算来确定的。

一般招标文件中不要求投标单位提供单价分析表。

工程量清单中每一项的单价一般应包括以下内容：

1）直接费用。包括：①人工费；②材料费；③永久设备费；④施工机械费。

2）间接费用。

3）利润及风险分析。

（3）工程量清单的作用

工程量清单的作用：①是按工程进度进行计量支付的依据；②是处理工程变更单价及费用的依据；③是处理索赔事件的直接参考依据。

第四节　工程的施工管理

一、设计交底

环保设备工程施工开始之前的设计技术交底是保证工程施工按设计要求顺利进行的重要环节。设计交底一般应由建设单位组织。交底之前施工单位应事先认真研究包括施工图在内的设计文件，并准备好应该与设计单位进行交流的技术问题。

设计交底时，建设方、设计方、施工方、监理方都应参加。对于一些采用特殊工艺或设备，对施工环节有特殊要求的工程，还应邀请相关设备供货商的技术人员参加。

设计交底有两个基本任务：一是设计单位通过讲解、说明，使参与施工的各方充分理解工程的设计思路和意图，并对施工中应特别注意的，对施工工艺、构造、材料等方面有特殊要求的环节进行解释和强调，对施工单位提出相应要求；二是施工单位从施工的角度对设计文件提出疑问或建议，与设计单位进行交流和探讨，最终达成一致意见；对于一时无法达成一致意见的问题，应记录在案，并在建设单位的协调下尽快解决，为工程施工准备好技术条件。

设计交底结束后应形成文字纪要，如实记录设计单位解释和强调的问题，施工单位提出的问题，以及最终的解决措施或分歧原因。设计交底的文字纪要应由各参与方签字盖章，形成正式文件，交各方存档，并作为日后指导施工、组织验收、核定工程量的依据之一。

二、施工准备

施工单位在施工之前做好充分的准备可以提高效率、保证质量、节约成本。施工准备包括技术准备、组织准备、物资准备和现场准备四个方面。

（一）技术准备

施工技术准备：一是理解设计图纸、熟悉设计文件的内容，对工程的主要内容、工程量、技术特点、质量要求等方面有全面的认识；二是对设计文件中可能存在的矛盾、错误和欠合理的地方，及时与建设单位和设计单位沟通，对施工中存在困难，难以达到设计要求的地方，也应尽早提出，并与相关单位协商解决；三是在全面了解工程情况，并解决疑难问题的基础上，编制和完善施工方案或施工组织，对施工的程序、进度、材料采购、质量控制、安全保障等各个方面有一个合理的计划和安排；四是调查了解可能给施工带来影响的一些客观条件，例如地质地理、气象气候等自然条件，物资材料采购及价格水平等经济条件，水电及交通运输等保障条件，治安、消防等安全条件，周边居民及单位等社会条件，劳动力供应及技术水平等人才条件等。对于一些可能对施工进度、成本、质量、安全造成负面影响的因素，应该提前制订应对措施。

（二）组织准备

施工组织准备主要是组织机构的设置、管理制度的建立、人员配套、相关的培训以及施工人员熟悉图纸等工作。施工组织机构的设置应视工程规模而定，遵循精简、高效的原则，在项目经理下面设管理、采购、财务、资料、质检等职能部门以及各专业各工种施工班组，委派各部门的责任人。施工前应建立健全各项管理的规章制度，并形成文字，在质量管理、档案管理、考勤管理、安全管理、材料管理、工具管理、财务管理等方面都要有具体可行的措施并落实责任人。

（三）物资准备

施工物资准备包括材料准备、设备准备、机械工具准备等内容。

材料准备首先应该根据图纸的内容估算工程量和材料需求量，然后根据施工现场所在地的客观条件，安排材料的采购、运输和堆放贮存。材料采购主要针对钢筋、水泥、砂石、型材、管材管件、电缆及电气元件等。

设备准备是指废水处理工程所需设备的采购和加工。根据图纸要求对泵、鼓风机、曝气设备、水质监测仪器等通用设备和专有设备进行询价，确定供货周期，签订采购合同。同时对罐、槽、反应器等非标设备安排现场加工或委托加工。设备的采购和加工应该与施工进度计划紧密结合并在供货时间安排上留有余地，避免在施工过程中出现停工等情况发生。此外，对于根据甲方要求或国家、地方政策规定应当进行招标采购的设备，在采购数量和技术要求确定以后应该尽快组织招标，避免届时影响施工进度。

机械工具准备主要是指施工中所需要的施工机械和施工工具的购买、租用或调配，包括挖掘机械、碾压机械、运输机械、起重机械、钢筋机械、模板、脚手架、电气焊、空压机等，机械工具尤其是大型机械应该紧密结合施工进度计划合理统筹安排台班，减少等候时间，保证使用率，避免不必要的造价浪费。

（四）现场准备

现场准备是施工准备的重要内容，良好的现场准备可以为日后施工过程中方便管理、保证安全、节省费用创造有利条件。施工现场准备的程序包括施工测量、“三通一平”、临时设施建设等。

施工测量是指通过现场测量，把设计的构筑物和建筑物的平面位置和高程，按设计要求以一定的精度进行标记，作为施工的依据，以衔接和指导各工序施工。施工测量包括平面控制网和高程控制网的建立，一方面确定废水处理构筑物和附属建筑物的准确位置并根据土方开挖的要求打好标桩，另一方面根据施工图纸上标明的绝对标高数值埋设或标记高程水准点。

“三通一平”是施工现场通路、通水、通电和平整场地的简称，是现场准备的基础性工作。进行“三通一平”时应该注意熟悉现场周边的交通状况，核算水和电的容量是否满足施工时的负荷要求，考虑采暖、防冻、防涝、消防等方面的要求，必要时还应对场地的地质状况进行钻探复核，发现与施工图纸不符的地质状况或存在地下障碍物时，应提前制订有针对性的施工方案，保证基础施工的顺利进行。

临时设施主要是指施工现场生产、生活用的各类办公、宿舍、食堂、厕所、活动室、工具棚、料库等临时性建筑及其他配套设施，临时设施可以利用施工现场原有的建筑，也可以自建。自建临时设施时，应该充分考虑改善作业人员的工作环境与生活条件，有效预防施工过程中对环境造成的污染，同时也要考虑因地制宜，降低造价，尽量标准化和通用化，便于拆卸、组装和重复使用。

三、施工组织设计

施工组织设计是为完成具体施工任务创造必要的生产条件，制订合理的施工工艺所进行的规划设计，是指导一个拟建工程进行施工准备和施工的基本技术经济文件。施工组织设计是施工准备工作的重要组成部分，是施工现场生产生活活动的指导性文件，对工程施工的科学管理和顺利实施意义重大。

施工组织设计的目的是合理、有序、高效、安全地组织和安排施工工作。施工组织设计的根本任务是依据废水处理工程的特点和客观规律，帮助施工单位在一定的时间和空间内实现有组织、有计划、有秩序的施工，使施工过程达到相对的最优效果。

（一）施工组织设计的分类

施工组织设计按基本建设所处的不同阶段分为投标阶段施工组织设计和施工阶段施工组织设计。投标阶段施工组织设计重点体现的是规划性，以项目中标为目标，一般不需要制订得非常详细和完整，良好的投标阶段施工组织设计可以体现一个施工企业在人员、组织机构、计划进度、质量和安全等方面的优势和施工管理经验，对保证项目中标有关键作用；施工阶段施工组织设计重点体现的是作业性，以追求施工效率和经济效益为主要目标，因此要求全面、详尽、具体，不仅要确定施工的方法和流程，而且应健全施工组织机构，完善人员配备，拟定施工准备计划，对人工、材料、机具等资源进行合理配置，对资金使用、计划进度进行筹划、部署和安排，制订技术、质量、安全和环保的保证措施。

施工组织设计根据所针对的施工层级和范围不同可以分为总体施工组织设计、单位工程施工组织设计和分部分项工程施工组织设计。例如，某大型城镇污水处理厂，由施工总承包单位编制总体施工组织设计，对整个工程施工进行全局性部署，但在一些细节问题上其内容可以不必非常具体。该工程包括预处理单元、生物处理单元、深度处理和再生水单元、污泥处理单元等若干个单位工程，每个单位工程施工组织设计根据本单位工程的特点，由负责该单位工程的技术责任人组织编制单位工程施工组织设计，在总体施工组织设计的框架要求下，将有关程序和内容进行细化或具体化。对于一些比较复杂的单位工程如生物处理，又可以划分为若干分部工程如曝气池、鼓风机房、二沉池等，分部工程又可以划分为若干分项工程，如曝气池基础和底板、曝气管道和设备等，因此可以由分部分项工程的技术责任人依据总体施工组织设计和单位工程施工组织设计，组织编写分部分项工程施工组织设计，将单位施工组织设计的有关内容进一步细化到操作层面，便于具体落实。

对于规模不大、复杂性有限、没有分包的废水处理工程，施工组织设计也可以不分层级，只编制一份总体施工组织设计，但此时其中的施工方案、施工程序等有关内容应该具体、详细，具有可操作性。

（二）施工组织设计编制的原则

为了做到施工过程的科学性、高效性、经济性、安全性，施工组织设计编制一般应遵循以下几个原则：

1）要做到施工过程的统筹安排，各专业之间的密切配合。根据工期的要求，区分不同项目的轻重缓急，对于重点项目、进度控制关键项目、长周期项目，应当在人员、机械、物资材料等方面给予充分保障。废水处理工程施工专业比较多，各专业之间的有效衔接和密切配合对保证工程的进度与质量非常关键，是施工组织设计时需要重点考虑的，一般应按照先总体后单项、先土建后设备的程序来安排。

2）要保证施工的效率，加快施工进度。进度控制是施工管理的重要环节，在保证质量的前提下，尽量提高效率、缩短工期，这是编制施工组织设计的重点。

3）本着增产节约的原则，控制施工的成本。废水处理工程的施工工序比较复杂，材料、工具、设备的品种和数量繁多，因此要求在施工组织设计中，对采购和使用环节加强管理，建立核算管理制度，厉行节约，以控制施工成本，使施工的经济效益最大化。

4）要确保工程质量，制订完善的质量控制措施。施工过程的质量控制关系到废水处理工程质量和使用寿命，也是施工企业信誉和水平的直接体现。在施工组织设计中，应当重点从提高人员素质水平、做好采购产品的质量控制、加强施工过程管理等方面来保证施工质量。

5）要保证施工安全。施工组织应进行安全教育，严格执行有关规范和规程，建立安全保障制度，明确安全责任，采取预防为主的方针，杜绝各种安全事故的发生。

6）要在条件允许时，尽量采用先进技术。在遵守有关施工规范的前提下，积极采用和推广新技术、新工艺，使用新材料、新设备，提高劳动生产率，降低施工成本，改善施工条件和环境。

（三）施工组织设计编制的依据

施工组织设计编制时，一般以如下文件和材料为依据：

1）获得批复的基本建设文件，包括规划文件、项目建议书、可行性研究报告、投资计划文件等。

2）招投标及合同文件，包括招标文件、投标书、工程承包合同或协议、设备供货合同等。

3）勘察和设计文件，包括工程场地勘察报告、已获得批准的设计任务书、设计说明书、设计概算文件、初步和扩大初步设计文件、施工图设计文件等。

4）施工所在地自然条件和社会经济条件，包括施工场地地理、地质、水文、气象等自然条件，以及交通运输、水电供应、与工程材料设备供应相关的商业、社会服务设施等社会经济条件。

5）国家和地方有关法律、法规、规范、规程，主要包括施工及验收规范、定额、技术规程、技术经济指标等。

6）施工企业自身的有关情况，包括企业ISO 9002 质量体系标准文件、企业的人才、技术、经济、机械设备等方面的基本条件。

（四）施工组织设计的主要内容

施工组织设计的内容主要包括编制依据、工程概况、施工准备计划、主要工程项目施工方案、资源配置计划、技术质量安全保障措施、文明施工和环保措施、施工总平面布置图设计、土建、安装、机械化施工的分工和协作配合等。根据施工组织设计的用途、类别不同，其内容有所区别和侧重。

第五节　工程保障技术措施

一、工程质量保障技术措施

（一）质量保障体系概述

质量保障理论随着社会和经济的发展而发展。随着市场的日益成熟，在买方市场的条件下，质量保障理论的内容和范围都发生了变化。从传统的只限于流通领域的范围扩展到生产经营全过程，并将这种保障能力扩展到普通项目、大型或超大型项目等，形成了比较完整的质量保障理论。

质量保障体系包括工程决策质量、工程设计质量、工程施工质量及工程运行质量。其中，设计质量和施工质量是工程质量的主体，设计单位和施工单位建立和完善质量保障体系并使之有效运行是工程成败的关键。

工程质量关系到国计民生，涉及千家万户。近年来，建筑工程恶性质量事故屡见不鲜。事故的原因来自各个方面，有决策失误、施工质量低劣、偷工减料、设计不合理、监理不力等，其中既有管理方面的问题，又有技术方面的问题，更有经济上的腐败问题，但归根结底依旧是管理问题。

关于质量保障的思想，是随着时间而变化的，这种变化是和质量管理本身内容的发展相适应的，初期质量保障的含义被简单地阐述为“消费者信得过、愿意买，使用起来放心、满意，质量经久不变、耐用”。这一定义是说只有提供消费者所满意的质量，才能证明质量得到了保障，是对于实物产品的性能符合规定要求的承诺，即组织向顾客提供合格产品的保证。

随着社会的发展，市场竞争日趋激烈，即使产品能够全部达到技术规范的要求，也未必能满足顾客越来越多的质量要求，质量保障的范围从产品的服务和符合性质量扩展到产品质量形成系统，包括从产品质量的产生和形成到产品质量实现的全过程。

现代意义上的质量保障在国际标准 ISO 9000：2000 中被定义为“为了提供足够的信任表明实体能够满足质量要求，而在质量体系中实施并根据需要进行证实的全部有计划、有系统的活动”。

质量保障可分为内部质量保障和外部质量保障。内部质量保障是向组织的管理者提供信任，通过开展质量管理体系评审以及自我评定，根据证实质量要求已达到的见证材料，使管理者对组织的产品体系和过程的质量满足规定要求充满信心。外部质量保障是为了向顾客和第三方等方面提供信任保障，要他们确信组织的产品体系和过程的质量已经满足规定要求，具备持续提供满足顾客要求并使其满意的产品质量保障能力。

（二）施工过程中的质量控制

工程质量是国家有关法律、法规、技术标准、规范、设计文件及工程合同对工程的安全、使用、经济、美观等特性的综合要求。工程质量不但是指工程活动的结果，即工程设施的质量，还指工程活动过程本身，即决策、设计、施工、验收各环节的质量。工程质量控制一般是通过三个环节来实现的。①决策与计划：根据相关法规、标准制订质量控制计划，建立相应组织机构。②实施：根据质量控制计划进行实施，并在实施过程中进行检查和评价。③纠正：对不符合质量规划的情况进行及时处理，采取必要纠正措施。

为了满足施工质量要求，保证工程产品的使用价值，必须采取一定技术措施和管理方法对施工质量进行控制。施工质量控制是指未达到施工质量要求，对其施工质量进行全过程的监督、检查、检验、验收。施工质量控制应贯穿于工程投标、合同评审、工程项目竣工验收、交付使用至保修期满的整个过程。

1．施工质量控制的目标

施工质量控制的总体目标是贯彻执行工程质量法规和强制性标准，正确配置施工生产要素和采用科学管理的方法，实现工程项目预期的使用功能和质量标准。这是建设项目参与各方的共同责任。

1）建设单位的质量控制目标是通过施工全过程的全面质量监督管理、协调和决策，保证竣工项目达到投资决策所确定的质量标准。

2）设计单位在施工阶段的质量控制标准是通过对施工质量的验收签字、设计变更控制及纠正施工中所发现的设计问题、采纳变更设计的合理化建议等，保证竣工项目的各项施工结果与设计文件（包括变更文件）所规定的标准相一致。

3）施工单位的质量控制目标是通过施工全过程的全面质量自控，保证交付满足施工合同及设计文件所规定的质量标准（包括工程质量创优要求）的建设工程产品。

4）监理单位在施工阶段的质量控制目标是通过审核施工质量文件、报告、报表及现场旁站检查、品行检测、施工指令和结算支付控制等，监控施工承包单位的质量活动行为，协调施工关系，正确履行工程质量监督责任，以保证工程质量达到施工合同和设计文件所规定的质量标准。

2．施工质量控制的原则

1）“质量第一，用户至上”的原则：施工工程产品直接关系到人民生命财产安全，所以工程施工应始终坚持“质量第一，用户至上”的基本原则。

2）“以人为本”的原则：施工过程中应该调动人的积极性、创造性，增强人的责任感，避免人的失误，坚持以人为本的质量控制原则。

3）“预防为主”的原则：施工质量控制应坚持过程控制、预防为主的原则，避免工程质量事故的出现。

4）坚持质量标准的原则：施工过程中应该严格恪守质量标准，保证施工质量。

5）坚持科学、公正、守法的职业规范。

3．施工质量控制的措施

施工质量控制是一个由施工准备（事前）质量控制、施工过程（事中）质量控制和竣工验收（事后）质量控制组成的复杂系统过程，事前控制、事中控制和事后控制相互联系，共同保证施工质量控制系统的运行，实现总体质量目标。

（1）事前控制

事前控制是指在正式施工前、施工准备期所采取的质量控制手段和措施，一般包括以下工作内容：

①制定和落实施工质量责任制度。

②做好施工技术资料准备，正确编制施工组织设计；控制施工方案和施工进度、施工方法和技术措施以保证工程质量；进行技术经济比较，取得施工工期短、成本低、生产安全、效益好的经济效益。

③认真进行施工现场准备，检查施工场地是否“三通一平”，临时设施是否符合质量和施工使用要求，施工机械设备能否进入正常工作运转状态等。

④制定和执行严格的施工现场检查制度，核实原材料、构配件产品合格证书；进行材料进场质量检验；检查操作人员是否具备相应的操作技术资格，能否进入正常作业状态；劳动力的调配、工种间的搭接，能否为后续工作创造合理的、足够的工作等。

（2）事中控制

事中控制是指在施工过程中采取一定技术方法和管理措施，以保证施工过程的质量。事中控制是施工质量控制的重点，其主要控制策略为：全面控制施工过程质量，重点控制施工工序质量。事中控制的具体措施如下：

①施工项目方案审核。

②技术交底和图纸会审记录。

③设计变更办理手续。

④工序交接检查，质量处理复查，质量文件建立档案。

⑤技术措施，如配料试验、隐蔽工程验收、计量器具校正复核、钢筋换代制度、成品保护措施、行使质控否决制度等。

（3）事后控制

事后控制是指在完成施工、进行竣工验收过程中所采取的质量检查、验收等质量控制措施，其具体内容如下：

①准备竣工验收资料，组织自检和初步验收。

②按设计文件和合同所规定的质量标准，对完成的单项工程进行质量评价。

③组织工程设施的联动试车。

④组织竣工验收，验收工程应满足如下要求：按设计文件和合同规定的内容完成施工，质量达到国家质量标准，满足生产和使用要求；主要设备已配套安装，联动负荷试车合格，形成设计生产能力；交工验收的工程辅助设施质量合格，运转正常；技术档案资料齐全。

（三）安装施工中质量保障的关键措施

在工程的安装施工过程中质量保障的关键措施主要包括以下几点。

1）合理安排施工工艺、施工进度及施工周期；认真进行质量计划目标的设计；制定合理的质量奖惩制度；及时填报质量检查报表。

2）确保施工人员持证方可上岗；对施工人员进行专业培训，提高其综合素质；建立相对稳定的人员调配制度。

3）对施工材料要坚持认真严格的把关原则，对材料的品种、规格、数量、质量的检验，要由技术人员、材料人员及施工操作人员三方进行严格把关。

4）组织技术人员进行施工图纸的会审，以全面了解工程质量标准及要求；编制施工班组；制定技术交底的质量标准；认真实施测量、计量及试验等技术工作。

5）在施工中，要坚持“五不施工”的原则，即在以下情况下不施工：图纸和技术要求不清楚，技术交底未完成，材料未经检验，工程资料未经复测检验，无监理签证。

坚持“三不交接”的原则，即未经专业人员验收不交接，无自检记录不交接，施工资料不全面不交接。

对于项目中不符合质量要求的部位不予验工计价。

6）严格各道检查工序。坚持“三检”，即自检、互检和交接检依次进行，上道检查工序未完成或不合格的，都不能进行下道检查工序，以确保施工质量。

7）实施测量资料复核措施。测量是工程施工的关键技术环节，对于工程中的测量资料，要经换手复核后上报总工程师及监理工程师审批，然后对现场水准点、测量基线及相关标志进行定期复核，并强化保护措施。

8）实施严格的跟踪检测措施。将复检与抽检融入到施工跟踪检测中，使检测更具准确性、真实性、权威性，从而保障施工工序的质量。

9）制定科学的制度规范。对于进场的原材料、半成品及成品的验收要制定严格的制度，并规范相关验收人员的验收工作。

10）制定质量保证奖罚制度。根据施工单位自身情况及企业制度，抽出一部分资金对工程质量抓得好的部门或施工人员、技术人员进行奖励。对工程质量抓得不好的部门要处以一定程度的惩罚。

二、施工安全技术措施

（一）施工安全管理制度

1．安全目标管理

施工项目安全管理目标是指项目根据企业的整体目标，在分析外部环境和内部条件的基础上，确定安全生产要达到的目标，并采取一系列措施去努力实现的活动过程。施工项目安全管理目标有：

（1）控制目标

①杜绝因工重伤、死亡事故的发生；

②负轻伤频率控制在6‰以内；

③不发生火灾、中毒和中大型机械事故；

④无环境污染和严重扰民事件。

（2）管理目标

①及时消除重大事故隐患，一般隐患整改率达到95%；

②扬尘、噪声、职业危害作业点合格率达到100%；

③保证施工现场达到当地省（市）级文明安全工地。

（3）工作目标

①施工现场实施全员安全教育。特种作业人员持证上岗率达到100%；操作人员三级安全教育率达到100%；

②按期开展安全检查活动，隐患整改做到“四定”，即定整改责任人、定整改措施、定整改完成时间、定整改验收人；

③认真把好安全生产的“七关”，即教育关、措施关、交底关、防护关、文明关、验收关、检查关；

④认真开展重大安全活动和施工项目的日常安全活动。

安全目标管理是施工项目重要的安全举措之一。它通过确定安全目标、明确责任、落实措施，实行严格的考核与奖惩，激励企业员工积极参与全员、全方位、全过程的安全生产管理，严格按照安全生产的目标和安全生产责任制的要求，落实安全措施，消除人的不安全行为和物的不安全状态，实现施工生产安全的目标。施工项目推行安全生产目标管理不仅能进一步优化企业安全生产责任制，强化安全生产管理，体现“安全生产，人人有责”的原则，使安全生产工作实现全员管理，有利于提高企业全体员工的安全素质。

2．安全生产目标管理内容

安全生产目标管理的基本内容包括目标体系的确立、目标的实施及目标成果的检查与考核。

1）确定切实可行的目标值。采用科学的目标预测法，根据需要和可能，采取系统分析的方法，确定合适的目标值，并研究围绕达到目标应采取的措施和手段。

2）根据安全生产目标的要求，制定实施办法。做到有具体的保证措施，并力求量化，以便于实施和考核，包括组织技术措施，明确完成的程序和时间、承担具体责任的负责人，并签订承诺书。

3）规定具体的考核标准和奖惩办法。要认真贯彻执行安全生产目标管理考核标准。

考核标准不仅应规定目标值，而且要把目标值分解为若干个具体要求来考核。

4）项目制定安全生产目标管理计划时，要经项目分管领导审查同意，由主管部门与实行安全生产目标管理的单位签订责任书，将安全生产目标管理纳入各单位的生产经营或资产经营目标管理计划，主要领导人应对安全生产目标管理计划的制定和实施负第一责任。

5）安全生产目标管理还要与安全生产责任制挂钩。层层分解，逐级负责，充分调动各级组织和全体员工的积极性，保证安全生产管理目标的实现。

（二）安全保障技术措施

1. 生产经营单位安全职责

1）生产经营单位应当具备有关法律、行政法规和国家标准或者行业标准规定的安全生产条件；不具备安全生产条件的，不得从事生产经营活动。

2）生产经营单位的主要负责人对本单位安全生产工作负有下列职责：

①建立、健全本单位安全生产责任制；

②组织制定本单位安全生产规章制度和操作规程；

③保证本单位安全生产投入的有效实施；

④督促、检查本单位的安全生产工作，及时消除生产安全事故隐患；

⑤组织制定并实施本单位的生产安全事故应急救援预案；

⑥及时、如实报告生产安全事故。

2. 管理及从业人员安全规定

1）矿山、建筑施工单位和危险物品的生产、经营、储存单位，应当设置安全生产管理机构或者配备专职安全生产管理人员。其他生产经营单位，从业人员超过 300 人的，应当设置安全生产管理机构或者配备专职安全生产管理人员；从业人员在 300 人以下的，应当配备专职或者兼职的安全生产管理人员，或者委托具有国家规定的相关专业技术资格的工程技术人员提供安全生产管理服务。

生产经营单位依照规定委托工程技术人员提供安全生产管理服务的，保证安全生产的责任仍由本单位负责。

2）生产经营单位的主要负责人和安全生产管理人员必须具备相应的安全生产知识和管理能力。

危险物品的生产、经营、储存单位以及矿山、建筑施工单位的主要负责人和安全生产管理人员，应当由有关主管部门对其进行安全生产知识和管理能力的考核，合格后方可任职。考核不得收费。

3）生产经营单位应当对从业人员进行安全生产教育和培训，保证从业人员具备必要的安全生产知识，熟悉有关的安全生产规章制度和安全操作规程，掌握本岗位的安全操作技能。未经安全生产教育和培训合格的从业人员不得上岗作业。

4）生产经营单位采用新工艺、新技术、新材料或者使用新设备，必须了解、掌握其安全技术特性，采取有效的安全防护措施，并对从业人员进行专门的安全生产教育和培训。

5）生产经营单位的特种作业人员必须按照国家有关规定经专门的安全作业培训，取得特种作业操作资格证书后，方可上岗作业。

特种作业人员的范围由国务院负责安全生产监督管理的部门会同国务院有关部门确定。

3．安全投入

1）生产经营单位应当具备的安全生产条件所必需的资金投入，由生产经营单位的决策机构、主要负责人或者个体经营的投资人予以保证，并对由于安全生产所必需的资金投入不足导致的后果承担责任。

2）生产经营单位新建、改建、扩建工程项目（以下统称建设项目）的安全设施，必须与主体工程同时设计、同时施工、同时投入生产和使用。安全设施投资应当纳入建设项目概算。

4．设施设备的安全规定

1）生产经营单位应当在有较大危险因素的生产经营场所和有关设施、设备上，设置明显的安全警示标志。

2）安全设备的设计、制造、安装、使用、检测、维修、改造和报废，应当符合国家标准或者行业标准。生产经营单位必须对安全设备进行经常性维护、保养，并定期检测，保证正常运转。维护、保养、检测应当做好记录，并由有关人员签字。

3）生产经营单位使用的涉及生命安全、危险性较大的特种设备，以及危险物品的容器、运输工具，必须按照国家有关规定，由专业生产单位生产，并经取得专业资质的检验机构对检测、检验结果负责。涉及生命安全、危险性较大的特种设备的目录由国务院负责特种设备安全监督管理的部门制定、报国务院批准后执行。

4）国家对严重危及生产安全的工艺、设备实行淘汰制度。生产经营单位不得使用国家明令淘汰、禁止使用的、危及生产安全的工艺、设备。

5．安全生产项目建设程序的规定

1）矿山建设项目和用于生产、储存危险物品的建设项目，应当分别按照国家有关规定进行安全条件论证和安全评价。

2）建设项目安全设施的设计人、设计单位应当对安全设施设计负责。

矿山建设项目和用于生产、储存危险物品的建设项目的安全设施设计应当按照国家有关规定报经有关部门审查，审查部门及其负责审查的人员对审查结果负责。

3）矿山建设项目和用于生产、储存危险物品的建设项目的施工单位必须按照批准的安全设施设计进行施工，并对安全设施的工程质量负责。

矿山建设项目和用于生产、储存危险物品的建设项目竣工投入生产或者使用前，必须依照有关法律、行政法规的规定对安全设施进行验收；验收合格后，方可投入生产和使用。验收部门及其验收人员对验收结果负责。

6．危险源安全管理

1）生产、经营、运输、储存、使用危险物品或者处置废弃危险物品的单位，由有关主管部门依照有关法律、法规的规定和国家标准或者行业标准进行审批并实施监督管理。

生产经营单位生产、经营、运输、储存、使用危险物品或者处置废弃危险物品，必须执行有关法律、法规和国家标准或者行业标准，建立专门的安全管理制度，采取可靠的安全措施，接受有关主管部门依法实施监督管理。

2）生产经营单位对重大危险源应当登记建档，进行定期检测、评估、监控，并制定应急预案，告知从业人员和相关人员在紧急情况下应当采取的应急措施。

生产经营单位应当按照国家有关规定将本单位重大危险源及有关安全措施、应急措施报有关地方人民政府负责安全生产监督管理的部门和有关部门备案。

7．生产经营场所安全要求

1）生产、经营、储存、使用危险物品的车间、商店、仓库不得与员工宿舍在同一座建筑物内，并应当与员工宿舍保持安全距离。生产经营场所和员工宿舍应当设有符合紧急疏散要求、标志明显、保持畅通的出口。禁止封闭、堵塞生产经营场所或者员工宿舍的出口。

2）两个以上生产经营单位在同一作业区域内进行生产经营活动，可能危及对方生产安全的，应当签订安全生产管理协议，明确各自的安全生产管理职责和应当采取的安全措施，并安排专职安全生产管理人员进行安全检查与协调。

3）生产经营单位不得将生产经营项目、场所、设备发包或者出租给不具备安全生产条件或者相应资质的单位或者个人。

生产经营项目、场所有多个承包单位、承租单位的，生产经营单位应当与承包单位、承租单位签订专门的安全生产管理协议，或者在承包合同、租赁合同中约定各自的安全生产管理职责；生产经营单位对承包单位、承租单位的安全生产工作进行统一协调、管理。

8．从业人员操作规定

1）生产经营单位进行爆破、吊装等危险作业，应当安排专门人员进行现场安全管理，确保操作规程的遵守和安全措施的落实。

2）生产经营单位应当教育和督促从业人员严格执行本单位的安全生产规章制度和安全操作规程；并向从业人员如实告知作业场所和工作岗位存在的危险因素、防范措施以及事故应急措施。

3）生产经营单位必须为从业人员提供符合国家标准或者行业标准的劳动防护用品，并监督、教育从业人员按照使用规则佩戴、使用。

4）生产经营单位应当安排用于配备劳动防护用品、进行安全生产培训的经费。

5）生产经营单位必须依法参加工伤社会保险，为从业人员缴纳保险费。

9．安全事故管理

1）生产经营单位的安全生产管理人员应当根据本单位的生产经营特点，对安全生产状况进行经常性检查；对检查中发现的安全问题，应当立即处理；不能处理的，应当及时报告本单位有关负责人。检查及处理情况应当记录在案。

2）生产经营单位发生重大生产安全事故时，单位的主要负责人应当立即组织抢救，并不得在事故调查处理期间擅离职守。

三、文明施工技术措施

（一）文明施工的管理措施

文明施工的目的是保持施工现场良好的作业环境、卫生环境和工作秩序。主要包括以下几个方面的工作：

①规范施工现场的场容，保持作业环境的整洁卫生；

②科学组织施工，使生产有序进行；

③减少施工对周围居民和环境的影响；

④遵守施工现场文明施工的规定和要求，保证职工的安全和身体健康。

1．施工现场场容管理

为了加强建设工程施工现场管理，促进施工现场安全生产和文明施工，施工现场场容应符合以下要求：

（1）现场场容

1）施工现场应实行封闭式管理，围墙坚固、严密，高度不得低于 1.8 m。围墙材质应当使用专用金属定性材料或砌块砌筑，严禁在墙面上乱涂、乱画、乱张贴。

2）施工现场的大门和门柱应牢固美观，高度不得低于 2 m，大门上应标有企业标识。

3）施工现场在大门明显处设置工程概况及管理人员名单和监督电话标牌。标牌内容应写明工程名称、面积、层数，建设单位，设计单位，施工单位，监理单位，项目经理及联系电话，开、竣工日期。标牌面积不得小于 0.7 m×0.5 m（长×高），字体为仿宋体，标牌底边距地面不得低于 1.2 m。

4）施工现场大门内应有施工现场总平面图，以及关于安全生产、消防保卫、环境保护、文明施工的制度板。施工现场的各种标识牌字体正确规范、工整美观，并保持整洁完好。

5）现场必须采取排水措施，主要道路必须进行硬化处理。

6）建设单位、施工单位必须在施工现场设置群众来访接待室，有专人值班，耐心细致接待来访人员并做好记录。

7）施工区域、办公区域和生活区域应有明确划分，设立标志牌，明确负责人。施工现场办公区域和生活区域应根据实际条件进行绿化。

8）建筑物内外的零散碎料和垃圾渣土要及时清理。

9）施工现场暂时用房整齐、美观。

10）水泥库内外散落灰必须及时清理，搅拌机四周、搅拌现场内无废砂浆和混凝土。

（2）现场材料

1）现场内各种材料应按照施工平面图统一布置，分类码放整齐，材料标识要清晰准确。材料的存放场地应平整夯实，有排水措施。

2）施工现场的材料保管应根据材料特点采取相应的保护措施。

3）施工现场杜绝长流水和长明灯。

4）施工垃圾应集中分拣、回收利用并及时清运。

（3）内业资料

1）施工组织设计（或方案）内容应科学、齐全、合理，施工安全、消防、环境保护和文明施工等管理措施要有针对性，要有施工各阶段的平面布置图和季节性施工方案，并且切实可行。

2）施工组织设计（或方案）应有编制人、审批人签字及签署意见，补充或变更施工组织设计内容应经原编制人和审批人签字。

3）施工现场应建立文明施工管理组织机构，明确责任划分。

4）现场应有施工日志和施工现场管理制度。

5）现场有接待、解决居民来访的记录。

6）明确施工现场各责任区划分及负责人以及材料存放布置图。

7）施工现场应建立贵重材料和危险品管理制度。

8）建立现场卫生管理制度及月卫生检查记录。

9）健全现场急救措施及器材配置，慢性职业中毒应急控制措施。

10）要有现场食堂及炊事人员的“三证”复印件。

2．施工现场防火要求

1）施工现场平面布置图、施工方法和施工技术均应符合消防安全要求。

2）开工前按施工组织设计防火措施要求，配置相应种类数量的消防器材设备设施。

3）焊割作业点与氧气瓶、电石桶和乙炔发生器等存放、使用危险品的距离，应符合安全规定。

4）施工现场的焊割作业必须符合防火要求，严格“十不烧”的规定。

5）施工现场的动火作业必须执行审批制度。

6）施工现场用电应严格按照施工现场临时用电安全技术规范，加强电源管理，以防发生电气火灾。

7）发现火警的时候，应当迅速准确的报警，并积极参加扑救。

8）负责定期向职工进行防火安全教育和普及消防知识，提高职工防火警惕性。

9）定期实行防火安全检查制度，发现火险隐患必须立即清除，对于难以消除的隐患要限期整改。

10）对违反规定造成火灾的有关人员进行处罚，情节严重的应追究刑事责任。

（二）文明施工的技术措施

1．施工现场防火技术措施

施工现场有个共同特点是可燃、易燃物品多，因此，一要加强对明火管理，保证明火与可燃、易燃物堆场和仓库的防火间距在 20 m 以上，以防飞火。二要严格用火制度，使用明火作业的部位要逐级审批，在领取动火证后，组织专人看守现场，作业完毕后，应清理现场，对残余火种应及时熄灭。

（1）模板堆场防火要求

1）木料堆场严禁吸烟。

2）木料堆场严禁动用明火。

3）木料堆场、制作场不准堆放易燃易爆物品及危险物品。

4）夜班作业不得使用碘钨灯照明。

5）下班前必须将木屑、零星木块等清除干净。

6）下班前必须切断电源。

7）必须配备消防灭火器材。

（2）仓库治安、防火安全管理措施

1）库房包括门窗设置必须牢固，大型和要害物件必须按规定设置报警器和避雷针。

2）认真执行值班、巡逻制度，易燃易爆物品单独设置仓库存放，配备足够的消防器材。

3）各种材料应分类分规格存放整齐。

4）仓库管理人员离库时，应随时关窗、断电、锁门。

5）管理人应认真执行各类物资器具的收、发、领、退、核制度，做到账、卡、物相符。

6）提货单、凭证、印章应有专人保管，已发货的单据应当场盖注销章。

7）仓库内严禁用碘钨灯取暖，不准私烧火炉、电炉，严禁火种进入。

8）仓库通道禁止堆放障碍物，保持消防道路畅通。

9）按标准配备足够的消防器材，经常进行防火安全检查，及时发现消除风险隐患。

10）仓库内严禁吸烟和带有火种的人进入，仓库附近动火须经审批。

（3）焊、割作业“十不烧”规定

1）焊工必须持证上岗，无特种作业安全操作证的人员，不准进行焊、割作业。

2）凡属一、二、三级动火范围内的焊、割作业，未经办理动火审批手续不准进行焊、割作业。

3）焊工不了解焊、割现场周围情况，不得进行焊、割作业。

4）焊工不了解焊件内部是否安全时，不得进行焊、割作业。

5）各种装过可燃气体、易燃液体和有毒物质的容器，未经彻底清洗，或未排除危险之前，不准进行焊、割作业。

6）用可燃材料作保温层、冷却层、隔声、隔热设备的部位，或火星能飞溅的地方，在未采取切实可靠的安全措施之前，不准进行焊、割作业。

7）有压力或密道的管道、容器，不准进行焊、割作业。

8）焊、割部位附近有易燃易爆物品，在未做清理或未采取有效的安全措施前，不准进行焊、割作业。

9）附近有与明火作业相抵触的工种在作业时，不准进行焊、割作业。

10）与外单位相连的部位，在没有弄清有无险情，或明知存在危险而未采取有效措施之前，不准进行焊、割作业。

（4）施工现场防火措施

1）各单位在编制施工组织设计时，施工总平面图、施工方法和施工技术均要符合消防安全要求。

2）施工现场应明确划分用火作业区、易燃材料堆场、仓库、易燃废品集中站和生活区等区域。

3）施工现场夜间应有照明设备，保持消防车通道畅通无阻，加强值班巡逻。

4）施工作业期间需搭设临时性建筑物，必须经施工企业技术负责人批准，施工结束应及时拆除，但不得在高压架空线下面搭设临时性建筑物或可燃物品。

5）施工现场应配备足够的消防器材，专人维护和管理，定期更新，保证完整好用。

6）在土建施工时，应先将消防器材和设施配备好，有条件的应敷设好室外消防水管和消火栓。

7）焊、割作业点与氧气瓶、电石桶和乙炔发生器等危险物品的距离不得少于 10 m，与易燃易爆物品的距离不得小于 30 m；如达不到上述要求的，应执行动火审批制度，并采取有效的安全隔离措施。

8）乙炔发生器和氧气瓶的存放距离不得少于 2 m，使用时两者距离不得少于 5 m。

9）施工现场用电应严格加强电源管理，防止发生电气火灾。

10）严禁在屋顶用明火熔化柏油。

（5）灭火器材配备措施

1）临时搭设的建筑物区域内应按规定配备消防器材。一般临时设施区，每 100 m^2 配备 2 只 10 L 灭火器；大型临时设施总面积超过 1 200 m^2 的，应备有专供消防用的太平桶、积水桶（池）、黄砂池等器材设施；上述设施周围不要堆放物品。

2）临时木工间、油漆间、木具间、机具间等，每 25 m^2 应配置一只种类合适的灭火器；油库、危险品仓库应配备足够数量、种类合适的灭火器。

2．施工现场卫生和卫生防疫

（1）施工现场卫生区域设置措施

1）施工现场办公区、生活区卫生工作应由专人负责，明确责任。

2）办公区、生活区内应保持整洁卫生，垃圾应存放在密闭式容器中，定期灭蝇，及时清运。

3）生活垃圾与施工垃圾不得混放。

4）生活区宿舍内夏季应采取消暑和灭蚊蝇措施，冬季应有采暖和预防煤气中毒措施，并建立验收制度。宿舍内应有必要的生活设施及保证必要的生活空间，室内高度不得低于 2.5 m，通道的宽度不得小于 1 m，应有高于地面 30 cm 的床铺，每人床铺占有面积不小于 2 m^2，床铺被褥干净整洁，生活用品摆放整齐，室内保持通风。

5）生活区内必须有清洗设施和洗浴间。

6）施工现场应设水冲式厕所，厕所墙壁屋顶严密、门窗齐全，要有灭蝇措施，设专人负责、定期保洁。

7）严禁随地大小便。

（2）施工现场医疗卫生措施

1）施工现场应制订卫生急救措施，配备保健药箱、一般常用药品及急救器材。为有毒有害作业人员配备有效的防护用品。

2）施工现场发生法定传染病和食物中毒、慢性职业中毒时立即向上级主管部门及有关部门报告，同时要积极配合卫生防疫部门进行调查处理。

3）现场工人患有法定传染病或是病原携带者，应予以及时必要的隔离治疗，直至卫生防疫部门证明不具有传染性时方可恢复工作。

4）对从事有毒有害作业人员应按照《职业病防治法》的规定做职业健康检查。

（3）施工现场饮食卫生措施

1）施工现场设置的临时食堂必须具备食堂卫生许可证、炊事人员身体健康证、卫生知识培训证。建立食品卫生管理制度，严格执行食品卫生法和有关管理规定。施工现场的食堂和操作间相对固定、封闭，并有具备清洗消毒的条件和杜绝传染疾病的措施。

2）食堂和操作间内墙应抹灰，屋顶不得吸附灰尘，应有水泥抹面锅台、地面，必须设排风措施。操作间必须有生熟分开的刀、盆、案板等炊具及存放柜橱。库房内应有存放各种佐料和副食的密闭器皿，有距墙、距地面大于 20 cm 的粮食存放台。不得使用石棉制品的建筑材料装修食堂。

3）食堂内外整洁卫生，炊具干净，无腐烂变质食品，生、熟食品分开加工保管，食品有遮盖，应有灭蝇灭鼠灭蟑措施。

4）食堂操作间和仓库不得兼作宿舍使用。

5）食堂炊事员上岗必须穿戴洁净的工作服、帽，并保持个人卫生。

6）严禁购买无证、无照商贩的食品，严禁食用变质食物。

7）施工现场应保证供应卫生用水，有固定的盛水容器并有专人管理，定期清洗消毒。

实例：某污水处理站设备安装施工方案

思考题

一、简述招投标的概念。

二、建设工程投标一般遵循哪些程序？

三、投标文件的内容及类别有哪些？

四、投标文件编制程序是什么？

五、施工图设计一般包括哪些内容？

六、简要说明工程量清单的含义。

七、施工管理中应重点关注哪些内容？

八、施工过程中的质量控制一般是通过哪几个环节来实现的？

九、施工质量控制的原则是什么？

十、施工质量控制的措施有哪些？

十一、安全保障技术措施有哪些？

第五章　环保设备的安装

第一节　安装前的准备工作

环保设备在安装调试前，准备工作的好坏将直接影响机械设备安装调试的进度、质量以及运行安全。准备工作主要包括报装、报建及组织机构的准备；施工机具、设备及材料的准备；施工的技术准备；设备基础的准备等。

一、报装、报建及组织机构的准备

（一）报装、报建的准备

在环保设备安装施工开工前，应办理好向供水部门、供电部门、质量安全监督部门、特种设备监督部门、环保监督部门及与机械设备吊装施工有关的行政部门报装、报建的手续，进行合法施工，以免延误工期。密切配合有关部门准备好材料，与相关政府部门沟通，在最短时间内完成报装、报建工作。

（二）组织机构的准备

环保设备安装施工工程的顺利实施，有赖于具备充足的场地、材料、劳动力、施工机具和完整的安装图纸等。其中，施工前组织具有丰富实践经验、技术的劳动力，并进行必要的培训，是工程顺利实施的关键。

1．组建项目管理机构

环保设备安装施工工程能否顺利实施和工程质量的好坏，取决于工程施工组织管理的有效与否。工程的项目管理部作为企业对工程管理的全权代表，具有完全决策权和管理权，并且要对所属的各部门进行组织协调。为此，应在一定范围内抽调最优秀的管理人才组成工程的项目管理部，对工程实施管理。

2．明确职责

在工程项目管理部建立后，根据有关管理制度，制定各级管理人员的职责，并结合工程的实际情况，明确人员的职责和行为规范，并将其作为人员考核的一项依据。

3．组织劳动力进场

在设备安装工程施工前，由项目部人事管理部门根据工程需要制订劳动力进场计划，送工程管理部计划调度组审核后，由劳动人事部进行人员调度。工人的进场根据不同施工阶段对技术工种的需求进行调配。

4．劳动力培训

劳动力进场前必须进行必要的培训。培训内容主要包括工程相关情况介绍、安全技能培训和安装技能培训。

二、施工机具、设备及材料的准备

（一）施工机具和检测用具的准备

项目部将施工过程中可能用到的施工机具和监测用具进行并汇总制定施工机具进场计划表，送工程管理部计划调度组审核，审核后向材料设备部提出调拨要求，材料设备部审批后由物资部调拨或购买。

调拨到工地的施工机具和检测设备在进场前，必须按照“质量、环境、职业健康安全”一体化管理体系的要求对其进行检查，经检查合格，贴上（绿色）标示牌，方可调拨到工地。常见的施工机具和检测设备见表5-1。

表5-1 常见的施工机具和检测设备

序号	设备名称	型号	序号	设备名称	型号
1	货车	15 t	14	人货车	1～25 t
2	汽车起重机	QY-160（30～50 t）	15	磁力钻	SD04-23A
3	交流电焊机	BXI-300	16	气割设备	
4	千斤顶	15～30 t	17	角磨砂轮机	
5	电动油泵	ZB4/500	18	厚壁滚筒	DN100
6	潜水泵	SBL-32	19	型钢	
7	泥浆泵	2PNL	20	垂直仪	
8	自动调平水准仪	NQ2	21	钢丝绳	
9	全站仪	ND300S	22	吊线锤	
10	空压机	6 m^3/min	23	温度仪表	
11	发电机	ZF-120kW	24	震动仪表	
12	手动葫芦	3～5 t	25	测音仪表	
13	钢管脚手架	1.7 m^2	26	接地电阻测量仪	ZC-8

序号	设备名称	型号	序号	设备名称	型号
27	钻床	ZK-32	31	角尺	
28	水压机	SGB-1	32	塞尺	
29	板牙机	TQ100	33	钢卷尺	
30	水平尺		34	套筒扳手	

（二）施工设备、材料的准备

施工设备、材料的准备包括设备、材料的选型、审批、订购及报验等工作，由项目部及材料设备部负责。

1）设备、材料的准备是要根据施工总体安排、施工设计图纸和材料进场计划等及时选定设备及材料的品牌、材质、规格和型号，并报有关部门审批。在有关部门审定后，组织人员订购或组织生产，并且考虑订购、生产、运输的周期，制定合理的订购方案，适时的运抵现场，经有关部门验收合格后，方可投入施工。尽量避免因为设备材料的延期到货或质量不合格而耽误施工进度。

2）由施工技术人员根据施工图纸和现场实际情况制定《设备材料总量—分期计划表》，设备材料主任审核后送项目经理审批，然后按以下顺序进行设备材料的准备工作：

①《设备材料总量—分期计划表》经审批后，项目部设备材料组组织供应商进行竞价，选择质优价低的供应商作为待购供应商，并上报项目经理确定。然后根据《设备材料总量—分期计划表》制定采购计划，并经主管领导审批后进行设备材料采购。

②设备材料进场后，由设备材料组进行验收，重要的材料由工程技术人员、材料员、质量安检员联合检验；设备由有关部门联合进行开箱检验。检验合格的设备材料按“质量、环境、职业健康安全”一体化管理体系程序要求进行储存和保管；并向有关部门报验，验收合格后方可投入使用。

③为确保进场的材料、设备质量达到工程使用要求，材料、设备采购厂家必须经有关部门审核后选定。

三、施工的技术准备

施工技术是整个环保设备安装、施工管理的核心，在施工前必须充分地做好技术准备工作。施工前的技术准备工作主要包括：设计图纸会审准备、施工依据准备、安全计划准备、质量计划准备、施工现场和施工方案的准备以及施工前技术交底准备。

（一）设计图纸会审的准备

根据工程承包的有关要求，开工前应进一步核对施工图纸和技术要求文件，做好图纸会审工作。其工作内容主要包括以下几个方面：

1）熟悉施工图纸，反复阅读图纸，理解设计意图。着重审核系统构架、管线走向、标高和平面位置等方面。

2）确定图纸中选定的新设备、材料的市场状况能否满足施工要求。

3）明确图纸中施工周围建筑结构与环保设备安装之间、各安装专业设备之间有无矛盾。

4）对设计图纸不明确或需要改动的地方进行书面准备，然后将书面准备的图纸会审意见提交有关部门进行协商处理。

（二）施工依据的准备

施工依据的准备主要包括图纸的准备、熟悉合同文件和相关施工验收规范的准备。

1．图纸的准备

施工图纸由建设方提供，在施工前按照合同规定数量到建设方领取施工图纸，主要有施工用图纸和竣工图纸。领取施工图纸应按照“质量、环境、职业健康安全”一体化管理体系“程序文件”的要求进行登记、盖三级受控章并发放至相关人员手中。

2．熟悉合同文件

熟悉合同文件是保证合同条款的实施、保证工程质量、协调合同双方关系、保证工程顺利完成的关键。因此，在成立项目部时应立即组织相关人员学习合同文件，并由技术总工对全体人员进行技术交底。全体项目部人员必须熟知工程范围、质量要求、工期要求、交付施工和竣工图纸的要求、设备调试验收的要求以及设备维护和保养的要求。

3．相关施工验收规范的准备

准备施工过程中需要用到的施工验收的标准、规程、规范，作为施工的依据之一，并按照“质量、环境、职业健康安全”一体化管理体系“程序文件”的要求进行准备。

（三）安全计划的准备

在环保设备安装工程施工前应制订安全、文明施工计划，明确本工程安全和文明施工目标、措施以及相应的奖罚措施。

（四）质量计划的准备

为确保本工程达到预定的质量要求，在环保设备安装工程施工前应制订“质量计划”，并按“质量、环境、职业健康安全”一体化管理体系“程序文件”的要求进行编制、审核和发放。

（五）施工现场和施工方案的准备

1）为确保环保设备安装工程的顺利实施，在施工前应根据现场及实际情况制定能直接指导施工的施工组织设计、施工方案和作业指导书，并按“质量、环境、职业健康安全”一体化管理体系“程序文件”的要求进行编制、审核和发放。制定施工组织计划和施工方案后，提交有关部门审批，经审批合格后方能指导施工。

2）编制实施性详细技术指导文件，组织各专业施工人员，熟悉设备及相关管线走向，并进行整体规划、合理布局。

（六）施工前的技术交底准备

1）为贯彻落实环保设备安装工程的质量目标、安全目标、技术准备，必须按项目部→机电分部→专业组→施工班组的顺序对各级人员逐级交底。

2）项目部→机电分部→专业组的技术交底由项目技术总工和各专业组长主持。

3）专业组→施工班组的技术交底由施工人员在施工前进行，施工交底的内容应包括安全交底、施工技术交底、质量通病防治交底、预防措施交底、质量要求交底等专项。

四、设备基础的准备

每台环保设备均应有一个坚固的基础以承受设备本身的重量、载荷和传递设备运转时产生的摆动力、振动力。基础的功能主要是把设备牢固地固定在指定的位置，承受设备全部的重量和运行时产生的摆动力、振动力，并把这些力均匀地传递到地面，防止发生共振现象。坚固的设备基础可以保证安装精度和设备的正常运转。

（一）基础检验

1）基础施工主要是设备灌浆，完成后必须经过必要的检验并提供基础质量合格证方可进行机械设备的安装，尤其是振动大、转速高的重型设备的基础，其中，主要检查基础的混凝土配比、强度、外观以及混凝土养护是否符合设计要求。

2）如若对设备基础的强度有疑问，可采用回弹仪或钢珠撞痕等方法对设备基础的强度进行复测。

3）检查设备基础的外观，主要观察其基础表面有无蜂窝、麻面等质量缺陷。另外还包括基础的位置、几何尺寸、凸台尺寸、凹穴尺寸、平面的水平程度、铅垂程度、预埋地脚螺栓的标高和中心距、预埋地脚螺栓孔的中心位置和孔壁铅垂程度、预埋地脚螺栓锚板的标高和带槽或带螺纹锚板的水平程度。

4）为了防止重型设备安装后由于基础的不均匀下沉造成设备安装的不合格，采取对基础进行预压试验的预防措施。基础预压试验的预压力应不小于设备满负荷运转作用在设备基础上的力的总和，观测基础点应不受基础沉降的影响，均匀分布在基础周围且不少于 4 个点。观测期间应定时进行现场观测，直到基础稳定为止，对观测情况应有详细记录。

5）对安装水平要求不太高的环保设备，在设备安装前可以不做基础预压试验，而只在设备试运行时进行基础的沉降观测。

（二）基础放线

基础放线也就是设备定位，依据设备布置图和有关建筑物的轴线、边沿线和标高线划定安装基准线。其中，相互有连接、衔接或排列关系的设备，应放出共同的安装基准线。具体基础位置线和基础标高线应设置一般或永久性的标识板或基准点。

第二节 设备的运输与现场装配

一、设备的运输

根据施工现场周围环境的实际情况，设备材料进场前要充分考虑设备材料的运输路线及二次搬运路线，避免设备在运输途中出现问题，延误设备安装施工工期。

1）大型设备的运输必须编制专项施工方案，并经相关部门审核批准后实施。如反应器罐体等设备的运输可以采用大平板车公路运输或船舶水路运输的方式，待设备运输到指定地点，卸车后的二次搬运采用卷扬机牵引加滚杠的方法拖拉至吊装预留口或预安装位置，然后借助吊车等设备将其吊装至机房，最后再用千斤顶、卷扬机、滚杠配合牵拉使设备就位。

2）小型设备材料的运输采用载重汽车，然后人力或吊车进行卸车，最后经人力或叉车搬运至指定地点。

二、设备开箱验收

（一）工作程序

1）开箱验收前，安装单位组织技术人员熟悉设备图纸、说明书、配件和质量证明书，检查装箱单、货运单以及货运检查记录。

2）安装单位将设备运抵现场指定地点开箱，开箱验收时，建设单位、监理单位、生产厂家、设计单位、安装单位五方要同时在场。

3）由开箱人员共同开箱检查清点设备及配件，填写开箱检验记录表，各方代表签字。

4）核对设计图纸，对清单未给出的设备配件或配件数量未到齐，请相关部门联系制造厂家追回；对开箱验收中发现的其他问题，由在场开箱人员共同解决。

（二）开箱检查的主要内容

1）箱号、箱数以及包装情况；

2）设备名称、型号及规格；

3）装箱清单、设备技术文件资料及专用工具；

4）设备有无缺损件、表面有无损坏和锈蚀等；

5）做好上述记录及其他需要记录的情况，如发现不合格品或缺件应及时反映。

（三）开箱验收注意事项

1）开箱时应细致，不得将包装箱随意翻倒，否则会损坏箱内部件；

2）如发现部件有轻微锈蚀，应及时进行防锈处理；

3）凡属未清洗过的转动面严禁移动，以防磨损；

4）对于自身刚度差的大型设备最好在原包装位置检查，在无任何保护措施时，不要将部件随意移动，以防自身变形；

5）除对开箱检查的内容进行记录外，还应对设备、部件的标识进行相关记录，并在安装过程中予以保存，以便必要时进行查找；

6）所有随机文件、资料必须与实物核对无误或更正后并做受控标记方可使用。

（四）开箱人员职责

1）开箱检查负责人职责：负责组织开箱检查以及与有关单位的协调工作，确定设备开箱检查、记录、保管的方法，监督开箱及保管的安全工作。

2）检查员职责：按照《机械设备安装工程施工及验收通用规范》（GB/T 50231—98）要求开箱检查、清点设备及配件。将随机文件资料及设备设计图纸与设备实际情况进行对比核对，将检查数据、设备状况汇报给记录员。

3）记录员职责：将检查员检查及清点的数据、设备状况记录在相应表格。

4）资料员职责：负责将随机资料、文件、记录员提供的开箱检查表确认无误后进行保存。

5）仓管员职责：负责将开箱后的设备、部件、箱号进行标识并做好记录，负责开箱后设备保管及发放工作。

6）安全员职责：负责开箱现场的安全及事后的保管安全工作，及时纠正违反安全的行为。

7）开箱操作人员职责：负责设备的开箱、移位及包装存放工作。

8）进口设备翻译人员职责：负责在设备开箱过程中出现问题时及时与有关人员进行沟通。

三、设备的现场装配

在环保设备安装过程中，现场装配程序直接影响装配质量和进度，对于设备安装后正常运转十分重要，因而掌握正确的装配程序是十分必要的。

（一）一般步骤

1）详细、认真地阅读设备装配图和技术说明书，熟悉设备结构、清扫装配现场、准备好装配的场地和使用工具及设备。

2）对需现场装配的设备零部件进行外观和配合精度的检查，并做好记录；然后清洗零部件并涂上润滑剂。

3）按照从小到大、从简单到复杂的顺序装配组合件，然后将组合件装配成部件，再将部件进行总装配。

4）设备装配的配合表面必须洁净并涂上润滑剂（有特殊要求的除外），以防止配合表面生锈且便于拆卸。

5）将装配完毕的设备进行试运行检查调整，保证设备最优化运行。

（二）基本要求

1）首先要检查零部件与装配有关的形状和尺寸精度，确认符合要求后方可装配。

2）各零部件的配合和摩擦表面不允许有损伤，如有轻微损伤应进行修复。在装配前对所有的零部件表面的毛刺、油污等脏污必须清洗干净。

3）设备整个装配过程必须符合图纸要求，其中机体上所有固定连接处均应紧固，不允许有松动现象，工作中有振动的连接处应有防止松动的保险措施。

4）设备各个密封处不得有泄漏、坏损垫；装配弹簧时不允许拉长或剪短；螺钉、螺母与机体的接触面不允许倾斜和留有间隙；润滑管路必须清洗干净并吹扫合格方可装配。

5）设备装配完成后必须按照技术要求，系统地检查设备各部位装配的正确性与可靠性，符合质量要求后方可进行试运转。

第三节　大型设备的吊装

一、吊装准备

1）设备吊装必须编制专项施工方案，经相关部门审核批准后方可实施；同时要准备好设备吊装工具。

2）在运输吊装前应联系好租赁的相关吊装设备，经过相关技术检查是否满足使用要求。其中，大型吊车等大型吊装运输设备从市场租赁，运输汽车、中小型以下吊车、叉车、卷扬机等小型起重运输机械内部调配或就近租用。

3）租用的起重设备机械由项目部提出，经审批、检查合格后方可调入工地现场。

二、吊装方案

大型设备的起重运输是一项技术性强、危险性大，需要多工种人员相互配合、相互协调、统一指挥的特殊工种作业。吊装前必须对作业现场的环境，重物吊运线路及吊运指定位置，起重物重量、形状、吊点、降落点等方面进行分析、计算，必须制定出最优的起重方案，达到安全起吊和就位的目的。环保设备具有型号多、单台设备体积大、质量重、安装空间小等特点，需要在设备进场前一个月编制具有针对性的吊装方案，报有关部门审批。

（一）吊装方案确定依据

1）被吊重物的重量：一般情况下可以依据设备的说明书、标牌、货物清单获得；以上如若不行，则可以根据材质和物质几何形状用计算的方法确定。

2）被吊重物的重心位置及绑扎：设备的形状和内部结构是各种各样的，要结合设备的外部形状尺寸及内部结构的实际情况合理地制定绑扎方案。

3）起重作业现场环境：现场环境是指作业地点进出道路是否畅通、地面土质坚硬程度、吊装设备尺寸、是否有障碍物、施工人员是否有安全的工作位置、现场天气状况等。现场环境对确定起重作业方案及施工安全有直接影响。

（二）吊装作业现场布置

设备吊装的施工现场布置与使用的起重设备、起重作业方法及作业安全均有着密切的关系，布置施工现场时应考虑以下内容：

1）施工现场布置应考虑设备的运输、拼装、吊运位置，尽量减少吊运距离和装卸次数。

2）根据扒杆垂直起吊特点，应合理地选择扒杆竖立、移动、拆除位置和卷扬机的安装位置。

3）选定流动式起重机的合适位置，使其能变幅、旋转、升高，顺利完成吊装作业

4）整个作业现场的布置必须考虑施工的安全和施工人员的安全以及和周围建筑物的安全距离。

（三）起重设备的配备

1）根据吊运设备重量配备相应的起重设备，其额定起重能力必须大于设备与吊具的重量之和并且有一定的富裕量。变幅功能的起重机在吊运设备时，此幅度的起重能力必须大于设备重量与吊具重量的总和。

2）根据吊运设备的高度及物件越过障碍物的总高度（增加安全规章要求的高度），合理配备起重设施的起升高度以满足吊运高度的要求。

3）根据作业环境的综合情况，配备不同种类的起重机。例如，根据现场地面的松软程度配备履带式起重设备或轮胎式起重设备等。

4）根据吊运设备结构及特殊要求进行配置，并严格遵守安全技术操作规程。例如，两台或多台起重机吊运同一重物时，钢丝绳应保持一致，各台起重机的升降运行保持同步、各自所承受的载荷均不得超过各自额定起重能力的 80%。

三、吊装运输安全

（一）吊装指挥人员

1）吊装指挥人员必须是年满 18 周岁，视力在 0.8 以上，无色盲症，听力能满足工作条件要求，身体健康。指挥人员必须经过安全技术培训，劳动部门考核合格，并颁发安全技术操作证后方可从事指挥。一般情况下，吊装指挥员由负责吊装的工程师担任。

2）指挥人员必须熟知《起重机械安全规程》（GB 6067—85）和《起重机械吊具与索具安全规程》（LD 48—93），且应严格执行《起重吊运指挥信号》（GB 5082—85），与起重机司机联络做到准确无误。

3）指挥人员应佩戴鲜明的标志和特殊颜色的安全帽；必须熟知指挥起重机械的技术性能；指挥过程中不能干涉起重机司机对操作机构的选择，并负责对可能出现的事故采取必要的防范措施。

4）指挥人员在发出吊钩或负载下降信号时，负载降落地点应有人身、设备安全保护措施。

5）指挥人员选择指挥位置时，应保证与起重机司机之间视线清楚；在高处指挥时，应严格遵守高处作业安全要求。

（二）起重机司机人员

1）起重机司机人员在作业前应佩戴好安全帽及其他防护用品。

2）禁止司索工或其他人员站在吊装重物上一同起吊或停留在吊装重物下；起吊重物时，相关人员应与重物保持一定的安全距离。

3）听从指挥人员指挥，发现不安全情况时，应及时通知指挥人员。

（三）起重吊具

1）根据吊运设备实际情况选择合适的吊具和索具，作业前应对其进行检查后方可投入使用。

2）吊具承载力应超过额定起重量，吊索应超过安全工作载荷；起吊设备前，应检查连接点是否牢固可靠。

3）起重机吊钩的吊点应与吊装重物的重心在同一条铅垂线上，使起吊设备重心处于稳定平衡状态。

4）吊运过程中，捆绑吊装重物留出的绳头必须紧绕吊钩或吊物，防止吊装重物在移动时伤及沿途人员或物件。

5）吊运设备就位前，要垫好枕木，不规则构件要加支撑保持平衡，不得将物件压在电气线路和管道上面或堵塞通道。吊运成批零散物件时，必须使用专门吊篮、吊斗等器具；同时吊运两件以上重物时要保持平衡，不得相互碰撞。

6）工作结束时，所使用的绳索、吊具应放置在规定的地点，加强维护保养，达到报废标准的吊具、吊索要及时更换。

（四）车辆装载

1）用机动车辆装载货物时，不得超载、超高、超长、超宽，如遇到必须运送超高、超宽、超高设备时，除严格遵守交通部门有关规定外，还需确定妥善的运输方法和安全措施。

2）装载货物时要捆绑牢固可靠，且不得人货混装。随车人员要注意站立位置，不得处于货物之间或货物与前车的间隙内，严禁攀爬或坐卧在货物上面。

3）装卸货物时，相关操作人员应根据吊装位置变化注意站立位置，严禁站立在吊装设备下面。

第四节　通用设备的安装

一、泵与风机的安装

（一）泵的安装

在环保设备中泵主要应用于污水处理方面，其中潜水式轴流泵、污泥泵等是常用泵型。本节以潜水式轴流泵为代表介绍泵的安装程序。

1．潜水式轴流泵的安装工作程序

安装前准备工作→井筒安装→轴流泵安装

2．安装前准备工作

1）测量检查施工现场轴流泵的安装位置并放线，确定轴流泵的安装坐标及井筒轴心基准线。

2）进行开箱验收，检查轴流泵及井筒的外观质量、零部件和随机资料是否齐全。

3）利用吊装设备将经过开箱检验的轴流泵、井筒及零部件运送施工现场。

3．井筒安装

1）根据设备放线的基准点，先安装井筒的固定支座。

2）人工配合吊装设备将井筒吊装就位，若井筒较长，在吊装过程中应避免井筒与其他物体发生碰撞而使得井筒造成损坏。

3）井筒吊装就位后，将井筒固定，然后找正、调平，保证井筒的垂直度小于1/1 000，全长不大于3 mm。

4．轴流泵安装

1）将井筒安装固定，达到允许偏差要求后方可进行轴流泵的安装施工。

2）利用吊装设备将轴流泵吊运至井筒口，然后将其顺着井筒慢慢下降到井筒底部的支座上，经找正、调平后进行固定。

3）轴流泵的安装允许偏差及检验方法如表5-2所示。

表5-2　轴流泵的安装允许偏差及检验方法

序号	项目		允许偏差	检验方法
1	安装基准线	与建筑轴线距离	±10 mm	尺量检验
		与设备平面位置	±5 mm	仪器检验
		与设备标高	±5 mm	仪器检验
2	井筒垂直度	纵向	＜1/1 000，全长≤3 mm	线坠与直尺

5．检查和验收

1）所有水泵和电机都应在制造厂进行性能测试，以符合 ISO2548 C 级标准为合格。

2）泵壳及其他承压部件应进行水压试验，试验压力为水泵额定压力的 1.5 倍。

3）水泵的转动部件必须做动、静平衡试验。

4）现场安装后应按国家标准进行负载试验，以证明水泵符合技术要求。

5）每一台水泵的试验结果和记录应包括 Q-H、Q-P、Q-η 曲线，并提交相关部门确认保存。

（二）风机的安装

1．安装前的准备

1）精密贵重的风机部件应轻吊、轻放，地面上应铺上枕木，将风机部件平稳地放在枕木上，然后利用吊运设备将其运送至安装部位进行安装。

2）安装风机的基础平面必须平整，其纵、横向水平度偏差不超过 2/1 000；风机进、排气口盲板法兰应固定好，清除机内全部杂物。

3）风机安装前必须检查和确认主电机正确的旋转方向，从风机进气口方向观察，主电机必须逆时针方向旋转。

2．安装技术要求

1）风机应按预留孔的实际坐标位置确定其安装基准，安装的水平位置和中心标高相对于设计坐标位置的偏差均小于±10 mm。

2）风机机座下部防震垫的安装应符合鼓风机安装大样图的规定，放置减震垫的基础平面应平整，其相互高程偏差应小于 2 mm，水平度偏差小于 2/1 000，否则应铲平修整至合格。

3）风机轴承座与底座接触紧密、均匀，局部间隙应小于 0.1 mm，水平度应小于 1/1 000。电机主动轮和各从动轮中心面应在同一平面上，中心线轴承座的横向水平度小于 0.2 mm/m，重合度偏差小于 2 mm。

4）通风箱及支架集气管严格按照设计图纸及规范要求制作施工，进风口通风廊道的密封门按照设计要求进行安装。其中，风机排气膨胀接头的安装高度误差为±2 mm，且膨胀接头不得承受除自重以外的任何外力或力矩。

5）进气消声器支腿底板的混凝土支撑面应平整，否则应铲平；允许在底板下面放厚度为 1 mm 的调整垫片，以调整消声器的横向水平度，但垫片不应超过 3 层。消声器安装后的实际中心线高度应和风机组中心线等高。

6）叶轮的进风口与机壳的进风口安装轴的间隙应小于叶轮直径的 1/1 000，主轴与轴瓦顶轴向间距为 15/1 000～25/1 000。

7）在水平管道上安装止回阀时，“阀板”的轴应处于垂直位置；止回阀上游的直管段长度应大于6倍管径，下游的直管段长度应大于2倍管径。

3．调试

1）电源电压、频率与风机的主电机额定电压、频率一致，接地正确且电阻符合规定值。主电机转向符合规定，其轴承已按风机技术文件规定加好润滑脂；机组油箱已按风机技术文件规定加入规定油位的工作油。

2）压力、温度、压差等继电器和相关的电气设备已调整到风机技术文件要求范围，用手盘动风机，无摩擦和杂音。

3）关闭进口导叶，开启旁通阀使风机排气口与大气相通；启动油泵，调节润滑系统使其正常工作。

4）启动风机，运行30 min，观察油温、油压、各摩擦部位的温升，机组有无异常声音，振动是否正常。如一切正常，继续运行2 h，然后带负荷运行48 h，注意观察各仪表指示灯是否正常。

二、阀门的安装

（一）闸阀（流量计）安装

1）安装前应对闸阀进行清洗以清除污垢和铁锈，并核对其规格与型号；检查闸阀开关标志与气流、水流方向是否相符。

2）闸阀安装时应处于关闭状态下进行，并应在管道外手动检查其开度指示与“阀板”实际情况是否一致，其开关是否到位。闸阀的电动或手动装置应进行必要的调整，使之启闭操作灵活，动作到位，无卡阻，指示正确。

3）闸阀安装时应至少使其一端连接的法兰可以自由伸缩，不允许将两端法兰固定，再将阀门靠强行拉紧螺栓来消除阀门同管道的间隙。

（二）蝶阀（止回阀）安装

一般情况下，管道安装后与之配套安装的是蝶阀与伸缩节，应先安装蝶阀再安装伸缩节与短管，蝶阀的中心高度应与管道中心线高度一致。具体安装方法如下：

1）将蝶阀表面杂物清除干净；检查蝶阀的法兰尺寸、开孔尺寸及固定螺栓孔中心尺寸；测量阀座高度。

2）将蝶阀调入阀座，套入连接螺栓，放入密封垫，放置平稳，然后放入垫圈与螺母，将其半固定（螺母旋到与垫圈刚刚接触，垫圈能平移）。

3）测量蝶阀与出水管两端中心高度，使其一致；然后按照设计有关技术文件要求进行开度尺寸、出水管平面的平行与垂直度的调整。

4）完成上述工作后，锁紧螺母，并进行复测调整（精调），直至符合设计图纸有关技术资料要求。

三、起重设备的安装

环保设备安装施工中常用到的起重设备主要有电动单梁桥式起重机、单梁电动葫芦起重机等。起重设备安装由具有起重设备安装资质的专业队伍进行，工程施工、试运行及验收参照《起重设备安装工程施工及验收规范》（GB 50278—98），并符合其他有关国家标准规范的规定或满足当地劳动主管部门的要求。本节以电动单梁桥式起重机为例说明起重设备安装程序。

1．导轨安装

采用钢管及专用卡具沿天车导轨方向搭设作业脚手架（脚手架支搭时考虑操作人员和工字钢的重量，及工字钢的进室和提升空间），脚手架上搭防护栏，铺满大板，同时搭设一个专用调试平台进行导轨调直。

导轨调直后，用吊链将其吊到脚手架上面，按照《悬挂运输设备轨道》（07SG359-5）中的方式进行连接和安装导轨。具体如下：

1）使用经纬仪放出导轨轴线，使用水平仪测量高程，并在每根房梁预埋铁上焊一块连接板。

2）用吊链吊起导轨就位找正，顺直后将连接板点焊焊牢，然后加满连接板、筋板，再进行点焊，用经纬仪与水平仪进行检验，检验合格后焊接。

2．天车安装

在车间内搭设平台，进行天车梁组装，并按照产品说明书和装配图安装配套电气元件和附属部件。检验合格后，用两个吊链平稳起吊，使天车就位，安装调整行走轮间隙在允许范围之内。

3．附属装置安装

防撞装置等其他附属装置安装，按设备安装技术手册进行。

4．检验

（1）准备工作

1）设备技术文件、合格证书完整齐备，安装记录、电气记录齐全；

2）所有连接部件紧固无松动，钢丝绳端固定牢固，在卷筒上缠绕正确；

3）轨道上所有杂物清除干净。

（2）无负荷试车

1）接通电源，点动并检查各传动机构、控制系统和安全装置。操纵机构的操纵方向与起重机的各机构运转方向相符。

2）各机构的电动机运转正常，大车和小车运行时不卡轨，钢丝绳无硬变、扭曲、压扁、跳槽现象，各制动器能准确及时的完成动作，各限位开关及安全装置动作准确、可靠。

3）当吊钩下放到最低位置时，卷筒上钢丝绳的圈数不少于两圈（固定圈除外）。

4）用电缆导电时，放缆和收缆的速度与相应的机构速度相协调，并能满足工作极限位置的要求。

5）以上各项试验不少于 5 次，且动作准确无误。

（3）静负荷试车

1）开动起升机构，进行空负荷升降操作，使小车在全行程上往返运行不少于 3 次，无异常现象。

2）将电葫芦停在起重机跨中，逐渐加负荷作起升试运转，直至加到额定负荷后，使小车在桥架全行程上往返运行数次，各部分无异常现象，卸去负荷后桥架结构无异常现象。

3）将小车停在桥式起重机跨中，无冲击的起升额定起重量为 1.25 倍负荷，在离地面高度为 100～200 mm 处。悬吊停留时间不少于 10 min，并无失稳现象。然后卸去负荷，将小车开到跨端或支腿处，检查桥架金属结构，无裂纹、焊缝开裂、油漆脱落及其他影响安全的损坏或松动等问题。此项试验不超过 3 次，第 3 次无永久变形。

4）检查起重机的静刚度：将小车开至桥架跨中，起升额定起重量的负荷离地面 200 mm，待起重机及负荷静止后，测出其上拱值，此项结果与上一项结果之差为起重机的静刚度，其值应符合规范规定。

（4）动负荷试车

各机构的动负荷试运转分别进行，有联合动作试运转时，按设备技术文件的规定进行。各机构的动负荷试运转在全行程上进行，起重量为额定起重量的 1.1 倍，累计启动及运行时间符合规定，各机构的动作灵敏、平稳、可靠，安全保护、联锁装置和限位开关的动作准确、可靠。

四、设备附属电气安装

环保设备附属电气控制通常采用“近控”和“远控”两种方式，“近控”为人工在机旁操作箱（柜）上直接操作；“远控”为人在中控室由设计好的系统程序操作控制，既可以在无人现场操作的情况下实现设备运行的目的，还能检测设备运行数据。

（一）安装程序

1）配合土建装修预埋电气管道和其他的预埋件；

2）电气设备基础制作安装，包括电气支架、电缆桥架（线槽）的制作安装；

3）接地母线敷设和设备接地安装；

4）电气设备（配电柜、盘、箱）安装和现场配电器具的安装；

5）电缆敷设，包括电缆检查及预防性试验；

6）电缆接线、校对线路、系统检查和模拟试验；

7）配电设备通电运行及向动力设备送电运行试验；

8）工程的联动试车、验收。

（二）主要施工准备

根据工程电气设计部分的特点及施工现场情况，工程施工内容主要包括电缆桥架、支架、变压器、配电柜、电缆及各仪表的安装及试验。以污水处理厂为例，厂内配电系统包括高压、低压两部分，各站、房之间相对独立且比较分散，要进行统筹施工、交叉作业，施工难度较大，只有做好充分准备才能保证工程按期、按质完成。

1．电缆（线）保护管敷设

（1）保护管明敷

施工时保护管应采用镀锌钢管，并利用支架和专用的管卡进行固定。并排排列的管线应排列整齐、间距保持一致，管口应进行处理以防穿线时损伤导线，管卡间的距离应均匀整齐，管线连接处采用专用的接头。保护管与配电箱、控制箱连接时应采用锁定螺母固定。

（2）保护管暗配

埋设在混凝土、顶棚或墙体内的保护管应选择与设备连接的较近处敷设。保护管连接处不能直接用电焊焊接，一般采用套管或丝扣连接。

2．接地系统

1）接地极安装。接地极采用镀锌角钢一端做成尖角加工而成，长 2.5 m 垂直打入地下，其顶部距离地面 0.3 m。接地极之间用镀锌扁钢进行连接，其间距不应小于接地极长度的两倍。接地极连接处要四面焊满，焊后除去药皮，涂沥青两遍。

2）接地母线敷设。室内明敷接地线，水平接地母线与垂直接地母线采用扁钢立弯形状，弯曲半径不小于扁钢宽度的 2.5 倍。在每个可接触到接地线处涂以绿色和黄色相间的条纹，中性线涂以淡蓝色标志。室外接地母线搭接形式可采用焊接或钻孔螺栓压接形式。

3）盘、柜接地。

盘、柜的基地装置应与基础槽钢连接，基础槽钢与专用的接地母线连接，柜与柜之间还需使用软导线连接。

4）接地系统的接地电阻测试。

接地系统完成后应对系统进行测量，一般应选择在晴朗的天气进行。各个不同的接地系统应分开进行测量，所测的电阻值应小于设计规定数值。

3．配电柜、盘的槽钢基础

为使配电柜、盘安装整齐一致，一般均采用槽钢制作基础。基础槽钢要预先调直，其尺寸要与柜、盘尺寸相宜。基础槽钢一般制成长方形，用焊接方式焊接在基础的预埋铁件上，并与地面稳定地接触。高压开关柜的基础应与地面平齐，以方便高压柜内的小车推拉；低压开关柜基础安装完毕后底部缝隙用水泥砂浆填充。基础槽钢的安装位置应与施工图纸标注的位置一致并留有操作和检修位置。

（三）电气设备安装

1．开箱检查

设备到达现场后，组织有关人员进行开箱检查，检查内容主要为设备的数量、规格、型号、尺寸是否与设计相符，设备外观有无变形、掉漆或其他损坏现象，仪表、部件是否齐全，说明书、合格证等技术资料是否齐全，并做好开箱记录。

2．设备保管

开箱检验后的电气设备若没有立即安装，应放置在室内干燥的地方，并做好防潮、防尘、防护和防盗工作。

3．配电柜、盘安装

1）柜、盘与基础槽钢应连接紧密、牢固、平正。成列柜、盘之间拼接时，其连接缝隙不应大于 2 mm，若出现相邻两柜不平直，可用不同厚度的垫片进行调整。

2）柜、盘接地应牢固；其中，可开启的柜、盘门要以软导线与接地构件可靠连接。

3）柜、盘拼装好后，抽屉式配电柜的抽屉推拉应灵活轻便，无卡阻、碰撞现象。抽屉单元内的动、静触头的中心线应一致，触头接触紧密，机械和电气联锁动作正确可靠。

4）由于开关动作有一定的振动，每个连接处应连接牢固并有防松措施。

4．电力变压器安装

1）变压器安装前应先制作变压器的基础，基础与预埋件连接牢固。

2）将变压器吊运至安装地点，根据施工图纸确定变压器的安装方位，将变压器移至已做好的基础上，拆除变压器本身的移动脚轮。

3）变压器低压侧的中心线应与变压器的专用接地线连接，其他不带电部分也应与接地线连接。

4）密集母线与变压器低压出线连接时应仔细确定好尺寸、角度、方位，避免母线安装尺寸不准确。

5）变压器安装完成后，应将变压器室清扫干净，设置好防小动物进入的栅栏，将变压器门锁闭，装上警告牌。

5．控制箱、操作箱安装

就地控制箱、操作箱的安装应考虑到操作控制方面，不妨碍电气设备的维护和运行，在墙上安装的箱体应紧贴墙面，进线管的配置需考虑防水、防尘。就地配电箱的安装应牢固地固定在基础上，配电箱与基础平面应垂直，安装的位置不应妨碍设备的维护和运行，并考虑电缆要穿线容易、维护方便。

6．封闭式母线槽安装

1）核对母线敷设方向有无障碍物，有无与结构、设备、空调等安装部件交叉的现场。

2）检查线路安装部位的土建工程标高、尺寸结构是否符合要求，装饰工程是否全部结束，门窗是否齐全。

3）管道及空调工程宜基本施工完毕，防止其他专业施工时损伤母线。

4）根据母线路径的走向，水平段敷设的母线用透明塑料软管注水后作为水平连通器，准确测出水平段两端的对称点，在这两点之间拉紧一根钢线作为支架定点及调整平直度的标准线。竖直段敷设的母线在竖井由顶层放两根钢线至底层，系上悬垂物后使其垂直稳定、平行于竖井的前沿两侧。

5）母线段连接时两相邻段的线极及外表应对准，母线与外壳应同心，并且误差不应超过 5 mm，连接后不应使母线及外壳受到应力作用。

6）使用力矩扳手拧紧母线及母线槽的螺栓，以保证各结合面连接紧密，力矩值应符合产品要求。

7）封闭式母线安装完毕后，应用摇表测试相间、相对地的绝缘电阻值，应不小于 0.5 MΩ。

7．电缆桥架（托盘）和金属线槽安装

电缆桥架（托盘）材质一般选用铝合金或不锈钢产品，运至现场后应进行规格和数量清点，依图纸进行各组材质分类。托架固定在金属支架上时，应先在金属支架上制作支撑，将托架固定在支撑上，支撑应有足够的支撑力（除电缆及桥架的静负荷外，应能承载大于 90 kg 的荷载力）。

电缆桥架连接安装时，用螺母放置在外面，电缆的引出应在托盘的下方或侧面。托盘安装完成后应与接地系统连接，电缆桥架安装完成后应仔细调整桥架的平直度和水平度，多层排列的桥架应上、下层排列整齐，一般偏差不应大于 5%。

（四）电缆敷设

1. 敷设前准备

1）电缆敷设前，电缆桥架已安装完毕；

2）已做过电缆的预防性试验，并确定电缆的外表皮无损坏；

3）准备好电缆切断后的密封性材料，实际丈量电缆布放长度，合理安排每盘电缆，并设置好电缆的放线架。

4）编制好电缆敷设表，安排好电缆的走向顺序，使布放的电缆尽量避免交叉现象。

2. 电缆敷设

1）电缆敷设时，电缆应从电缆盘的上方引出，电缆不应在电缆支架及地面上摩擦拖拉，且布放时不得有绞拧、护层拆裂现象。

2）电缆切断后两端应及时封闭，防止水、潮气进入电缆内部。每根电缆敷设完毕后应及时在电缆两端挂上电缆标牌，记录编号、规格、型号、起点、终点、长度。

3）动力电缆应与控制电缆分层布放，若必须同层布放应加分隔板。信号电缆应布放在专用的封闭线槽内，以防干扰。

4）室内电缆头可采用干包法处理，室外电缆头应有防雨和防水渗漏措施。电缆的专用接地芯线应与系统的接地线可靠连接。直埋电缆应按相关规范的要求进行施工。

5）电缆敷设完毕后应及时封堵电缆出入口，每个电缆头应固定在支架上。连接开关柜和连接现场电机的每根电缆，应采用铜质夹固定。电缆埋设后在地面上须做永久固定、醒目标志牌，标明“电力电缆”“控制电缆”等用途。

6）由于所使用的电缆均为阻燃电缆，要特别注意在施工时使用的电缆辅材为阻燃材料的附件，不得使用非阻燃材料的附件代替。

（五）电气调试、验收

1. 电气调试

电气调试是鉴定电气设备及系统本身安装质量及设计质量的重要手段，是以后设备能否正常进行，能否得到保护的关键，是整个施工工程的重要阶段。

（1）指示仪表的调试

指示仪表的调试包括电流表、电压表等的调试，主要包括外观、可动部分检查、测量绝缘电阻、直流电阻等一般性检查；采用标准表测量绝缘电阻、直流电阻等精度校验。

（2）配电设备检查和调试

配电设备检查和调试包括空气开关、热断电器、接触器、电力电缆等用一次电流和正常电压试验，在规范值内应能正常使用。

（3）继电器试验

继电器试验包括电流和电压继电器、中间继电器、时间继电器等，主要进行线圈直流电阻测量（绝缘电阻均为 0.5 MΩ），在额定电压 75%～110%范围内能正常工作，触点动作应正确无误。

（4）电机调试

检查电机外观、附件、备件应齐全、无损伤；测量电机的绝缘电阻应大于 1 MΩ，绕组极性正确，引线编号齐全；测量绕组直流电阻，相互差别不应超过其最小值 1%；盘电机转子应转动灵活，无碰、卡现象；空载试运转符合设计及规范要求。

2．验收方法

1）验收依据为电气设备交接试验标准相关条款的规定，填写相应的试验记录表格，作为交工资料移交甲方。

2）所有的电气设备均需进行现场的检查和调试。计量仪表和安全器应送到有关的技术监督部门和安全部门进行检查。具体的电气调试的内容将由业主、监理和建设方共同确定。

第五节　工艺设备的安装

一、常规水处理设备安装

（一）格栅机安装

1．安装前准备工作

1）安装前应详细、认真、熟悉地阅读有关技术文件、图纸及相关规范，对安装尺寸、接合面间隙、允许误差做到准确无误。

2）考察现场，充分利用现场有利条件，对安装顺序有明确的思路。

3）利用汽车及吊装设备将格栅机吊运至安装现场，轻吊轻放，防止其碰撞变形。

4）安装之前按照图纸对混凝土设备基础仔细核对，并纠正存在的问题。

2．安装技术特征

1）安装位置和标高应符合设计要求，平面位置的偏差应小于 20 mm，标高偏差应小于 30 mm。

2）格栅机安装在混凝土基础平台上，与基础预埋件应连接牢固；如有垫铁，每组不应超过 3 块，且其放置位置准确、平稳、接触良好。

3）其中移动式格栅机安装在工字钢支架上，工字钢应保持相互平行，两条对角线偏差小于 10 mm，高程偏差应小于 5 mm。

4）按照设计要求调整格栅机倾斜角度，其倾斜角度允许误差为±0.5°。

5）格栅机电机主、从动链轮中心应在同一平面上，不重合度不大于两轮中心距的2‰。

6）各限位开关应安装可靠，不得有卡阻现象。

（二）曝气系统安装

1．微孔曝气系统安装

（1）安装过程

在安装前测量微孔曝气系统的立管、支管、曝气器预留孔、预埋件基础的实际尺寸与设计尺寸是否相符，如相符可进行安装，不相符按照曝气器实际尺寸进行调整。曝气器的安装位置与高程应符合图纸和技术文件规定，安装施工后要求平整坚实。

（2）安装技术特征

1）在曝气池内适当高度设水平线，作为安装曝气头水平调整基准线；曝气管安装的水平度允许偏差为±5 mm。

2）底盘与布气干管连接后，其底盘面与管轴线垂直方向误差不超过 5 mm。

3）调整风机、空气过滤器处于运行状态，并达到除尘要求。在风机出气管与池内进气干管连接前吹脱 30 min，吹除空气管中的杂质，消除曝气器堵塞的隐患，然后才能连接。

4）对无法一次安装完成的曝气头、曝气管，在停工休息时，应采取封堵曝气管、妥善存放曝气头等保护措施，防止杂物进入曝气管或曝气头。

5）微孔曝气器的连接点应紧密，管路基础应牢固、无泄漏。

2．表曝机安装

（1）安装过程

1）用吊车或其他吊运设备将表曝机的钢基座放入预埋地脚螺栓，调整螺母或钢垫，将其调平至设计高程，并固定牢固。

2）起吊叶轮至机架中心，并用满足强度要求的钢管挂好。

3）叶轮就位后，将减速机吊起，清洁减速机输出轴联轴器和法兰的结合面，然后把减速机缓慢放下，将减速机输出轴联轴器和叶轮法兰对中后穿入螺栓，并按法兰螺栓拧紧顺序逐一锁定螺母。

4）将减速机连同曝气机叶轮整体吊起，抽出穿在叶轮法兰端的钢管，慢慢地将减速机和曝气机叶轮一起吊放在已经基本就位的钢制基座上。

5）使用水平仪、标尺等高精度测量仪，测量同一池内减速机之间的相对高度差和减速机与出口溢流堰板之间的相对高度差，必要时通过旋转地脚螺栓上的螺母或增减垫铁对减速机连同曝气机叶轮的高度做适当的调整。

6）将减速机输入轴端保护壳上的小方窗户盖打开，然后将电机吊起，慢慢地放到减速机上。将减速机上的加油孔盖打开，加入专用润滑油至壳体上方设计规定的油位刻度范围。

（2）安装技术特征

1）在给减速箱安装基座抹砂浆之前，必须检查叶轮、运行功率与埋设深度的关系。确保当水位处于正常流动的最佳值时，叶轮的最终高度与电机的额定电流相对应。

2）在控制柜的手动状态下启动表曝机，立刻观察其转动情况。如果发现设备运转与水流状态良好，便按要求检查运行电流；如发现有水飞溅、水流产生小，最大可能是电机反转，应立即停机，然后将三相电源线的任何两相互换（不是地线），再次启动电机并检查电流情况。

3）在初次启动过后，立即用精密校正过的电流表测量三相电流，任何异常情况应及时排除。如果表曝机取用电流正常，在初次启动后 30 min，应重新检查一遍，这就使得电机和减速箱有足够的“热身”时间。

（三）潜水搅拌器安装

1．安装过程

1）安装搅拌器的一般顺序：池壁上安装导向支座、导向管柱的加工及调整安装、承力套的安装、手动绞车安装、电动机及叶片安装。

2）先用吊运设备将搅拌器部件运送至安装现场，并将其放在枕木上，然后逐个吊至安装部位。

3）搅拌器就位前，应标出搅拌器安装基准线，其偏差不超过下列规定：相对于建筑物轴线的允许偏差为±20 mm；相对于搅拌器平面位置的允许偏差为±10 mm；相对于搅拌器标高的允许偏差为±20 mm。

4）安装过程中地脚螺栓的安装、扭矩的大小、搅拌器各部件的安装应严格按设计图纸、厂家安装说明书等资料执行。

2．安装技术特征

1）搅拌器的安装池必须符合其对空间尺寸的要求，包括下降装置工作引起搅拌器可能转动所需要的空间。

2）搅拌器放置位置必须能容纳起重能力适当的起吊活动，不允许潜水搅拌器承受各种外来机械负荷的作用。

3）在只采用手动绞车牵拉搅拌器的地方，使用下降装置进行定位，如果选择其他安装形式，应确保任何时候转动的叶轮不会触及电缆。

4）设备安装完毕后检查电动机绝缘性能、各接线端连接是否牢固、有无碰线、电机尾轴有无卡阻等现象。在空负载试车无问题的情况下，按使用说明书要求注入足够的水，待负荷运行 4 h 后，检查轴承、电机温升情况，设备整体稳定、无跳动即可。

（四）桥式中心转动刮泥机安装

1．安装前准备

（1）设备安装前对土建的检查

参照设备设计图和给水排水土建工艺图要求，土建尺寸和预埋尺寸应符合设备安装要求，否则不能进行安装。核查内容主要包括：池子直径及深度是否符合图纸要求、池子周边的排水槽是否符合土建图中的直径和标高、池子的进出水水管，排泥、排渣管的相对位置是否符合土建图的要求以及排渣管的管径是否符合设备对接要求。

（2）设备的检查

设备到达用户安装现场后，请勿随意打开或拆卸包装，应按以下原则进行。交接过程中，所有相关责任方代表应到齐，否则不能进行设备交接。按设备的发运清单对设备名称、零部件名称、数量、运输架、包装箱依次逐一开箱验货。

由于此设备属于大型设备，在运输过程中难免会出现变形情况，因此，在安装前应对所有安装零件进行尺寸审查（可在安装过程中进行此项工作），其主要是核实有无变形情况发生。以上检查内容对本机的安装、运行无影响时方可安装。

（3）安装的基本工具

设备现场安装，工具十分重要，它直接影响到设备安装的质量和进度，应注意以下所需工具材料。

1）电焊焊接用全套工具。焊机选用交直流手工电弧焊机、钨极氩弧焊机、气焊用全套工具，测量用工具（钢板尺、30 m 卷尺、水平尺、经纬仪、全站仪、罗盘、铅锤、弹线、吊线、石笔等）。

2）装配钳工工具、起重工具（吊车、吊葫芦、钢丝绳、麻绳等），安装中塔支撑架所需的材料。

2．安装的基本步骤、方法及要求

安装时各配合部位及相对运动部位应涂抹润滑油或装入相应的润滑脂，各零部组件的标高以随机交付的竣工图为准。

（1）工作桥、转动装置安装

将工作桥对接焊成整体后，吊装置于两端端梁上，中心与枢纽支座铰接，将减速机就位，调整行走机构在圆的切线上。工作的最大挠度不大于跨度的 1/500。

（2）吸刮泥系统、撇渣系统安装

按照图纸技术要求进行排泥槽、吸泥管、撇渣系统的安装。

（3）挡板安装

以液面为基准，安装出水堰板、浮渣挡板，安装时用水准仪作为测量工具。其中，出水堰板要求在同一水平面上，即液面上；浮渣挡板注意保证其圆柱度；安装浮渣斗，应高出液面 20～30 mm。

（4）安装技术检查

安装完成后，检查整机零组件的连接部分，确保连接牢固和无遗漏之处。吸泥机全部安装完毕及池子抹面合格后，调试吸泥机各部件尺寸、精度、安装位置。确定无误后，依次进行人工、空载运行和负载运行。

运行一周后检查设备与池壁、池底是否有刮摩现象，确实无影响后，进行空载运行。运行中，刮泥机应运转灵活，行走平稳，不得有冲击、振动和不正常的响声，无卡滞、松动现象。空载运行一周或几周，运行状态正常时可进行加清水负载运行。将池中注满清水，将吸泥机连续运行 24～28 h，检查电气过载保护装置是否正常，负载运行合格后，可交付进行正式生产。

（五）紫外线消毒系统安装

1．安装过程

1）安装顺序。施工准备、技术交底、复核土建预留孔、预埋件、基础尺寸、设备吊装就位、水平度和标高的调整、地脚螺栓灌浆、紫外线消毒系统试车。

2）复核基础尺寸。在安装前测量紫外线消毒系统设备预留孔、预埋件、基础尺寸，检查土建与紫外线消毒设备尺寸是否相符，如果相符可进行安装，若不相符要按照紫外线消毒设备实际尺寸调整。

3）紫外线消毒系统设备的安装位置与高程应符合图纸和技术规定，基础实施后要求平整坚实，并对紫外线消毒系统设备的轴心位置进行测量放线。

4）用人工配合吊机、大卡车将紫外线消毒系统设备倒运至安装位置，然后利用手拉葫芦、滚筒将其就位。

5）紫外线消毒系统设备就位后，先进行找正调平，调整设备的坐标与高程。紫外线消毒系统设备安装偏差应满足下列规定：相对于建筑物轴线的允许偏差为±10 mm；相对于设备平面位置的允许偏差为±5 mm；相对于设备标高的允许偏差为±5 mm。

6）参照紫外线消毒系统设备的基准面，对机体的水平度和标高进行粗调、精调，达不到要求的利用“垫铁”进行调整。调整至安装允许偏差内，即对地脚螺栓进行灌浆，在混凝土养护期满后进行精调，达到要求后将地脚螺栓收紧，然后将“垫铁”点焊为一体，最后进行二次灌浆（其混凝土强度等级应比原混凝土基础高出一个等级，并保证灌浆材料密实）。

2．安装技术特征

1）紫外线消毒系统安装于混凝土基础上，利用地脚螺栓进行固定。在安装前应按照设备说明书上标示的安装尺寸来检查基础预留螺栓孔。

2）按照紫外线消毒系统设备定位图进行基础放线和对安装基础面进行处理，应有比较平整的安装面。基础处理采用“凿平”的方法，利用0.1‰的水平尺检查其水平度。

（六）中水过滤器及气压罐安装

1．中水过滤器组成及安装

（1）中水过滤器组成与工作原理

中水过滤器是一种先进的且易操作的全自动过滤器，由一个电机驱动自动清洗装置。水从进口进入粗滤网，然后由内而外通过细滤网流出，通过杂质积聚于表面而引起压差的增大。粗滤网设计用于保护清洗装置，避免受到大块颗粒物的破坏。过滤器在预设形成压差时，开始自动清洗过程。过滤器的清洗通过一个旋转的吸吮扫描器进行，将杂质从滤网吸走，并通过排污管与阀门排走。

（2）安装过程

1）安装前，先对过滤器进行清洗，清洗污垢和铁锈，并核对过滤器的型号、规格及标识与使用情况是否相符。

2）中水过滤器进、出水口管材，一般采用不锈钢材质，用不锈钢法兰连接。按照设计图纸设定的安装坐标，将过滤器安装在设计的位置上。安装时应注意过滤器的进、出口指示方向要与水流方向保持一致。

3）法兰的螺栓连接应符合下列规定：每对法兰应使用相同规格、型号的螺栓，安装方向一致，紧固力矩相同，松紧适度；法兰间的垫片应质地柔韧，无老化变质，无表面分层和折损。

2．气压罐组成及安装

（1）隔膜式气压罐的组成与工作原理

隔膜式气压罐与中水泵组成了中水智能型变频调速供水设备，此系统采用智能型微机控制器与变频调速器作为设备的控制中心，运行参数一经设定便能长时间稳定运行，不受流量变化影响，跟踪供水压力进行闭环控制。

隔膜式气压罐系统一般由隔膜气压罐、水调节容积、配套阀门、止回阀、管道、管件等组成。气压罐是按照压力容器标准进行制造，远传压力表设定值一般在0.3～0.5 MPa范围可调，压力表量程为0～1.5 MPa。气压罐采用膨胀螺栓固定在混凝土基础上。

（2）安装过程

1）安装前，先对气压罐的基础进行测量放线，确定基础几何坐标尺寸及高程点，并对气压罐的轴心位置进行测量放线。

2）用人工配合吊机、大卡车将气压罐倒运至安装位置，然后利用手拉葫芦、滚筒将气压罐就位。

3）气压罐就位后，先进行找正调平，调整气压罐的坐标与高程。气压罐安装偏差应满足下列规定：相对于建筑物轴线的允许偏差为±10 mm；相对于设备平面位置的允许偏差为±5 mm；相对于设备标高的允许偏差为±5 mm。

4）参照气压罐设备的基准面，对机体的水平度和标高进行粗调、精调，达不到要求的利用“垫铁”进行调整。调整至安装允许偏差内，即对地脚螺栓进行灌浆，在混凝土养护期满后进行精调，达到要求后将地脚螺栓收紧，然后将“垫铁”点焊为一体，最后进行二次灌浆（其混凝土强度等级应比原混凝土基础高出一个等级，并保证灌浆材料密实）。

二、大气除尘系统的设备安装

（一）主要施工方案

1．除尘管道制作及安装

1）在测量准确的基础上，确认调节阀部件规格，并在收到供货厂家的产品规格尺寸书面资料的前提下，根据施工蓝图绘制管道加工草图，且编制好所需管道及管件数量清单。

2）管道预制：分系统、分材质进行预制，并配套预制风管支、托、吊架，与设备连接的管道预制根据设备到货时间作具体安排。

3）管道墙套管采用 2 mm 的钢板焊接制作。管道与防护套管之间采用不燃柔性材料封堵。

2．设备安装

利用汽车吊将除尘器逐台吊入施工层面，再利用液压叉车运至指定地点。施工过程中，结合现场实际情况，制定具体的安装方案。

3．施工作业要求

除尘系统管道安装充分考虑管道预制的生产顺序，紧密结合土建实际进度及甲方设备安装进度，与设备到货情况相协调。

（二）除尘系统设备运输安装

1．设备、材料运输

为确保设备二次运输过程完好无损，设备准备安装时方可进行开箱检查，以免损坏设备。

2．设备安装

本工程主要设备有除尘器、风机等。除尘、排潮系统的风机安装须采用减振处理，即设备进出口接管应安装软管接头，以尽可能减少噪声污染。设备安装应按设计要求及设备厂家提供的技术要求施工。

（1）除尘器安装

除尘器外壳应严密、不漏，布袋接口应牢固，除尘器组装时其连接处需用密封胶密封。除尘器安装时起吊固定点必须确保能承受起吊设备的重量，起吊时设备下方严禁站人。

除尘器安装完毕后要用水平尺测量，保证除尘器处于水平状态。如有不平处必须垫平后方能固定除尘器。

除尘器安装好后，需将所有检修门关闭，以防止灰尘污染过滤袋。

（2）风机安装

风机到货后须试压验收及通电试验，试验压力应是工作压力的 1.5 倍，如有渗漏或电机运转不正常时通知供应商及时更换。

风机的蜗壳安装时切忌碰撞，如有明显外伤变形的风机不允许安装使用，以免引起室内噪声超标。

风机安装时，应先将风机运至安装位置初步定位后方可再安装减震器，如要移动风机，需将风机抬离地面方可水平移动，以免损坏减震器。

3．除尘系统管道制作安装

（1）管道制作

管道制作工艺流程中每一道工序在施工现场中都应当配置相应的熟练工人，形成一条制作生产线，提高工作效率。

1）钢板开料、卷筒。根据加工图及管道、管件清单，采用电动液压剪板机对卷板进行开料；批量下料前需严格复核尺寸，确认无误后方可进行批量下料。采用活动法兰方式连接的风管，在下好料后对板材进行一端折方，折方宽度不超过 10 mm，且折方角度为 90°。折方完成后对管道用卷圆机进行卷圆，且对管道进行对接点焊。管道卷好后任意正交两直径之差不应大于 2 mm。

2）法兰制作。根据加工清单及设计要求用法兰卷圆机对型钢进行卷圆，卷圆时应调整“轧轮”至所需要的尺寸后方可进行批量卷制。将初步卷好的型钢切割成单个法兰，再将法兰放到模具上进行整形，整形好后再进行焊接、打磨、钻孔。

小法兰用等离子切割机在钢板上直接下料，然后用车床将内外端面加工光滑。法兰钻孔时采用标准法兰套钻，以确保其孔间距相等。小法兰用等离子切割机在钢板上直接下料，然后用车床将内外端面加工光滑。

3）法兰装配、管道对接。法兰制作好后，将其套入相应已卷好的管道上，然后将无法兰的管道端对接，同时将管道插口点焊至管道上，检查无错误后利用自动气体保护焊机对管道直焊缝进行满焊，用手动气体保护焊机对圆形焊缝及插口进行满焊。

管道对接焊口的组对应做到内壁平齐，错边量不宜超过壁厚的 10%。管道插口直径应比管道直径小 2 mm。风管焊接其焊缝应平整，不应有裂缝、气孔、凸瘤等缺陷，焊接变形后板材的变形应矫正，并将焊渣及飞溅物清除干净。

4）油漆喷涂。进行油漆加工前需对焊接好的管道进行打磨，去除管道上的锈渍、污渍、焊接时的飞溅污渍。管道涂漆前应清除毛刺、氧化皮、锈迹、油污、脏物等。对焊接件应修整焊缝，油漆表面应完整、清洁、光滑平整；无流挂、起泡、划痕、皱皮、漏涂、剥落、泛白等。进行油漆加工时，前一道油漆未干透前不得进行下一道油漆加工。加工好后的管道需堆放整齐，暂不安装的管道需用塑料布盖好，以防止灰尘。

（2）管道安装

1）吊装前的准备。学习和掌握作业方案及安全技术要求，听取技术与安全交底，掌握吊点位置与吊件的捆绑方法。吊装人员必须正确佩戴安全帽，吊装工作区域应有明显的安全标志，并设专人警界。

登高梯子、脚手架应绑扎牢靠；梯子与地面夹角以 60°为宜，脚手架跳板应铺平绑扎，严禁出现跳头板。认真检查作业所需工具、索具的种类、规格、件数及完好程度。

2）安装前，先对管道基础进行测量放线，确定基础几何坐标尺寸及高程点，并对管道的轴心位置进行测量放线。

3）试吊、起吊。吊装总指挥进行吊装操作交底，并布置各监控岗位进行监察的要点及主要内容。

试吊的过程中，起吊下方严禁站人，同时吊装人员要注意吊装物体是否碰撞墙壁及格栅，以及起吊中各机具是否灵敏和发生异常声音。吊装人员要统一指挥，坚持“十不吊”原则。

由总指挥正式下令各副指挥，检查各岗位到岗待命情况，并检查各指挥信号系统是否正常；各岗位汇报准备情况，并用信号及时通知指挥台；首先进行试吊，使风管离开地面 500～1 000 mm 时停止，并作进一步检查，各岗位应汇报情况是否正常；试吊确认无问题后，正式起吊。

4）松吊。起吊至安装高度时，放慢吊装速度，吊装人员提高警惕。检查各项吊装工具是否发生异常，经检查正常后才能安装管道。

5）管道就位后，先进行找正调平，调整管道的坐标与高程。

（3）除尘管道现场安装要求

1）相邻管道的“错口”偏差不得大于0.2倍的管道壁厚度；相邻管段的纵向焊缝应相互错开不得小于100 mm；相邻横向环形焊缝间距不得小于300 mm。

2）支管在主管上的开孔位置不宜在焊缝上，其间距不得小于50 mm。

3）除尘管道焊缝应符合《现场设备、工业管道焊接工程施工及验收规范》（GBJ 236—82）Ⅳ级焊缝的规定，检验方式为外观检查。

4）除尘管道托架及支架纵向、横向中心线极限偏差为±10 mm，托架及支架标高以管道中心线为准，极限偏差为±10 mm，支架安装铅垂度公差为1/1 000。

5）除尘管道安装纵向、横向中心线极限偏差为±20 mm，管道标高极限偏差为±20 mm。

6）除尘罩安装位置以设备安装位置为准，其纵向、横向中心线极限偏差为±20 mm，标高极限偏差为±20 mm。

7）除尘管道的耐磨衬里浇注料，配合比应符合设备技术文件规定，浇注应饱满，浇注时及浇注后上部排气孔应打开。

（三）配套容器、反应器安装

1．安装准备

1）施工前须认真审阅图纸，对所需施工的设备结构及技术要求应有清晰了解，对本施工方案的各项要求应明确并认真执行。

2）施工前须准备好所需机具、量具及所用材料。

3）对设备进行验收检查。

①核对设备的名称、型号、规格。

②对设备内件、附件的规格及数量予以清点和检查。

③对准备施工的设备进行外观检查，应无表面损坏、变形及锈蚀现象。

④核对设备上管口方位以及安装基准线、定位基准线和内部圆周基准线，如到货设备上没标出以上基准线，应给予标出。

4）设备基础复查。

①混凝土基础的外形尺寸、标高基准线及纵横基准线应与设计图相符或控制在允许偏差内。

②混凝土基础上不允许有蜂窝、裂纹、空洞、露筋等现象。

③预埋地脚螺栓应无损坏、锈蚀及偏斜情况且应有保护措施。预留地脚螺栓孔内的

杂物应清理干净。

④钢构基础的外形尺寸、结构及坐标位置应符合设计要求且控制在允许偏差内。

⑤设备基础的允许偏差应在表 5-3 范围内。

表 5-3　各设备基础的允许偏差

偏差名称		允许偏差量/mm
混凝土基础	基础坐标位置（纵、横轴线）	±20
	基础平面外形尺寸	±20
	基础平面的水平度	5/m，10/全长
	预埋地脚螺栓： 标高 中心距	 +10 ±2
	预留地脚螺栓孔： 中心位置 深度 孔壁垂直度	 ±10 +20 10
钢结构基础	基础的方位位移	≤5
	垂直度	≤1/1 000
	顶端标高	±5
	同一设备的两支座表面标高差	≤L/1 000
	基础上螺栓孔中心距离偏差	1/1 000

注：L——设备两支座间距。

2．设备就位找正、找平

（1）设备安装时，基础修整后应达到下列要求

1）混凝土基础表面应平整，放置垫铁处（至周边 50 mm）应铲平，预留孔内杂物已清除干净，强度达到设计要求。

2）混凝土基础上的预埋螺栓（预留孔）与设备支承座螺栓孔相配套，其偏差应控制在允许范围内。

3）钢结构基础的水平度、螺孔分布圆直径应达到设计要求，其误差在允许范围内。

（2）设备就位时混凝土基础上的垫铁组布置应达到以下要求

1）在立式设备的每个预埋螺栓旁各放一组垫铁（在设备就位过程中为便于设备初步找平，可在基础的四个方位上先预放 1～2 组，待设备就位后再布置齐），卧式设备有加强筋的支座，垫铁应分布在加强筋下，且相邻两垫铁组间距约 500 mm。

2）应成对使用斜垫铁，搭接长度不小于全长的 3/4，尽量减少每组垫铁的块数（最多不超过 4 块），并少用薄垫铁。

3）垫铁组在基础上的标高，应接近设备支承座底面标高，但不允许超过其设计标高。

（3）预留孔地脚螺栓的安装

应保证螺栓的垂直度偏差不超过螺栓长度 0.5%，且螺栓与孔壁的间距不得小于 20 mm，与孔底距离间隔在 80 mm 以上。

（4）设备安装方位

应以基础的中心十字线为基准，方位偏差应控制在允许范围内。

（5）设备找正、找平工作应遵照以下要求

1）立式设备的垂直度以设备两端的测点或设备上的中心线为基准。

2）卧式设备的水平度应以设备中心划线为基准，设备上无中心划线的轴向水平以壳体底部母线为基准。径向水平以设备上方最大法兰面为基准。

3）设备的安装标高以基础的基准标高线为基准。

4）找正、找平工作不能使用松紧基础上螺栓来达到目的，应利用垫铁来使设备达到安装精度。

5）钢结构基础上找正不得使用垫铁组。立式设备找正应使用铁皮或更改钢结构基础来进行调整；卧式设备纵向水平度达不到要求时，可在低端垫一块厚度适中的钢板，以保证纵向水平度。钢板与钢结构基础进行点焊。设备就位后，底座与基础上表面应无间隙。

6）基础上有预留孔的设备经初步找正与找平后，方可进行地脚螺栓预留孔的灌浆工作。一次灌浆后，混凝土强度达到 75%以上时（一般保养一星期），方能进行设备的最终找正、找平及螺栓紧固工作。

7）在工作温度下，经受膨胀或收缩的卧式设备，滑动底板与设备支座的滑面应进行清理，并涂上润滑剂。其滑动侧的地脚螺栓应位于底座长圆孔的补偿温度变化所引起的伸缩方向，以免设备在工作温度时受到外部阻力，在初步找平后，可进行一次灌浆工作。待设备安装和管线完成后松动螺母留下 0.5～1 mm 间隙，利于设备接受温度变化所引起的伸缩。

8）设备安装允许偏差应符合表 5-4。

表 5-4　设备安装允许偏差

检查项目	允许偏差/mm	
	立式设备	卧式设备
标高	±5	±5
水平度	—	L/1 000，2D/1 000
中心线位置	D≤2 000，±5 D≥2 000，±10	±5
垂直度	H/1 000 且<30	—
方位	D≤2 000，10 D≥2 000，15	—

注：D——公称直径；H——高度；L——两支座距离。

9）设备找正、找平后，垫铁应布置齐全、垫铁之间及垫铁与底座之间应接触严密，垫铁应进行定位点焊。在各监控方确认垫铁组布置合理、设备安装达到设计要求后，方可进行二次灌浆工作。

3．附件、内件安装

设备经吹扫、清洗后，方可进行内件及填料的安装并遵照以下要求：

1）催化剂和内部填料的质量、填充体积应符合设计要求。

2）填料支承的安装应平整、牢固；安装后的水平度不得超过2*D*/1 000且不大于4 mm。

3）填料应干净，不含有泥沙、油污和污物。

4）丝网安装时应注意其材料、尺寸。

5）设备在单体试验、表面处理、吹洗（脱脂）、清理合格后应进行封闭，每次封闭必须由施工、检查及监督人员共同检查确认无问题后方可封闭。

三、污泥系统机械设备安装

（一）卧式污泥浓缩脱水机安装

成套卧式离心污泥浓缩脱水机系统设备主要包括卧式离心污泥浓缩脱水机、离心机立式控制柜、污泥进料及进料流量计、超声波液位计、污泥切割机、絮凝剂全自动制配装置、药剂投加器（干投与湿投）、絮凝剂稀释装置、出泥闸阀、无轴螺旋输送器以及离心机冲洗系统。

1．安装前的准备工作

（1）设备安装前的基础检查

参照卧式离心污泥浓缩脱水机设备设计施工安装图要求，基础土建尺寸和预埋尺寸应符合设备安装要求，否则不能进行安装。

（2）设备的检查

卧式离心污泥浓缩脱水机系统设备到达用户安装现场后，请勿随意打开或拆卸包装，应按以下原则进行。交接过程中，所有相关责任方代表应齐全，否则不能进行设备交接。按设备的发运清单对设备名称、零部件名称、数量、运输架、包装箱依次逐一开箱验货。

由于此设备属于大型设备，在运输过程中难免会出现变形情况，因此，在安装前应对所有安装零件进行尺寸审查（可在安装过程中进行此项工作），其主要是核实有无变形、缺失、锈蚀等情况发生。以上检查对本机的安装、运行无影响时，方可进行安装。

（3）安装的基本工具

设备现场安装，工具十分重要，它直接影响到设备安装的质量和进度，应注意以下所需工具材料：

1）电焊焊接用全套工具与测量用工具（钢板尺、30 m 卷尺、水平尺、经纬仪、全站仪、罗盘、铅锤、弹线、吊线、石笔等）。

2）装配钳工工具。起重工具（吊车、吊葫芦、钢丝绳、麻绳等），安装中塔支撑架所需的材料。

2．安装过程

1）安装顺序。施工准备、技术交底、复核土建预留孔、预埋件、基础尺寸、设备吊装就位、水平度和标高的调整、卧式离心污泥浓缩脱水机系统安装、地脚螺栓灌浆。

2）复核基础土建预留孔、预埋件、基础尺寸。在安装前测量卧式离心污泥浓缩脱水机系统设备预留孔、预埋件、基础尺寸，检查土建与卧式离心污泥浓缩脱水机系统设备尺寸是否相符，如果相符可进行安装，若不相符要按照卧式离心污泥浓缩脱水机系统设备实际尺寸进行调整。

3）卧式离心污泥浓缩脱水机系统设备的安装位置与高程应符合图纸和技术规定，基础实施后要求平整坚实，并对污泥输送设备的轴心位置进行测量放线。

4）用人工配合吊机、大卡车将卧式离心污泥浓缩脱水机设备倒运至安装位置，然后利用手拉葫芦、滚筒将污泥输送设备就位。

5）卧式离心污泥浓缩脱水机就位后，先进行找正调平，调整污泥输送设备的坐标与高程。卧式离心污泥浓缩脱水机设备安装偏差应满足下列规定：相对于建筑物轴线的允许偏差为±10 mm；相对于设备平面位置的允许偏差为±5 mm；相对于设备标高的允许偏差为±20 mm。

3．安装技术特征

1）卧式离心污泥浓缩脱水机系统安装于混凝土基础上，利用地脚螺栓进行固定。在安装前应按照卧式离心污泥浓缩脱水机设备说明书上表示的安装尺寸来检查基础预留螺栓孔。

2）按照卧式离心污泥浓缩脱水机系统设备定位图进行基础放线和对安装基础面进行处理，应有比较平整的安装面。基础处理采用“凿平”的方法，利用 0.1‰的水平尺检查其水平度。

3）基础处理完后，按照运输方案将脱水机设备吊装就位，以机体的支腿底面为基准面，然后进行机体的水平度和标高的粗调、精调，达不到要求的利用“垫铁”进行调整。

4）调整完毕后，对地脚螺栓进行灌浆，在混凝土养护期满后进行精调，达到要求后将地脚螺栓收紧，然后将“垫铁”点焊为一体，最后进行二次灌浆，其混凝土强度等级应比原混凝土基础高出一个等级，并保证灌浆材料密实。

（二）脱水污泥输送设备安装

1．安装前的准备工作

（1）基础检查

参照污泥输送设备设计施工安装图要求，基础土建尺寸和预埋尺寸应符合设备安装要求，否则不能进行安装。

（2）设备检查

污泥输送设备到达用户安装现场后，请勿随意打开或拆卸包装，应按以下原则进行。交接过程中，所有相关责任方代表应齐全，否则不能进行设备交接。按设备的发运清单对设备名称、零部件名称、数量、运输架、包装箱，依次开箱验货。

由于此设备属于大型设备，在运输过程中难免会出现变形情况，因此，在安装前应对所有安装零件进行尺寸审查（可在安装过程中进行此项工作），其主要是核实有无变形、缺失、锈蚀等情况发生。以上检查对本机的安装、运行无影响时方可安装。

（3）基本工具准备

设备现场安装，工具十分重要，它直接影响到设备安装的质量和进度，应注意以下所需工具材料。

1）电焊焊接用全套工具与测量用工具（钢板尺、30 m 卷尺、水平尺、经纬仪、全站仪、罗盘、铅锤、弹线、吊线、石笔等）。

2）装配钳工工具。起重工具（吊车、吊葫芦、钢丝绳、麻绳等），安装中塔支撑架所需的材料。

2．安装过程

1）安装前，先对污泥输送设备基础进行测量放线，确定基础几何坐标尺寸及高程点，并对污泥输送设备的轴心位置进行测量放线。

2）用人工配合吊机、大卡车将污泥输送设备倒运至安装位置，然后利用手拉葫芦、滚筒将污泥输送设备就位。

3）污泥输送设备就位后，先进行找正、调平，调整污泥输送设备的坐标与高程。污泥输送设备安装偏差应满足下列规定：相对于建筑物轴线的允许偏差为±10 mm；相对于设备平面位置的允许偏差为±5 mm；相对于设备标高的允许偏差为±5 mm。

4）以污泥输送设备机体的支腿底面为基准面，对机体的水平度和标高进行粗调、精调，达不到要求的利用“垫铁”进行调整。调整至安装允许偏差内，即对地脚螺栓进行灌浆，在混凝土养护期满后进行精调，达到要求后将地脚螺栓收紧，然后将“垫铁”点焊为一体，最后进行二次灌浆（其混凝土强度等级应比原混凝土基础高出一个等级，并保证灌浆材料密实）。

（三）搅拌、配药系统设备安装

1．立式桨叶搅拌机安装

1）机械搅拌设备均为非标设备，型号各异，因此设备安装前应仔细核对设计图纸，检查搅拌设备的型号和安装尺寸。

2）人工配合吊机、大卡车将立式桨叶搅拌机倒运至安装位置，然后利用手拉葫芦、滚筒将设备就位，然后进行找正、调平，调整污泥输送设备的坐标与高程。

3）立式桨叶搅拌机各部件的安装、固定螺栓的安装严格按照设计图纸和厂家的安装说明资料进行。

4）立式桨叶搅拌机的安装必须符合其对空间尺寸的要求，包括下伸装置工作引起的桨叶转动所需的空间。放置立式桨叶搅拌机的地方必须能够容纳适当起重能力的起吊设备的活动空间，不允许立式桨叶搅拌机受其他机械负荷的作用。

5）立式桨叶搅拌机安装时应注意对称设置，以保证运转时受力均匀，且不发生任何碰撞和摩擦。其中，桨叶下摆摆动量不超过 1.5 mm，桨叶对轴线垂直度为 4‰，且不超过 5 mm。

2．配药系统设备安装

（1）配药池

配药池体可采用砖砌或钢筋混凝土浇筑，为防止所溶药剂的腐蚀作用，池内壁均需作防腐处理。如采用混凝土浇筑池体，在冲溶固体混凝剂时，释放的大量热量会影响池体结构强度，此种情况下配药池还需采用耐热、耐腐蚀的内衬材料。

池底坡度应不小于 2%，以便排渣和放空。出液管、排渣管及其他穿过池体的管道应预埋或采用其他固定措施，防止连接管道时受力松动；管道与池体相交部分的防腐处理应特别仔细认真。

（2）贮药池和储水池

贮药池和储水池可采用配药池的施工方法，也可采用 PVC-U 硬板、玻璃钢焊接或粘结制作，周围设立工作台。

（3）泵混合投加

当采用水泵混合时，药剂投加在泵的前吸水管或喇叭口处，为防止空气进入水泵吸水管，必须在投药管处设置一个装有浮球阀的水封箱。另外，加药管上应设置调节阀，控制泵的流量与投加量相当，以防止浮球阀来不及补充相应水流量而造成进气吸空。

（4）加药泵

加药泵多采用耐腐蚀的隔膜式加药泵或螺杆加药泵，通过调速或调行程调节流量。加药泵的吸口处必须装有有效防止杂质进入泵体的装置，如滤清器；吸液管路不得出现气囊，吸液扬程不允许大于 3 m，且吸液处最好设置液位恒定装置，以保证加药泵流量不受液位变化影响。为保证投药均匀，减缓加药泵流量的波动，应该在出流管上设置阻尼器。为防止投药管道堵塞、引起管内压力升高、使管道和加药泵遭到破坏，在出流管上应设置安全阀。

第六节 附属工艺管道安装

环保设备一般是用于废气、污水等经收集后集中处理的终端设备，其投产运营的去污效果依赖于附属工艺管道安装的质量。室外工艺管道一般在机械设备安装前施工，室内工艺管道一般在机械设备安装之后施工。

一、管道安装基础准备

（一）技术与现场准备

（1）组织施工人员熟悉施工图纸，认真学习研究设计意图和施工要求，结合工程特点和《工业金属管道工程施工及验收规范》（GB 50235—97）、《现场设备、工业管道焊接工程施工及验收规范》（GB 50236—98）、《给水排水管道工程施工及验收规范》（GB 50268—97）、《建筑给水排水及采暖工程施工及验收规范》（GB 50242—2002）等的要求进行技术交底。

（2）按照场地内的测量控制点进行复测，复核无误后建立工程测量控制网，对工程进行点线相结合的测量控制。

（3）进行施工放线测量，定出管道中线及检查井位置，并定出水准点作为整个工程的控制点。每次测量均要闭合，严格控制闭合误差。

（4）落实材料和施工工具的进场工作，并对各种管材进行外观质量及尺寸公差的检查，发现有质量问题的要经过修补后才能使用。

（5）对于埋设要求深、距离长、管径大的管道铺设安装，在施工前要查阅相关的图纸资料并采取“挖探”或“斜探”的方法查找施工相关的地下情况。特别要防止损伤通信电缆、自来水管线等事故发生。

（二）施工测量

在整个工程施工前，将对工程所提供的永久控制点、水准控制点进行检查和校正，同时布设工程施工所必需的控制点，以满足施工的需要。整个布设工作将由两个测量小组分别从两边同时进行，布设附合导线点和附合水准点。

1）考虑地形条件、交通条件等影响，通过布设不同附合导线作为施工控制线来加快施工控制点的布设。

2）附合导线控制点尽可能布设在路线两侧，便于测角、测距；保持高差大致相等，便于施工控制放样，并且能够长期保存。附合导线的形状尽可能布设成直伸导线，且各导线点的边长大致相等，以减少因边长不等而带来的误差。

3）附合水准测量，以水准仪控制水准控制点距离长度为起点，闭合于水准控制点。在测量过程中将联测到永久控制点和辅助埋基点上，以校对和检查各个埋基点的高程。埋基点的位置选择在坡度较小、能长期保存且紧固的地方，便于施工中的水准控制。

（三）施工放样

施工放样是以工程师批准和认可的设计图纸为准，在实地测设路线的平面位置、高程和边界。

1）在进行任何管线施工之前，测量人员将首先在实地上准确并用明显的标志桩标明清理范围，为后续的施工提供安全保障。另外，由设计图纸尺寸以及开挖坡度和底高程计算出开挖边线的位置。

2）管线施工前，依据管中心的坐标值，采用电磁波全站仪用坐标法或极坐标法放样施工管线的中心线、地界桩、边桩等，并打入标桩，放样误差控制在 3 cm 范围内。在距离中心线 50 m 安全的地带设置控制桩，桩上标明桩号与管中心的挖填高程。

3）开挖完成后，对开挖后的底高程、开挖坡度进行检查，欠挖范围控制在 5 mm，超挖范围控制在 20 mm。对于超出允许范围的地方通知施工队予以修正，使其符合设计规范要求。

（四）沟槽开挖

沟槽开挖是在管道测量之后、管道安装之前的工作，沟槽开挖质量的好坏直接影响到管道安装的质量和进度，同时也影响到管道安装人员的安全。

1）沟槽开挖采用机械挖土与人力找平相结合的挖土方式，使用水准仪做好挖深的控制，其深度由设计而定。开挖管坑前，以桩点放线为基准，用白灰洒在管中线或边线上控制沟槽开挖，不允许破坏槽底原装土，原则上要求平、顺、直。

2）遇到与设计图纸要求不相符的地形或地质情况时，应立即通知现场监理或设计人员，并按修改好的设计要求执行。

3）开挖沟槽前，先要确定沟槽的断面形式以及是否需要支撑，当有地下水时，还应考虑沟槽排水或降低地下水位的措施。

4）挖掘处的土不能紧靠沟边堆放，至少应离开 1.2 m，且堆放高度不应超过 1.5 m，要做到第一时间把余土运走。

（五）支架准备

环保设备除了废气、污水收集前的管道安装，还有工艺设备间的附属管道安装，后者安装前先预制好管支架，然后才能开始管线连接。

1）安装各种支架时，做到安装平正、位置正确、焊接牢固、各部尺寸符合设计要求。埋设支架用水泥砂浆填实、找平。

2）安装活动支架或吊架时，按设计规定预先留出与管道膨胀相反方向的偏斜，并保证尺寸准确。当支架位移时，不损坏管道的保温层。

3）固定支架安装：固定支架按设计要求安装，并在补偿器预拉伸之前固定。设备安装挡板和角板安装正直，与管子接触面吻合；挡板的立面与管子中心线垂直，角板的竖向中心通过管子的圆心。角板末端距管道的横向焊缝不小于 50 mm，不得焊在纵向焊缝上。

4）导向支架或滑动支架的滑动面洁净平整，无歪斜和卡涩现象。

二、金属与非金属管道的安装

由于环保设备运行的特殊环境，其常用的管道按材质不同主要分为金属和非金属管道，不同材质的管道其安装方法也不尽相同。本节以污水处理厂为基础，简要介绍管道的安装工作。

（一）一般程序

1．下管

把管子从地面放到挖好的、已做基础的沟槽内或已焊接好的支架上称为下管。管子吊下沟槽后，缓慢将管子放在与沟槽下管子对口就位，再精准测量管子的标高是否符合要求，再回填土或石屑进行固定。管道在支架上安装时，及时固定和调整支架位置，使支架位置准确，安装平整牢固，与管子接触紧密。焊接做到无漏焊、欠焊或焊接裂纹等缺陷。管道与支架焊接时，管子无咬边、烧穿等现象。

2．稳管

1）稳管是将管子按设计的平面位置和高程稳定在地基或基础上。铺设管道时，承插管的承口应朝来水方向，以防管内水压力对接口的冲击。

2）稳管时控制中心和高程是十分重要的，也是检查验收的主要项目。

3．位置控制

位置控制即管中心控制，为使之与设计要求一致，在施工中有以下方法：

1）中心线法。在连接两块坡度版的中心点之间的中心线上挂一垂球，当垂球线通过水平尺的中心线时，表示管子已对中。

2）过线法。把坡度板上的中心钉移至一侧的相等距离，以控制管子水平直径处外皮与边线间的距离为一常数，则管道即处于中心位置。

特定污水处理设备附属管线安装位置的基准如下：鼓风机房的管线以鼓风机的轴线为基准；洗砂间的管线以洗砂机的轴线为基准；沉砂池的管线以池轴线为基准；脱水机房的管线以脱水机的轴线为基准；溶药设备的管线以溶药设备的轴线为基准；污泥泵的管线以污泥泵的轴线为基准。

4．高程控制

1）控制两相邻间管道段的两端的高程，使之与设计高程相符，则管道各点高程必须符合要求，误差小于 3 mm。

2）管道高程控制是利用坡度板上的高程钉，两高程钉点之间的连线即为管底坡度的平行线。该高程线任何一点到下部的垂直距离称为下反数，利用高程尺上不同下反数控制其各步高程。

（二）金属管道安装

1．金属管道运输

金属管道运输时采用专用车辆，在管与管之间垫麻袋片以确保防腐绝缘层不被破坏。

2．金属管道除锈、防腐

金属管道除锈、防腐在预制厂进行，采用喷砂除锈，防腐由专业防腐队操作。

3．进场检验

1）防腐层的检查。防腐层外观要求表面平整光亮、无褶皱和鼓包，玻璃布网眼为面漆灌满。

2）厚度用测厚仪检测。

3）绝缘用电火花检漏仪检测，普通级检测电压为 2 000 V，加强级检测电压为 3 000 V，以不打火花为合格。

4）黏结力检测在防腐层固化后进行。

4．金属管道焊接

（1）下管

下管前核测高程及中心，用的钢丝绳外套加厚胶皮管，以保护外部防腐绝缘层。

（2）对口

工序流程：检查管子对口接头尺寸→清扫管膛→确定管子纵向焊缝错开位置→第一次管道找直→找对口间隙尺寸→对口、错口找平→第二次管道拉线找直→点焊。

管道对接焊口的组对做到内壁齐平，内壁错边量不超过壁厚的 10%，且不大于 2 mm。

对口时，两管纵向焊缝错开，纵向焊缝放在管道易于检修的位置，一般放在管道上半圆中心垂直线向左或向右45°处。

（3）管道焊接

金属管道连接采用电弧焊接。焊接所用焊条根据管道的材质及工作情况相应选用。焊条在保管和运输中，不得遭受损伤、玷污和潮湿。在使用前进行外观检查。点焊所用的焊条性能与焊接所用的相同；钢管的纵向焊缝（包括螺旋管焊缝）端部，不得进行点焊；点焊厚度与第一层焊接厚度相似。

1）管节焊接前先修口、清根，管端端面的坡口角度、钝边、间隙等修口各部尺寸符合相应规范规定。

2）不得在对口间隙夹焊条或用加热法缩小间隙施焊。

3）管道接口的焊接，考虑焊接操作顺序和方法，防止受热集中而产生内应力。多层焊接时，第一层焊缝根部均匀焊透，并不得烧穿；在焊接以后各层时，将前一层的熔渣全部清除干净。每层焊缝厚度一般为焊条直径的0.8～1.2倍。各层引弧点和熄弧点均错开。

4）在炎热天气，焊接钢管道的闭合接口时，选择在当天气温低的时候进行，以减少温度应力。

5）焊缝在外观上符合下列要求：焊缝表面光洁，宽窄均匀整齐，根部焊透。焊缝表面突出管皮的高度（加强面）在转动焊接时高度为1.5～2 mm，不大于管壁厚度的30%；在固定口焊接时高度为2～3 mm，不大于管壁厚度的40%；加强面的宽度，焊出坡口边缘2～3 mm。管壁厚度在10 mm以内时，“咬肉”的深度不大于0.5 mm，连续长度不大于25 mm；所有“咬肉”总长度不大于焊缝总长度的25%。

6）管道焊接完成后，焊口进行油渗试验，合格后进行防腐。

（4）金属管道螺纹连接及法兰连接

1）钢管采用螺纹连接时，管节的切口断面平整，偏差不超过一扣，丝扣光洁不得有毛刺、乱丝、断丝，缺丝总长不超过丝扣全长的10%。接口紧固后露出2～3扣螺纹。

2）管道法兰连接：法兰接口平行度允许偏差为法兰外径的1.5%，且不大于2 mm；螺孔中心允许偏差为孔径的5%；使用相同规格的螺栓，安装方向一致，螺栓对称紧固，紧固好的螺栓露出螺母之外。与法兰接口两侧相邻的第一至第二个刚性接口或焊接接口，待法兰螺栓紧固后方可施工。

（三）非金属管道（UPVC）安装

1．管材检查

1）施工所使用的硬聚氯乙烯给水管管材、管件分别符合《给水用硬聚氯乙烯管材》

（GB 10002.1—88）、《给水用硬聚氯乙烯管件》（GB 10002.2—88）的要求。如发现有损坏、变形、变质迹象或其存放超过规定期限时，使用前进行抽样鉴定。管材插口与承口的工作面表面平整、尺寸准确，既要保证安装时插入容易，又要保证接口的密封性能。

2）管道采用黏接连接，当发现所选用的黏接剂沉淀、结块时，不得使用。

2．管材及配件的运输及堆放

1）硬聚氯乙烯管材及配件在运输、装卸及堆放过程中严禁抛扔或激烈碰撞，避免阳光曝晒以防变形和老化。

2）硬聚氯乙烯管材、配件堆放时放平、垫实，堆放高度不超过 1.5m；对于承插式管材、配件堆放时，相邻两层管材的承口相互倒置并让出承口部位，以免承口承受集中荷载。

3）当管材出厂时配套使用的橡胶圈已放入承口内时，不必取出保存，设置专人负责保管，采取措施防止橡胶圈遗失。

3．管道安装

（1）管道的一般铺设过程

管材铺设→接口→试压。UPVC 管接口采用黏结接口。

（2）清理

管材或管件在黏合前，用棉纱或干布将承口内侧和插口外侧用 UPVC 管清洁剂擦拭干净，使被黏结面保持清洁，无尘砂与水迹。当表面沾有油污时，用棉纱蘸丙酮等清洁剂擦净。

（3）黏接

1）管道黏接在不低于 5℃时进行，当温度高于 25℃时，黏接时间约 4 min，温度更高时，黏接时间相应缩短。

2）黏接前将两管试插一次，使插入深度及配合情况符合要求，并用胶布或划线在插入端表面划出插入承口深度的标线。

3）用毛刷将黏接剂涂刷均匀、迅速涂刷在插口外侧及承口内侧结合面上时，保持与接头轴向平行避免产生气泡。黏接剂先涂承口，后涂插口，宜轴向涂刷，涂刷均匀适量。每个接口黏接剂用量详见管材配套黏接剂使用说明书。

4）承插口涂刷黏接剂后，立即找正方向将管端插入承口，用力挤压，通过轴向推动黏合，使管端插入的深度至所划标线，并保证承插接口的直度和接口位置正确，同时必须保持所规定的时间，以防止接口脱滑。

三、管道的试压与冲洗

空气管按设计要求进行强度及严密性试验，其他管路进行压力试验。

（一）管道试压

1．金属管道试压

1）根据管道输送的介质（空气、污泥、进水）不同，故各种管道的试验压力不同，采用的试验介质不同。

2）各种管道试验操作方法参照《工业金属管道工程施工及验收规范》（GB 50235—97）。水压试验采用厂区临时上水；气压试验采用空压机供气。

2．UPVC 管试压

（1）准备工作

1）UPVC 管管线接头巩固防护：管段试压时，在弯头和接头处巩固加以防护，防止试压后发生移动。

2）对管道、节点、接口、支墩等其他附属构筑物的外观进行认真的检查，并根据设计用水准仪检查管道能否正常排气及放水。

3）对试压设备、压力表、放气管及进水管等设施加以检查，保证试压系统的严密性及其功能。同时对管端堵板、弯头及三通等处支撑的牢固性进行认真检查。

（2）试验

1）缓慢地向试压管道中注水，同时排出管道内的空气。管道充满水后，在无压情况下至少保持 12 h。

2）进行管道严密性试验，将管内水加压到 0.35 MPa，并保持 2 h。检查各部位是否有渗漏或其他不正常现象。为保持管内压力可向管内补水。

3）严密性试验合格后进行强度试验，按要求管内试验压力保持试压 2 h 或满足设计的特殊要求。每当压力降落 0.02 MPa 时，则向管内补水。为保持管内压力所增补的水为漏水量的计算值。根据有无异常和漏水量来判断强度试验的结果。

4）试验后，将管道内的水放出。

（3）试验检验规定

1）严密性试验。在严密性试验时，若在 2 h 中无渗漏现象为合格。

2）强度试验。在强度试验时，若漏水量不超过所规定的允许值，则试验管段承受了强度试验。每公里管段允许漏水量为 0.2～0.24 L/min。

3）对于黏接连接的管道在安装完毕 48 h 后才能进行试压。

4）试压管段上的三通、弯头特别是管端的盖堵的支撑要有足够的稳定性。对于采用混凝土结构的止推块，试验前要有充分的凝固时间，使其达到额定的抗压强度。

5）试压时，向管道注水同时要排掉管道内的空气，水慢慢进入管道，以防发生气锤或水锤。

（二）管道冲洗

（1）水冲洗管线

管道试压合格后，竣工验收前进行管道冲洗。冲洗时以流速不小于 1.0 m/s 的冲洗水连续冲洗，直至出水口处浊度、色度与入水口处冲洗水浊度、色度相同为止。

（2）气冲洗管线

管道严密性、强度试验合格后，进行管道冲洗。吹洗风速及标准符合安装技术文件规定。吹洗时请甲方做隐蔽验收，验收合格后进行保护，防止杂物进入管内。

第七节　安装应急措施

环保设备的安装工程存在风险是必然的，工程风险主要由风险因素、风险事故和风险损失组成。其中风险事故主要有自然灾害和意外事故，为体现以人为本的原则，必须制定详细的应急措施并随时随地做好准备，以防万一。

一、紧急应变处理程序

1．警报鸣响

1）当听到警报声响 10 s 后，相关人员以最快的速度，通过广播、电话等通报警报原因，以便采取防范措施。

2）紧急情况下，任何启动警报的人员都应通知最近处的当值警卫，说明事件缘由，由当值警卫或部门负责人决定鸣响警报，同时报告危急中心人事部，并在其协助下启动警报。

3）警报鸣响后，安全与环保负责人要迅速到现场报到，听从指挥，处理事故；当值警卫要坚守职责，协助员工疏散；员工要听从指挥，服从安排，在部门负责人主管的带领下关闭设备和电源，按顺序疏散。

2．疏散

1）员工疏散顺序为施工现场人员、办公室职员、部门负责人、警卫。

2）疏散线路原则上为各员工上班的安全门，紧急情况下为最近的安全门；疏散时保持秩序，依次序安全逃生。

3．紧急救护

1）紧急救护由义务消防队的救护组负责。

2）窒息人员、轻度中毒者需要给以新鲜空气或输氧，并抬至空气通畅的上风处。

3）外伤人员要先清洗创伤部位，然后包扎止血处理。

4）烧伤人员严禁水洗，要防止创伤面扩大，应马上送医院进行治疗。

二、各级人员应变细则

1）事故发生现场的第一位目击者要以最快的速度告诉部门负责人，然后会同值班警卫迅速向危机报告中心报告意外事故发生的地点、简要原因、严重程度等。

2）相关人员要迅速通报项目负责人，安全与环保负责人要以最快的速度决定是否拉响警报或向外求援，同时人事部要迅速准备，用广播将上述情况通知有关部门负责人做好应急措施，并召集有关人员到场。

3）各时段执勤警卫要迅速到达出事地点，布置警戒线，保护现场，疏导员工撤离现场。

4）安全与环保负责人、工程师接到警报后，先组织好人员处理相关设备，并在部门负责人的帮助下了解事态发展情况，组织所属部门员工安全撤离现场，必要时采取措施进行人员与设备的抢救。

5）员工必须到达指定地点集合，并等候安全部门人员到场做进一步指示。办公室和安全部门按照各部门负责人所提供的值日人数及访客资料登记，记录疏散人数并确定是否有失踪人员，如发生伤亡或失踪事件时，须登记有关人员资料。

三、事故后的检讨

1）事故发生后，安全部门召开会议，安全负责人提交改正措施，检讨有关事宜，并记录在安全会议记录上。

2）安全部门全体成员研讨，修改有关施工安全方面的计划、程序等，以杜绝此类事件的再次发生。

思考题

一、举例说明环保设备安装的一般程序。

二、举例说明常规水处理设备、大气等设备安装需注意的问题。

三、举例说明环保设备安装过程可能会出现的风险及相对应急措施。

第六章　环保设备工程的调试

第一节　工程调试概述

一、工程调试的目的

环保设备工程调试是环保设备工程建设的重要阶段，是检验该环保设备工程前期设计、施工、安装等工程质量的重要环节，也是使各类污染物经处理后达标排放的技术保证。

环保设备工程调试是其安装后能否投入正常运行所进行的必要检验，在不同的调试阶段其目的不同。在单机调试阶段主要是为了检查设备安装质量及设备相关功能；在联动调试阶段主要是为了考核各安装设备的机械性能及其附属设备、电气、仪表、自控及化验分析等在联动条件下能否高效、稳定运行，满足设计要求。

二、调试程序

一般环保设备工程的调试程序包括以下几方面：调试组织的建立、调试条件的确认、调试大纲的撰写、单机调试、联动调试、带负荷调试、调试报告的撰写。

（一）调试组织的建立

成立必要的调试组织，确定领导人员和组织分工，研究调试的方法和具体步骤，明确调试组织内成员的任务和要求。

（二）调试条件的确认

1．需要确认的调试条件

1）项目施工工作已经结束，记录完整，验收合格，调试运行必需的临时设施完备。分系统调试应按系统对设备、电气、仪控等全部项目进行检查验收合格。

2）调试方案、措施、专用记录表格准备齐全。

3）现场环境满足安全工作需要。

4）组织落实、人员到位、职责分明。

5）调试仪器、设备准备完毕，能满足调试要求。

2．调试前的准备

设备安装完工后，按单体调试、局部调试和系统联合试运转三个步骤进行。设备联调的主要工作是按图纸检查各构筑物的工程质量；各机械设备、仪表、阀件是否满足设计或环保工程生产工艺要求；各处理单元及连接管段流量的匹配情况；自动控制系统是否灵敏可靠；检查设备有无异常现象和噪声。

1）电气系统：检查控制柜配电是否正确，接线是否牢固；供电电源是否符合安装条件要求；检查地线是否接妥。

2）设备部分：检查各设备管路是否连接好，检查所有连接紧固螺钉是否松动，各元器件连接是否良好。

3）通电前，检查面板上所有的按钮是否都处于关闭（OFF）状态。

4）开机前，检查各手动阀在正确状态，才能开机。

5）检查各设备的构筑物及设备的放空阀门，使之全部关闭，各构筑物及设备的主管线的进水阀门、出水阀门全部打开，所有机泵、风机的进出管的阀门全部打开；用清水将设备及管道的油污、泥土、渣等污物清洗干净。

6）操作工认真读工艺原理图、主要设备的使用说明书，牢记设备操作程序，了解可能出现的故障及排除方法。

7）备好取样瓶、溶氧仪、pH 计、电流表等相关的仪器、仪表。

8）将所有阀门及动力设备挂上硬纸牌，标明其名称及功能。

（三）调试大纲的撰写

调试大纲的撰写一般包括：总说明、调试组织、各项准备、调试方案、进度计划、配合计划、安全措施等。

（四）单机调试

单机调试是指设备在未安装时或安装工作结束而未与系统连接时，按照环保设备施工及验收技术规范的要求，为确认其是否符合产品出厂标准和满足实际使用条件而进行的单机试运行或单体调试工作。

1．各类设备的调试

在整个系统设备联动试运行调试前，必须进行各单体设备进行功能调试、单机调试，检查设备安装是否满足要求，包括相关电气安装、控制箱、管道阀门等配套设施是否合乎要求，并填写相关验收记录。

经验收合格后，进行功能调试，即空载试验；试车成功，经相关人员确认后进入单机调试，即负载试验。如果发现问题，应找出原因，现场修复或调换至设备运行完全正常为止。

2．各类构筑物的调试

1）检查构筑物外观和尺寸是否符合设计图纸；

2）检查构筑物内清洁情况；

3）检查构筑物内各设备安装位置是否与设计图纸一致；

4）检查该构筑物的土建验收文件，是否验收合格；

5）通水（或通气）进行试压、试漏；

6）如构筑物试压、试漏无问题，做好记录后可投入使用。

（五）联动调试

联动调试是指对各工艺、机械、电气、仪表等专业的处理设施设备，进行带负荷联动试车，验证系统的安全可靠性。

在单体调试符合设计要求的基础上，按设计工艺设备的顺序和设计参数及生产要求，将所有单体设备和构筑物连续性地依次从头到尾进行联动试车。联动试车调试流程按设计图纸进行，进一步考核各设备的机械性能和设备的安装质量并检查设备、电气、仪表、自控及化验分析等在联动条件下的工作状况，能否满足工艺要求。若运行正常，经确认后则可进入正常运行；如发现问题，须找出原因并现场修复至其运行完全正常为止。

（六）带负荷调试

带负荷调试是指环保设备在通水或通气的状态下，保持一定的设备运行负荷，继续考核设备在有负荷下的运转情况，为满负荷生产做好技术、管理和操作准备；同时，使设备经历轻负荷到正常负荷的“跑合”过程，也是检验设备有负荷情况下的制造、安装质量以及暴露出各类问题和解决问题的过程；从人员方面讲，是管理者、操作员、巡检工和岗位工熟悉、提高操作技能的过程；从生产技术讲，通过此阶段调试，对此系统内所有的机械设备、电气设备、自动化控制设备的生产稳定性和安全性进行初步校核。

（七）调试报告的撰写

调试报告是调试阶段的总结性技术文件。它反映调试对象经调试后的技术参数状况，是评价被调试的装置能否投入正常运行的依据，是以后运行维修的重要参考技术资料。

调试报告的内容如下：

1）总说明：调试报告开始部分应对被调试装置的功能、在工艺系统中的作用、工作原理等作扼要说明，使读者能够对该项调试工作有一个总体的了解。

2）主要调试项目以及所采用的技术标准：调试项目要按照调试大纲的技术规范以及产品出厂说明书指定的项目进行。

3）调试中采用的工艺原理图，以及测试原理说明：使人明白测试的正确性和实施的具体方法，对调试中出现的问题、处置方法、最后效果，都应给予如实的说明。

4）调试中使用的仪器仪表清单：这是用以说明调试工作结果准确性和可靠性的程度。只有在调试施工中使用合格的仪器仪表才能保证测试结果准确可靠，给人可信的结论。

5）调试数据结果评述：结合调试施工检测的数据，按所设计装置或系统应具备的性能，评述装置或工艺系统满足设计要求的程度，给出装置能否投入正常运行的结论。同时还应说明，为满足设计要求，调试中所采用的特殊技术措施及运行中应注意的事项。

6）调试报告的附件：对于工艺系统调试报告，除系统调试（或试运行）记录外，还应附有系统内所有单体装置的调试记录，作为调试报告的一部分，以保证系统调试资料的完整。

第二节 单机调试

在整个环保设备系统调试前，必须进行各单体设备的试车，检查设备安装是否满足要求，包括相关电气安装、控制箱、管道阀门等配套设施是否合乎要求，并填写相关验收记录。经验收合格后，进行单机无负荷点动试车，即空载试验；试车成功，经相关人员确认后进入单机带负荷试车，即负载试验。

一、试验准备

1）准备好试验需要的所有有关的操作及维护手册、备件和专用工具、临时材料及设备。

2）检查和清洁各设备，清除管道和构筑物中的杂物；依照厂商说明润滑设备。

3）在手动位置检查各设备电机转动方向是否正确；在手动位置操作阀门全开或全闭，检查并设定限位开关位置是否有阻碍情况。

4）检查用电设备的供电电压是否正常。

5）检查所有设备的控制回路。

6）制定相应的试验、试车计划，准备相应的测试表格，并报请建设单位、监理工程师、厂商代表的批准。

二、功能调试（空载试验）

1）在建设单位、监理工程师、厂商代表同意的情况下开始试验。

2）在建设单位、监理工程师都出席的情况下进行功能试验，直到每个独立的系统都能按有关方面规定的时间连续正常运行，达到生产厂商关于设备安装及调节的要求为止。并以书面形式表明所有的设备系统都可以正常运转使用，系统及子系统都能实现其预定的功能。

3）空载试验首先保证电气设备的正常运行，并对设备的振动、声响、工作电流、电压、转速、温度、润滑冷却系统进行监视和测量，做好记录。

三、单机调试（负载试验）

1）设备或系统符合功能试验要求后，在建设单位、监理工程师、厂商代表同意时，在建设单位、监理工程师都出席的情况下进行荷载调试开始单机调试。

2）开启设备润滑系统和冷却系统，并随时观察运行状态。

3）在润滑、冷却系统工作正常后，开启设备进行全面试验。试验中要检查核实仪表的标准；工作电流稳定情况；控制环路的功能是否完善；系统功能以及是否有液体泄漏等情况，并以书面形式进行记录。

4）负载调试直到每台设备正常连续运转规定时间且达到生产厂商关于设备安装及调试的要求为止。

5）单机调试结束后，断开电源和其他动力源；消除压力和负荷，例如放水、放气；检查设备有无异常变化，检查各处紧固件；安装好因调试而预留未装的或调试时拆下的部件和附属装置；整理记录、填写调试报告，清理现场。

第三节　联动试运行

在单体调试符合设计要求的基础上，按设计工艺的顺序和设计参数及生产要求，将所有单体设备和构筑物连续性地依次从头到尾进行联动试车。联动试运行的工作主要包括联动试运行前的准备、联动试运行的组织与实施、联动试运行及安全措施。

一、联动试运行前的准备

1）设备安装施工完毕，相关的单机试验（含空载和负载试验）进行完毕并符合设计要求、性能良好，附属构筑物经有关方面验收并合格。

2）施工过程中管线的封堵应拆除完毕；各参与运行的管线及构筑物应清理、吹洗干净，不允许有方木、大板、塑料布等杂物；施工临时电闸箱、电焊机等施工机具应运行正常，不能影响试运行的正常进行。

3）各种闸、阀的密封严密，开启灵活；对全厂的闸门做完漏水量试验，漏水量符合标准。

4）各种电气开关、按钮操作灵活，各种功能符合规范要求。

5）对各构筑物泄空闸门及管道通畅与否进行检查。当构筑物灌水到设计水位后开启泄空管道上的浆液阀，检查泄空管道是否畅通与阀门是否严密，如有问题，应及时修理。

6）成立试运行领导小组，组织以设备安装、电气、仪表技术工种为骨干的试运行值班队伍，并进行班前技术安全交底。成立抢修小组，配备专业工人（机修工、管工、电工、壮工），准备随时应对运行中出现的问题。

7）备齐试运行中所需的各种测试仪器，并经校验，制定相应的记录表格。

8）为保护各种设备，确保清水试运行的顺利进行，组织警卫人员 24 h 现场巡逻值班，对总变电室实行凭证出入。

二、联动试运行的组织与实施

（一）组织机构

成立联动试运行领导小组，由业主、监理单位、设计单位、施工单位、必要设备的厂商参加，由施工单位项目部具体组织实施。试运行领导小组组织结构要合理，不同专业要搭配合理，责任到人。另外，领导小组成员不仅要按学科专业分，还要将各大型设备、构筑物落实到人。一般组织机构如下：

设组长 1 人，副组长若干名，土建专业负责人、工艺设备负责人、电气专业负责人、自控仪表负责人等。

（二）试运行计划实施

联动试运行是对于设备正式运行的模拟试验，其作用是提前发现设备运行过程中的各种问题，妥善加以解决，为确保设备正常、稳定、高效运行创造条件。

为了确保设备联动试运行的顺利开展，须制订试运行计划，确定工作安排的开始时间和结束时间、参加试运行各设备或构筑物的数量和位置、设备运行正常的评价指标等，然后报请建设单位、监理工程师、厂商代表的批准。在建设单位、监理工程师、厂商代表同意时开始执行试运行计划。

三、联动试运行

设备联动试运行的目的是进一步考核各设备的机械性能和设备的安装质量，并检查设备、电气、仪表、自控及化验分析等在联动条件下的工作状况，能否满足工艺要求。

1．设备联动试运行开始的基本外部条件

1）单体设备相关的功能试验（含空载和负载试验）完成，有问题的设备经检修或更换已合格。

2）高压配电室内变压器均已投入正式运行，供电能力满足试车负荷条件。

3）调试人员经过充分的培训，熟悉各类设备及工艺，对设备的性能及调试方法已基本掌握，各类操作程序已初步建立。

4）相关设备的厂商或供应商、服务专家到场。

2．联动试运行的一般步骤

1）根据设计图纸先将各主要设备、构筑物根据其功能要求进料。

2）按工艺设备顺序开启各连接的闸阀，依次启动各种设备，调整不同设备的开启时间、数量，检测其运行状况。

3）整个设备系统运行稳定后，进入运行各项测试项目。

四、联动试运行的安全措施

为确保运行设备的安全及参与运行人员的人身安全制定以下安全措施：

1）成立试运行领导小组，指挥整个联动试运行工作并对试运行安全工作负责。

2）参加试运行的各设备、电气、仪表安装单位负责人要认真组织操作人员进行运行方案的学习、安全教育和组织技术交底，全体操作人员应听从统一指挥，发现问题及时上报。

3）各设备由专业人员操作，未经授权不得擅自操作。闲杂人员未经允许，不得进入运行区。

4）各单位应派出专业人员参加值班，专岗专人，所有值班人员不得擅自离开岗位，交接班双方应交代清楚确认无其他问题方可下班。

5）对现场施工的临时设施及管线构筑物内进行清理，现场不得有与试运行无关的物品。

6）操作人员必须配备安全防护用具，且不得在工作时间饮酒。

7）遇到突发情况由联动试运行领导小组负责协调解决，严禁私自决定，擅自处理。

第四节 生化处理设备的培菌与启动

生化处理设备的培菌与启动是相关环保设备安装完成后调试运行的重要环节，关乎设备能否满足设计要求并实现高效运转，主要发生在利用微生物技术降解污水、固废中相关污染物质的处理工艺设备中。本节以城市污水处理厂相关生化处理构筑物及设备为例，介绍培菌和启动。

一、生化处理设备的培菌

污水生化处理设备的培菌主要分为菌种的直接培养和菌种的直接驯化。其中，菌种的直接培养所得到的菌种适应性强、活性好，有机污染物的去除率高，耐污水的冲击力强，但人力、物力消耗大，培养的时间长，培养期间要求的水质条件高，培养基要求稳定；菌种的直接驯化则是通过大量投加同行业良性活性污泥，在最短的时间内达到中段水处理的正常运行，此法在驯化初期要求中段水质符合菌种的生长要求，但时间要求短，培养基条件域值范围大，人力、物力消耗大。

（一）菌种的直接培养

1．前期准备工作

（1）水质条件

充足的清水源，用以稀释污水培养基的浓度，水质要求好，且易于细菌生长的地表水，其中 COD_{Cr}＜1 800 mg/L、pH：6～9、B/C≥0.3、T≥20℃。

（2）基料

以人类粪便为基料，将基料投入回流池，通过回流泵回流至相关构筑物内，使其 BOD_5≥400 mg/L 为宜，并准备数量充足的备用粪便，准备二次投加，因不同浓度及种类的人粪便含水率和 BOD 均不同，所以根据实际情况现场分析，计算投加量和备用量，基料的购买及运输在 3 d 内完成。

（3）监测试验设备与药品

监测设备与药品主要有：DO 测定仪，pH、COD_{Cr}、BOD_5、SS 等各项指标的测定仪器、药品。另外还需要显微镜（400～1 000 倍）以及温度计、流速计、秒表等。

（4）药品

尿素 $CO(NH_2)_2$、磷肥 Na_3PO_4 储备充分；消泡剂（同时充分备好水力消泡设施）。

（5）构筑物设备性能检查

在菌种培训之前，必须检查各构筑物是否符合设计要求，构筑物内各种设备、电气、仪表是否安装就绪，并空载调试运行，合格且完全能够满足工艺调试要求后，方可进行菌种培养。

2．菌种培养步骤

1）在相关构筑物内注入清水，使液位达到工艺要求；

2）在污泥回流池内投入经人工筛选的人粪便，在最短时间内一次投满污泥回流池，根据计算数据将足量基料回流至相关构筑物内，并备有充足粪便二次投加。

3）当构筑物内混合液 BOD_5 达到 400 mg/L 以上时，启动曝气机，进行循环闷曝，此时温度要严格控制在 20℃以上。

4）当发现有絮体出现时，取样测 SV、SVI、MLSS 三项指标，并用高倍显微镜观察菌胶团结构。根据三项指标的数据及镜检结果，做出继续闷曝，循环闷曝或投加基料的决定，并据构筑物内的 BOD_5 数据，按 C∶N∶P=100∶5∶1 或 100∶8∶1 投加 N、P。

5）经一段时间后，当发现菌胶团结构及微生物群落复合工艺要求，细菌活性加强时，应进行水质指标变化的监测，即构筑物上清液 BOD_5、COD_{Cr}、pH 有降低趋势，同时应及时测定构筑物内溶解氧的分布是否满足微生物生长的要求。

6）有机物的分解及菌体的扩充改变了细菌的生长环境，主要表现为活性的降低，此时应加换清水。加换清水时，打开二沉池的出水系统，并继续投加基料。

7）经二次换水后，MLSS＞2 g/L、SV=20%～40%、SVI＜200 g/L 时镜检菌胶团数量多，原生动物（如肉足虫类、鞭毛虫类等）出现之后，后生动物也相继出现。

8）此阶段生化处理系统的菌种培养已形成，可以逐步放入污水进行菌种的驯化及设备的启动。

（二）菌种的直接驯化

1．前期准备工作

（1）水质条件

充足的清水源，用以稀释污水培养基的浓度；进入构筑物的污水应满足：COD_{Cr}＜1 200 mg/L、BOD_5≤500 mg/L、SS≤200 mg/L、pH=7～9、T≥20℃。

（2）基料

因在驯化期间，构筑物内菌种会因不适应和选择性而变异，使活性污泥有不良表现，甚至使活性污泥部分流失，需投加一定的基料，以提高混合液中 MLSS 的浓度，备用量体积应为直接培养体积的 1/3～1/2。

（3）菌种

同行业良性活性污泥浓度为 3%～4%，在最短的时间内（不超过 3 d）一次性投入构筑物内（运输期间死亡率不超过 20%），并及时投加备用量，使 MLSS 浓度＞2 g/L。

（4）消泡装置

水力消泡装置必须安装就位并有充足水源。

（5）监测试验及设备

监测设备与药品主要有：DO 测定仪，pH、COD_{Cr}、BOD_5、SS 等各项指标的测定仪器、药品。另外还需要配制及监测絮凝剂、助凝剂的仪器及药品、显微镜（400～1 000 倍）以及温度计、流速计、秒表等。

（6）构筑物设备性能的检测检查

格栅、集水池、纤维回收间、一沉池、加药房、清水加注等构筑物及附属物的设施、电气、仪表必须空载试运转合格后，方可进水进行工艺调试。

2．菌种驯化步骤

1）构筑物内注入适量满足要求的污水，加入基料，连续闷曝，使臭味消除。

2）将菌种通过回流池打入构筑物内（一次性使 MLSS＞2 g/L）。

3）连续小流量注入污水，并投加适量 N、P。

4）每小时一次监测细菌的活性及数量的变化状况，原生动物、后生动物的变化，污泥性能指标及二沉池出水水质指标。

5）根据镜检及污泥性能测试结果，确保污水进水量，可按 5%～10%的递增，污泥的老化、膨胀问题要及时解决。

6）驯化初期活性污泥要 100%回流，当 MLSS＞2 g/L 时应投加基料或 N、P 营养盐；N、P 的投加量应以混合液中 BOD_5 及 TN、TP 的含量为依据，按比例加；当 MLSS＞5 g/L 时，镜检微生物的活性，若量少活性差时，回流比可减少，但确保 MLSS＞2 g/L。

7）10～20 d 菌种驯化可以完成，经镜检合格后可 100%进污水。

8）驯化中，二沉池出水指标能反映污泥的性能，当 COD、BOD_5、氨氮、总磷等指标的去除率稳定达到 60%以上，pH 为 6～9；100 倍镜检见到菌胶团上百个，500 倍镜检均匀透明，边界清晰，相互连接；污泥性能维持在 MLSS=2～5 g/L、SVI≤180 mL/g、SV=15%～40%。以上各指标能长期稳定时，菌种驯化逐步成熟，并逐步进入良性循环状态。

二、生化处理设备的启动

当生化设备的培菌完成后，连续进水进行驯化，达到工艺要求后开始稳定进水运行，正式启动设备。设备启动后，其工作内容主要为日常维护设备达到正常运行状态，有效控制运行工艺指标，如若出现问题应及时解决。

（一）物理性质异常的分析控制方法

1．运行过程中污泥发白

（1）产生原因

1）缺少营养，丝状菌或固着型纤毛虫大量繁殖，菌胶团生长不良；

2）pH 过高或过低，引起丝状菌大量生长，污泥松散，体积偏大。

（2）解决办法

1）按营养配比调整进水负荷，氨氮滴加量，保持数日污泥颜色可以恢复。

2）调整进水 pH，保持曝气池 pH 在 6～8，长期保持 pH 范围才能有效防止污泥膨胀。

2．运行过程中污泥发黑

（1）产生原因

曝气池溶解氧过低，有机物厌氧分解释放出 H_2S，其与 Fe 作用生成 FeS。

（2）解决办法

增加供氧量或加大回流污泥，只要提高曝气池溶解氧，10 多个小时污泥将逐渐恢复正常。

3．污泥过滤困难或出水色度升高

（1）产生原因

缺乏营养或水温过低，污泥生长不良，大量污泥解絮。

（2）解决办法

增加负荷均衡营养，提高水温，改善污泥生长环境。

4．曝气池内产生大量气泡

（1）产生原因

进水负荷过高，冲击负荷较大，造成部分污泥分解并附着于气泡上使气泡发黏不易碎，因此水面积存大量气泡。

（2）解决办法

减少进水，稍微加大回流污泥量，稳定一段时间后气泡减少，系统逐渐正常。

5．曝气池产生茶色或灰色泡沫

（1）产生原因

污泥老化，泥龄过高，解絮后的污泥附于泡沫上。

（2）解决办法

增加排泥，逐渐更新系统中的新生污泥，污泥的更新过程需要持续几天时间，期间要控制好运行环境，保证新生污泥有较强的活性（保证溶解氧在 1.3～3.0 内的稳定水平，营养物质比例要均衡，适当投加营养盐）。

6．沉淀池有大块黑色污泥上浮

（1）产生原因

沉淀池有死角，局部积泥厌氧，产生 CH_4、CO_2，气泡附于污泥粒使之上浮，出水氨氮往往较高；回流比过小，污泥回流不及时使之厌氧。

（2）解决办法

1）若沉淀池有死角，保持系统处于较高的溶解氧状态可使问题得到缓解，根本解决需要对死角进行构造上的改造。

2）加大回流比，防止污泥在沉淀池停留时间太长。

7．沉淀池泥面过高，并且出水悬浮物升高

（1）产生原因

1）负荷过高，有机物分解不完全影响污泥沉淀性能，沉降效果变差；

2）负荷过低，污泥缺乏营养，耐低营养细菌增多，絮凝性能变差。

3）污泥龄较长，系统中污泥浓度过高并且污泥结构松散不易沉降；

4）水温过高使小分子糖类增多，菌胶团吸附过多糖类造成污泥解絮。

（2）解决办法

1）降低负荷减少进水 COD 总量，提高溶解氧使污泥性能逐渐恢复。

2）增加进水量控制在合适的范围，保持较高溶解氧状态一段时间抑制低营养细菌继续增加。

3）加大剩余污泥排放量，将系统污泥浓度控制在合理范围内。

4）降低曝气池中的水温，控制好溶解氧水平，一段时间后污泥可恢复正常。

8．污泥膨胀

在活性污泥系统中，有时污泥的沉降性能转差、比重减轻、体积增大，污泥在沉淀池沉降困难，严重时污泥外溢、流失，处理效果急剧下降，这种现象就是污泥膨胀。污泥膨胀是活性污泥系统最难解决的问题，至今仍未有较好的解决办法。

通过调整运行工艺控制措施，对工艺条件控制不当产生的污泥膨胀非常有效。具体方法有：

1）在曝气池的进水口处投加黏土、消石灰、生污泥或消化污泥等，以提高活性污泥的沉降性和密实性；

2）使进入曝气池的废水处于新鲜状态，如采取预曝气措施，使废水处于好氧状态；

3）加强曝气强度，提高混合液 DO 浓度，防止混合液局部缺氧或厌氧；

4）补充 N、P 等营养盐，保持混合液中 C、N、P 等营养物质平衡；

5）提高污泥回流比，降低污泥在二沉池的停留时间；

6）对废水进行预曝气吹脱酸气或加碱调节，以提高曝气池进水的 pH（糖厂废水大体上偏酸）；

7）发挥调节池的作用，保证曝气池的污泥负荷相对稳定；

8）控制曝气池的进水温度。

在曝气池前增设生物选择器（永久性措施）。好氧生物选择器就是在回流污泥进入曝气池前进行再生性曝气，减少回流污泥中黏性物质的含量，使其中微生物进入内源呼吸阶段，提高菌胶团细菌摄取有机物的能力和与丝状微生物的竞争能力。为加强生物选择器的效果，可以在曝气过程中投加足量的氮、磷等营养物质，提高污泥的活性。

（二）工艺指标异常的分析控制方法

1．pH

在实际调节过程中 pH 宁愿偏碱而不要偏酸，主要因为偏碱更利于后段絮凝沉淀效果提升。pH 与其他指标的关系：

1）与水质水量的关系：工业排水中 pH 的波动主要由生产中使用的酸碱药品带来的，需要在运行中逐步熟悉企业排水情况，积累经验，通过颜色等物理性质判断水质偏酸或偏碱。

2）与沉降比的关系：pH 低于 5 或高于 10 都会对系统造成冲击，出现污泥沉降缓慢，上清液浑浊，甚至液面有漂浮的污泥絮体。

3）与污泥浓度（MLSS）的关系：越高的污泥浓度对 pH 的波动耐受力越强。在受冲击后应加大排泥量促进活性污泥更新。

4）与回流比的关系：提高回流比以稀释进水的酸碱度也是降低 pH 波动对系统影响的方法之一。

2．进水温度

水温高则影响充氧效率，这也是溶解氧难以提高的重要原因；温度过低（一般认为低于 10℃影响明显）则絮凝效果变差明显，即絮体细小、间隙水浑浊。

3．溶解氧

运行中的溶解氧监测主要依靠在线监测仪表、便携式溶解氧仪和实验测定 3 种方法，仪器需要经常对比实验测定结果以确保仪器准确。在出现溶解氧异常时，应在曝气池中采取多点采样的方法，通过测定曝气池不同区域的溶解氧浓度来分析故障原因。

1）与原水成分的关系。原水对溶解氧的影响主要体现在大水量和高有机物浓度都会增加系统的耗氧量，因此运行中曝气机全开之后，要再提高进水量就要根据溶解氧情况而定了。另外，如原水中存在较多洗涤剂，使曝气池液面存在隔绝大气的隔离层，同样会降低充氧效率。

2）与污泥浓度的关系。越高的污泥浓度耗氧量也越大，因此运行中需要通过控制合适的污泥浓度，避免不必要过度耗氧。同时应该注意，污泥浓度低时应调整曝气量避免过度充氧引起污泥分解。

3）与沉降比的关系。运行中要避免的是过度曝气。过度曝气会使污泥细小的空气泡附着在污泥上，导致污泥上浮、沉降比增大、沉淀池表面出现大量浮渣。

4．活性污泥浓度（MLSS）

活性污泥浓度是指曝气池末端出口混合悬浮固体的含量，用 MLSS 表示，它是反映曝气池中微生物数量的指标。

1）与污泥龄的关系。污泥龄是通过排除活性污泥来达到污泥龄指标的可操作手段。因此，控制好污泥龄也就同时得出了合适的污泥浓度范围。

2）与温度的关系。对于正常的活性污泥菌群来说，温度每下降 10℃，其中的微生物活性就要下降一半。因此，运行中只需要在温度高时降低系统污泥浓度，温度低时提高系统污泥浓度就能达到稳定处理效率的目的。

3）与沉降比的关系。活性污泥浓度越高沉降比的最终结果就越大，反之越小。运行中要注意的是，活性污泥浓度高引起的沉降比升高，观察到的沉降污泥压缩密实；而非活性污泥浓度升高导致的沉降比升高多半压实性差，色泽暗淡。低活性污泥浓度导致的沉降比过低，观察到的沉降污泥色泽暗淡、压缩性差、沉降的活性污泥稀少。

5．沉降比（SV_{30}）

活性污泥沉降比应该说在所有操作控制中最具备参考意义。通过观察沉降比可以侧面计算多项控制指标近似值，对综合判断运行故障和运转发展方向具有积极指导意义。沉降过程的观察要点有以下几方面：

1）在沉降最初 30～60 s 内污泥发生迅速的絮凝，并出现快速的沉降现象。如此阶段消耗过多时间，往往是污泥系统故障即将产生的信号。如沉降缓慢是由于污泥黏度大、夹杂小气泡，则可能是污泥浓度过高、污泥老化、进水负荷高的原因。

2）随沉降过程深入，将出现污泥絮体不断吸附结合汇集成越来越大的絮体、颜色加深的现象。如沉淀过程中污泥颜色不加深，则可能是污泥浓度过低、进水负荷过高。如出现中间为沉淀污泥，上下皆是澄清液的情况则说明发生了中度污泥膨胀。

3）沉淀过程的最后阶段就是压缩阶段。此时污泥基本处于底部，随沉淀时间的增加不断压实，颜色不断加深，但仍然保持较大颗粒的絮体。如发现压实细密、絮体细小，则沉淀效果不佳，可能进水负荷过大或污泥浓度过低。如发现压实阶段絮体过于粗大且絮团边缘色泽偏淡，上层清液夹杂细小絮体，则说明污泥老化。

6．污泥体积指数（SVI）

污泥体积指数 $SVI=SV_{30}/MLSS$，SVI 在 50～150 为正常值，对于工业废水可以高至 200。活性污泥体积指数超过 200，可以判定活性污泥结构松散，沉淀性能转差，有污泥膨胀的迹象。当 SVI 低于 50 时，可以判定污泥老化需要缩短污泥龄。

运行中要注意的是，当负荷低时要相应调整曝气量，否则过度曝气将导致 SVI 增高，容易被误判成污泥膨胀。

7．污泥龄

污泥龄可以理解为活性污泥增殖 1 倍所需要的时间，实际运行中可以依据曝气池的污泥量和排泥量简单地估算污泥龄。实际运行中需要根据现场的进水负荷情况来设置合理的污泥龄。在“有多少食物就能养活多少微生物”这个大前提下，运行中就需要根据一段时间的平均污染物负荷用“食微比”公式计算合理的污泥浓度，进而算出合理的污泥龄，并以此为依据对系统做出相应调整。

第五节 保修期内的工程质量缺陷责任

质量保修是为确保建设工程质量所普遍采用的一种有效制度，是建设工程合同中最常见、最主要，也是产生争议最多的条款之一。在以往的实践中，一般只单独采用保修期的概念。随着《标准施工招标文件》和《建设工程施工合同示范文本》的发布，这些文件中在保修期基础上规定的缺陷责任期概念也渐渐应用到了建设工程合同实践中。但是由于缺乏对缺陷责任期的研究，人们往往生搬硬套相关条款，将保修期与缺陷责任期两者混淆。

一、质量保修期、缺陷责任期的来源和概念

1）质量保修期的概念来源于国务院 2000 年发布的《建设工程质量管理条例》（国务院令 第 279 号），根据该条例的规定：建设工程实行质量保修制度。建设工程承包单位在向建设单位提交工程竣工验收报告时，应当向建设单位出具质量保修书。质量保修书中应当明确建设工程的保修范围、保修期限和保修责任等。建设工程在保修范围和保修期限内发生质量问题的，施工单位应当履行保修义务，并对造成的损失承担赔偿责任。也就是说质量保修期是工程承包单位对其完成的工程承诺的保修期限。

2）缺陷责任期来源于住建部、财政部发布的《建设工程质量保证金管理办法》（建质〔2017〕138 号）：缺陷责任期是工程承包单位履行缺陷责任的期限。具体期限由承发包单位双方在合同专用条款中约定，包括根据合同约定所作的延长。缺陷责任期自实际竣工日期起计算。在全部工程竣工验收前，已经发包人提前验收的单位工程，其缺陷责任期的起算日期相应提前。承包人应在缺陷责任期内对已交付使用的工程承担缺陷责任。缺陷责任期内，发包人对已接收使用的工程负责日常维护工作。发包人在使用过程中，发现已接收的工程存在新的缺陷或已修复的缺陷部位或部件又遭损坏的，承包人应负责

修复，直至检验合格为止。

二、质量保修期和缺陷责任期的相同之处

（1）开始计算时间相同

这两个期限的开始时间都是自工程竣工验收之后开始计算的。建设工程的保修期，自竣工验收合格之日起计算。《标准施工招标文件》第 19.1 款约定，“缺陷责任期自实际竣工日期起计算。在全部工程竣工验收前，已经发包人提前验收的单位工程，其缺陷责任期的起算日期相应提前。”

（2）在质量保修期和缺陷责任期内，承包人对工程质量缺陷都有修复的义务

《建设工程质量管理条例》规定：建设工程在保修范围和保修期限内发生质量问题的，施工单位应当履行保修义务，并对造成的损失承担赔偿责任。标准施工招标文件约定：缺陷责任期内，发包人对已接收使用的工程负责日常维护工作。发包人在使用过程中，发现已接收的工程存在新的缺陷或已修复的缺陷部位或部件又遭损坏的，承包人应负责修复，直至检验合格为止。

（3）修复费用都由造成缺陷的责任方承担

《建设工程质量管理条例》规定：建设工程在保修范围和保修期限内发生质量问题的，施工单位应当履行保修义务，并对造成的损失承担赔偿责任。标准招标文件合同约定：监理人和承包人应共同查清缺陷和（或）损坏的原因。经查明属承包人原因造成的，应由承包人承担修复和查验的费用。经查验属于发包人原因造成的，发包人应承担修复和查验的费用，并支付承包人合理利润。

保修期内的工程质量缺陷责任见表 6-1。

表 6-1 保修期内的工程质量缺陷责任

事件原因		业主权利与义务	承包商权利与义务
施工质量原因	承包商按时派人修复	提供必要方便条件	自费承担修复工作
	承包商未按时派人	业主自行修复或委托其他单位修复	承担全部修复费用，不得对修复方法和费用清单提出疑义
设计责任		业主先支付全部费用再向设计院索赔，但索赔最高限额不得超过设计合同约定和国家有关规定，不足部分由业主承担	应业主要求承担修理工作，但有权获得相应报酬

事件原因		业主权利与义务	承包商权利与义务
使用不合格原材料和配件	承包商负责采购	业主不承担责任	承包商自行修复
	业主负责采购供应	承包商提出异议，而业主坚持使用时，业主承担返修费用	使用经其验收同意后用于工程时负责保修，但对提出质量异议后业主仍坚持使用时，协助返修施工并有权获得返修酬金
设备制造的质量缺陷		业主采购的设备自行向设备制造商索赔	承包商采购的设备承担返修责任，但可要求设备制造商返修或向其索赔
运行中的操作不当原因		承担返修全部责任	如果业主要求修理时，有权获得相应的修理费用
因地震、洪水、台风等不可抗力造成的质量问题		承担返修工程的全部责任	应业主要求承担修理工作，但有权获得相应报酬

三、质量保修期和缺陷责任期的不同之处

（1）修复缺陷范围和相应范围所对应的期限不同

根据《建设工程质量管理条例》规定，在质量保修期内发包人有权在合同约定的工程保修范围与期限内要求承包人承担保修责任。而根据《标准施工招标文件》约定，发包人在使用过程中，发现已接收的工程存在新的缺陷或已修复的缺陷部位或部件又遭损坏的，承包人应负责修复，直至检验合格为止。也就是说在缺陷责任期内，发包人有权根据合同约定要求承包人修复任何工程缺陷、损坏。

在正常使用条件下，建筑工程的保修期应从工程竣工验收合格之日起计算。标准招标文件合同第 19.3 款约定：由于承包人原因造成某项缺陷或损坏使某项工程或工程设备不能按原定目标使用而需要再次检查、检验和修复的，发包人有权要求承包人相应延长缺陷责任期，但缺陷责任期最长不超过 2 年。

（2）期满的效力不同

质量保修期期满，保修义务消灭。根据《标准施工招标文件》约定，缺陷责任期满，仅是承包人承担该期限内出现的所有缺陷修复义务的消灭，但仍应承担该期限期满后，根据法律规定和专用条件中约定的保修期限前，相应的在合同范围内的质量保修义务。此外缺陷责任期满后，发包人应向承包人及时支付质保金。

（3）期满后承包人仍未完成缺陷的处理方式不同

根据《标准施工招标文件》约定，如果在约定的缺陷责任期满时，承包人没有完成

缺陷责任的，发包人有权扣留与未履行责任剩余工作所需金额相应的质量保证金余额。而在质量保修期期满后，承包人仍有发生在质量保修期内但未处理的缺陷，则发包人只有通过协商或诉讼的方式要求承包人来完成未修复的缺陷的处理。

实例：某电机厂污水处理工程调试大纲

思考题

一、污水处理厂预处理系统怎样进行初步验收和单体试车？应注意哪些事项？

二、水处理段的生物处理单元联动试车内容和注意事项有哪些？

三、微生物培养在试运行期间应注意什么？

四、如何分析及排除生化处理设备运行异常问题？

五、质量保修期和缺陷责任期有哪些不同之处？

第七章　环保设备工程的验收

第一节　验收方法与程序

一、试生产过程

1）建设项目的主体工程完工后，需要进行试生产的，必须严格按照环评报告及其批复要求建成或落实其配套建设的环境保护工程、设施、监测设施、污染物防治措施等，并保证与主体工程同时投入试生产。

2）需具备环境保护设施正常运转的条件，包括经培训合格的操作人员、健全的岗位操作规程及相应的规章制度。

3）各单位必须严格按照环评报告要求设置环保管理机构、环境监测机构，并有相应的成立文件。建立健全各类环保管理制度、环保监测计划、突发环境污染事件应急预案等，装订成册，并由本单位负责人签发。

4）污染物排放符合环境影响报告书或和设计文件中提出的标准及核定的污染物排放总量控制指标的要求，并建立健全各类污染物监测台账。

5）对试生产 3 个月仍不具备环境保护验收条件的单位，由建设单位在试生产的 3 个月内，向生态环境主管部门提出环境保护验收延期申请，说明延期验收的理由及拟进行验收的时间。经批准后建设单位方可继续进行试生产。试生产的期限最长不超过一年。

二、试生产检查的重点

（一）软件

1）环境影响评价报告书及批复文件；

2）生产工艺和生产设备对比表；

3）环保管理体系和管理制度；

4）与园区或城市污水处理厂签订的废水处理纳管委托处理协议；

5）与固体废物处理单位签订的固体废物委托处置协议；

6）签订的在线监控设施安装合同；

7）请有资质单位制定的废水设施设计方案；

8）请有资质单位制定的废气设施设计方案；

9）与环境监理工程公司签订的合同及监理工作总结；

10）环境应急预案及备案证明；

11）污水管网、雨水管网示意图。

（二）硬件

1）生产项目、生产工艺、原材料、主要生产设备等是否与环评一致；

2）建设项目配套废水、废气设施是否按环评及批复要求、设计方案要求建设到位；

3）固体废物仓库是否按照要求建设到位，是否竖立危险废物标志牌；

4）是否实行清污分流、雨污分流；

5）是否按要求建设在线监控设施；

6）环境应急措施到位情况；

7）对于搬迁项目，要求老厂必须停产。

三、验收监测及验收申请

（一）申请验收监测

进行试生产的建设项目，建设单位应当自试生产之日起 3 个月内，向项目审批生态环境部门的环境监测站申请验收监测。

具体程序如下：

1）聘请第三方监测单位进行验收监测，监测单位编制监测方案（到建设单位现场，根据环评批复的要求编制）。

2）订立现场监测合同，根据监测项目数量，确定监测费用。

3）现场监测：①废水：废水处理装置，进水—出水全过程取样监测分析，看效果；②废气：废气排口检测，浓度是否超标；③废渣：贮存场所是否符合有关国家标准要求；④噪声：现场检测；⑤大气环境：生产区内取空气样本。

4）出具监测报告。

（二）申请验收

建设单位应当自建设项目试生产之日起 3 个月内申请环保竣工验收。对试生产 3 个月却不具备环境保护验收条件的建设项目，建设单位应当在试生产的 3 个月内，向有审批权的生态环境保护行政主管部门提出该建设项目环境保护延期验收申请，说明延期验收的理由及拟进行验收的时间。经批准后建设单位方可继续进行试生产，试生产的期限最长不超过 1 年。

具体程序如下：

1）向生态环境主管部门提出“三同时”竣工验收申请。生态环境主管部门安排人员到现场进行检查，经检查区生态环境主管部门认为不符合“三同时”竣工验收条件的提出整改要求，直至按要求整改到位；如符合“三同时”竣工验收条件的告知企业准备相关资料上报行政中心环保窗口。

2）向行政中心环保窗口申请“三同时”竣工验收，建设单位将验收材料送至行政中心环保窗口。

3）生态环境主管部门将在规定的时间内安排相关部门到现场进行检查，符合条件的检查人员在“三同时”竣工验收申请单上签字加盖生态环境主管部门公章，生态环境主管部门出具试生产期间现场监察意见，企业将所有资料整理装订成册送行政中心环保窗口，否则需整改重新申请。

4）建设单位将验收资料送至行政审批中心环保窗口。

四、提交的验收资料

包括以下方面的材料：

1）项目竣工验收申请单

2）建设项目竣工环境保护验收申请表（报告）

3）建设项目竣工环境保护验收监测报告表

4）试生产期间监察报告

5）建设项目环保工作总结

6）排污口标志牌登记表

7）污水接管协议

8）厂区雨、污管网图

9）环境风险事故应急预案

10）固体废物交换转移手续

11）环保规章制度

12）污水处理设施操作人员上岗证书

13）处理设施操作规程

14）废水、废气处理设施设计方案、专家评审意见

15）环保投入明细表

16）试生产批复

17）环评审批意见

五、预验收

当环保设备工程的处理构（建）筑物、辅助构（建）筑物及附属建筑物的土建工程、主要工艺设备安装工程、室内室外管道安装工程已全部结束，已形成生产运行能力（达到设计规模），即使有少数非主要设备及某些特殊材料短期内不能解决，或工程虽未按设计规定的内容全部建成（指附属设施），但对投产、使用影响不大，此时可报请竣工验收。

环保设备工程项目的竣工验收程序主要有自检预验（施工单位完成）、提交正式验收报告（施工单位完成）、现场预验收（由施工、建设单位、设计及质检部门完成）、正式验收申请（由以上单位完成），并做好以下工作：

①对各单体工程进行预检，查看有无漏项，是否符合设计要求；

②核实竣工验收资料，进行必要的复检和外观检查；

③对土建、安装和管道工程的施工位置、质量进行鉴定，并填写竣工验收鉴定书；

④办理验收和交接手续；

⑤建设单位将施工及竣工验收文件归档。

（一）自检预验

自检预验可视工程重要程度和工程情况分层次进行。通常有下列 3 个层次：

1．基层施工单位自检

由基层施工单位负责人组织有关职能人员，对拟报竣工工程，根据施工图纸要求、合同规定和验收标准，进行检查验收。主要内容有：工程质量是否符合标准，工程资料是否齐全，工程完成情况是否符合设计和使用要求。若有不足之处，及时组织力量，限期修理完成。

2．项目经理组织自检

根据基层单位的报告，项目经理组织生产、技术、质量、预算等部门自检。

3．公司预验

对于重要工程，可根据项目部的申请，由公司组织检查验收，并进行评价。

（二）提交正式验收报告

当施工单位进行自检预验并及时做好相应的修正完善工作后，认为工程已符合要求，具备交验条件时，即可向总监理工程师（或业主）发出正式验收申请报告，同时递交有关竣工图、分项技术资料和试车报告。

（三）现场预验收

总监理工程师（或业主）初步审查工程实物和有关资料，认为符合验收条件时，组织预验收工作班子，进行工程预验收和技术资料审核。

（四）正式验收申请

预验收合格后，向验收委员会递交“竣工验收申请表”（由监理单位填写），请求正式验收，验收委员会收到“竣工验收申请表后”，确定验收日期，进行正式验收。验收合格，由验收委员会签发竣工验收证书和验收工程鉴定书，然后转入工程交接收尾，投入使用。

六、验收组验收

项目建设主体单位自行组织验收工作，由该单位牵头组建验收组（或验收委员会），对建设项目的环境保护设施及其他环境保护措施进行现场检查和审议，提出验收意见。

验收检查的重点：

1）环保审批手续是否完备、是否通过试生产检查；

2）生产项目、生产工艺、原材料、主要生产设备等是否与环评报告中一致（试生产期间工艺改变的需做补充环评并报批）；

3）生产能力是否达到报批规模的75%或以上；

4）各项配套的环保设施是否建设到位，环保设施能否正常运行，运行记录台账是否完善，包括处理量、分析数据、药剂发票、污泥产生量等，污染物排放是否符合环评及批复中提出的标准及核定的污染物排放总量控制指标的要求；

5）固体废物仓库是否按照“八防”要求建设到位，是否竖立危险废物标志牌，台账是否齐全；

6）是否实行清污分流、雨污分流，雨水管网建成明渠，生产车间是否建高浓度、低浓度废水分类收集池，污水管道是否架空，是否建设初期雨水收集池、设置规范的清水排口和污水排口，清水排口和污水排口是否竖立标志牌，清水排口是否安装视频监控设施并与园区监控中心联网，清水管网是否实行“零存放”，清水排口实行“零排放”；

7）是否按要求建设在线监控设施（流量计、COD、数采仪、总量控制仪、电磁阀等），在线监控房建设是否规范，尾水池建设是否规范，在线监控设施必须正常运行，在线监控无异常数据，在线监控设施必须通过竣工验收；

8）环境应急措施到位情况，应急预案必须通过专家评审，生产车间、储罐区围堰是否建设到位，应急池、应急池与清水管网之间闸控装置、清水排口闸控装置是否建设到位，清水管网里的水是否能自流至应急池；

9）对于搬迁项目，老厂是否停产；

10）对附近环境敏感目标的影响是否在环评及批复文件规定的范围内；

11）竣工验收监测数据必须全面达标；

12）验收的软件资料是否完备。

七、后续工作

验收组现场验收完毕后，建设单位还需做以下工作：

1）根据验收组提出的意见抓紧时间整改，包括硬件设施的整改和软件资料的完善；

2）将验收资料（含环保设施整改情况报告）送当地县、区行政审批中心环保窗口，在建设项目竣工环境保护验收申请表上签署验收意见，并加盖公章；

3）将验收资料送上级行政审批中心环保窗口审查，经审查合格后出具验收批复；

4）将完整的验收资料（含验收批复）送项目审批环保部门备案，同时要求验收资料电子版备案，须按要求提供验收资料电子版；同时各送一份验收资料及电子版至当地行政审批中心环保窗口备案。

八、竣工验收程序

建设项目环境保护设施竣工验收程序流程见图 7-1。

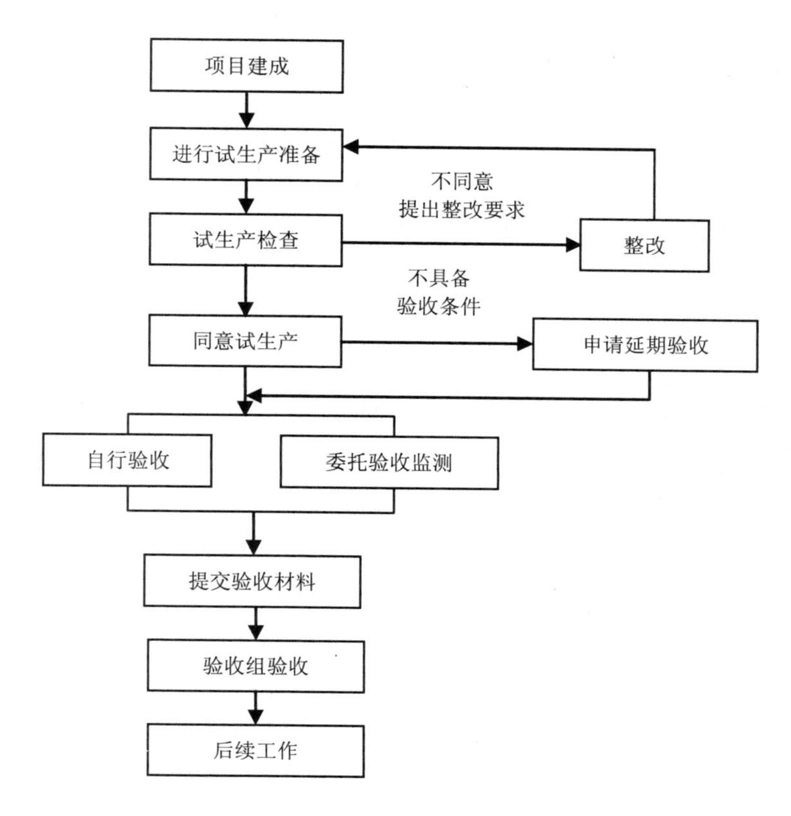

图 7-1　建设项目环境保护设施竣工验收程序

第二节　验收过程

一、竣工验收的范围和标准

根据国家现行规定，凡新建、扩建、改建的基本建设项目和技术改造项目，按批准的设计文件所规定的内容建成，符合验收标准的，必须及时组织验收，办理固定资产移交手续。

进行竣工验收必须符合以下要求：

1）项目已按设计要求完成，能满足生产使用；

2）主要工艺设备配套设施经联动负荷试车合格，形成生产能力，能够生产出设计文件所规定的产品；

3）生产准备工作能适应投产需要；

4）环保设施、劳动安全卫生设施、消防设施已按设计要求与主体工程同时建成使用。

二、申报竣工验收的准备工作

竣工验收依据：批准的可行性研究报告、初步设计、施工图和设备技术说明书、现场施工技术验收规范以及主管部门有关审批、修改、调整文件等。

建设单位应认真做好竣工验收的准备工作：

（1）整理工程技术资料

各有关单位（包括设计、施工单位）将以下资料系统整理，由建设单位分类立卷，交生产单位或使用单位统一保管：

1）工程技术资料，主要包括土建方面、安装方面及各种有关的文件、合同和试生产的情况报告等；

2）其他资料，主要包括项目筹建单位或项目法人单位对建设情况的总结报告、施工单位对施工情况的总结报告、设计单位对设计总结报告、监理单位对监理情况的总结报告、质监部门对质监评定的报告、财务部门对工程财务决算的报告、审计部门对工程审计的报告等资料。

（2）绘制竣工图纸

它与其他工程技术资料一样，是建设单位移交生产单位或使用单位的重要资料，是生产单位或使用单位必须长期保存的工程技术档案，也是国家的重要技术档案。竣工图必须准确、完整、符合归档要求，方能交付验收。

（3）编制竣工决算

建设单位必须及时清理所有财产、物资和未用完的资金或应收回的资金，编制工程竣工决算，分析预（概）算执行情况，考核投资效益，报主管部门审查。

（4）竣工审计

审计部门进行项目竣工审计并出具审计意见。

三、竣工验收程序

1）根据建设项目的规模大小和复杂程度，整个项目的验收可分为初步验收和竣工验收两个阶段。规模较大、较为复杂的建设项目，应先进行初验，然后进行全部项目的竣工验收。规模较小、较简单的项目可以一次进行全部项目的竣工验收。

2）建设项目在竣工验收之前，由建设单位组织施工、设计及使用等单位进行初验。初验前由施工单位按照国家规定，整理好文件、技术资料，向建设单位提出交工报告。建设单位接到报告后，应及时组织初验。

3）建设项目全部完成，经过各单项工程的验收，符合设计要求，并具备竣工图表、竣工决算、工程总结等必要文件资料，由项目主管部门或建设单位向负责验收的单位提出竣工验收申请报告。

四、竣工验收的组织

竣工验收一般由项目批准单位或委托项目主管部门组织进行。

竣工验收由环保、劳动、统计、消防及其他有关部门组成，建设单位、施工单位、勘察设计单位参加验收工作。验收委员会或验收组负责审查工程建设的各个环节，听取各有关单位的工作报告，审阅工程档案资料并实地察验建筑工程和设备安装情况，对工程设计、施工和设备质量等方面做出全面的评价。不合格的工程不予验收；对遗留问题提出具体解决意见，限期落实完成。

第三节　企业自主竣工环保验收

一、环保自主验收主要依据

（1）《建设项目环境保护管理条例》（国务院令　第682号）

（2）《建设项目竣工环境保护验收暂行办法》（国环规环评〔2017〕4号）

（3）《建设项目竣工环境保护验收管理办法》（2010年修订）

二、企业自主验收流程

企业自查（资料、设备、设施等齐全）—现场核查、提出整改意见—制定验收监测方案—验收监测—核对环评和批复—编写验收报告—梳理整改意见—整改（完毕）—组织专家等单位进行验收—整改意见—整改完毕—公示—上传生态环境部自主验收平台。

验收工作组：由建设单位、设计单位、施工单位、环境影响报告编制机构、验收报告编制机构等单位代表和专业技术专家组成。验收工作组依照国家有关法律法规、建设项目竣工环境保护验收技术规范、建设项目环境影响报告和环评批复文件等要求对建设项目配套建设的环境保护设施进行验收，形成验收意见。

公示流程：公示一个月后，5个工作日内在全国建设项目竣工环境保护验收信息平台填报相关信息。填报时需要注册账号，并按要求填写验收报告相关内容，填完后上传验收意见。

建设单位于填报验收信息后10日内，将验收报告及验收意见报送原环评文件审批部门。

三、固体废物和噪声污染防治设施验收

根据《建设项目竣工环境保护验收暂行办法》《中华人民共和国固体废物污染环境防治法》《中华人民共和国环境噪声污染防治法》，应依法由生态环境部门对建设项目噪声和固体废物污染防治设施进行验收，因此，项目固体废物和噪声应按照原验收流程，将相关材料提交生态环境主管部门单独验收。

企业须准备的环保验收基础材料：

1）建设项目环境保护设施验收报告（水、气、声、渣等）；

2）建设项目环境保护措施“三同时”落实情况表；

3）在市政集水范围内的，提供水务部门出具的排水证明（城市排水许可证）；

4）排污口规范化设置情况说明及已挂“排污口标志牌”的现场照片；

5）项目主体工程及环保设施现场彩色照片；

6）涉及危险废物需委托有资质单位处置的，提供双方签署的协议、接收单位的资质复印件及危险废物转移的联单复印件；

7）环评文件批复意见要求开展施工期环境监理的，提供施工期环境监理报告；

8）环评文件批复意见要求编制环境风险应急预案的，提供环境风险应急预案及备案证明；

9）环评文件批复意见要求安装在线监测仪器的，提供在线监测仪器比对监测报告以及在线监测仪器与当地生态环境部门的联网证明；

10）污染治理设施管理岗位责任制度和维修保养制度；

11）竣工相关图件（包括项目竣工图及污染治理工程图等）；

12）企业法人营业执照复印件；

13）法人身份证复印件；

14）委托书。

第四节　验收后工作

竣工验收工作的顺利结束标志着工程项目的投资建设已告完成。经验收委员会确认的工程项目即将担负起它的责任，投入生产或使用。此时，作为施工主体的承包方，应抓紧解决尚未完成的工程遗留问题，尽快将工程项目移交给业主，为业主的生产准备或投入使用提供方便。

一、验收资料的管理

为了确保工程安装顺利进行，保证试车一次成功，工程竣工资料和设备资料均应在调试前移交给接收单位，并要求接收单位在设备安装前熟悉全部资料。资料内容如下：

（一）工程综合资料

主要包括以下内容：

1）项目建议书及批件；

2）设计任务书；

3）土地征用申报与批准文件及红线、拆迁补偿协议书；

4）承包发包合同，招标与投标等协议文件；

5）施工执照；

6）整个建设项目的竣工验收报告；

7）验收批准文件、验收鉴定书；

8）项目工程质量检验与评审材料；

9）工程现场声像资料；

10）消防、劳动卫生等设施验收资料。

（二）工程技术资料

1）工程地质、水文、气象、地震资料；

2）地形、地貌、控制点、构筑物、重要设备安装测量定位、观测记录；

3）设计文件及审查批复卡，图纸会审和设计交底记录；

4）工程项目开工、竣工报告；

5）分项、分部工程和单位工程施工技术人员名单；

6）设计变更通知单、变更核实单；

7）工程质量事故的调查和处理资料；

8）材料、设备、构件的质量合格证明资料，或相关试验、检验报告；

9）水准点的位置、定位测量记录、沉降及位移观测记录；

10）隐蔽工程验收记录及施工日志；

11）分项、分部、单位工程质检评定资料；

12）电气与仪表安装工程竣工验收报告；

13）设备试车、运转验收记录；

14）国外采购设备的技术协议或资料。

（三）竣工图

工程项目竣工图是真实记录各种地下、地上工程等详细情况的技术文件，是对工程进行交工验收、维护、扩改建的依据，也是使用单位长期保存的技术资料。

若施工中没有变更或有少数一般性变更时，则由施工图在原施工图或局部修改补充的施工图上，加盖“竣工图”标志后，即作为竣工图。

凡在结构形式、工艺构造、平面布置、技术项目等发生改变以及其他重大改变，不宜再在原施工图上修改补充，应重新绘制改变后的竣工图。

二、整改工作

一般负责编写环保设备工程项目竣工环境保护验收报告的监测单位，在编制完成监测报告并经监测单位有关人员内部技术审查后，报送项目管理的相关生态环境主管部门。生态环境主管部门将定期组织对监测报告的进行内部审核。

审核内容为监测期间运行工况条件是否满足要求；是否按照统一规范要求编写的验收监测报告；执行标准及考核点是否适当；污染物总量控制是否达到要求；各项设计指标是否达标；固体废物处置情况如何；是否存在二次污染问题；环保设备工程的一些环境保护管理规章制度是否健全；验收主要结论是否合适；是否按规定填写了审批登记表；是否最终具备现场检查的验收条件等。

对于监测报告基本符合要求，但主要监测结果不符合环保要求的，可作为组织现场检查或限期整改的依据。如到期仍达不到要求，则提交生态环境主管部门，建议按法律程序下达整改通知书。

思考题

一、试生产检查的要点有哪些？

二、初步验收前应接收哪些验收资料、文件？

三、验收的一般程序是什么？

四、验收后的主要工作有哪些？

第八章　环保设备工程技术经济分析

第一节　技术经济指标

一、收益类指标

技术经济学中所列的技术经济指标尽管很多，但从环境工程设备或系统的特点出发，其技术经济指标基本上可以分为三类：第一类是反映形成实用价值的收益类指标；第二类是反映形成使用价值的耗费类指标；第三类是与上述两类指标相联系，反映技术经济效益的综合指标。

（一）处理能力

处理能力是指单位时间内能处理“三废”物质的多少，例如水处理设计的流量大小，除尘设备的风量大小等。显然，环境工程设备的处理能力与处理工艺、设备、体积、材料消耗以及总造价密切相关。一般应按系列化要求，对处理能力进行合理分级，力求单位处理能力的总投资最少。

（二）处理效率

处理效率是指通过处理后污染物的去除率。环境工程设备的处理效率与处理对象有关，如除尘设备的分级效率就对尘粒大小很敏感。同时，环境工程设备的处理效率又随着所采用的处理工艺不同而差别很大。

（三）设备运行寿命

设备运行寿命是指既能保证环境治理质量，又能符合经济运行要求的环境工程设备运行寿命。实质上，它也代表着环境工程设备投资的有效期。

（四）“三废”资源化能力

“三废”资源化能力是指通过环境工程设备对污染源进行治理后，可以变废为宝，从中获得直接经济价值的能力，如 SO_2 回收等。

（五）降低损失水平

降低损失水平是指通过环境工程设备对污染源进行治理后，改善了环境质量，减少或免交治理前须缴纳的有关环境污染赔偿费（如排污费等），或减少了生产资源的损失（如水污染造成捕鱼量下降等）。

（六）非货币计量收益

非货币计量收益是指通过环境工程设备对污染源进行治理后，产生不能直接用货币计量的效益，如空气净化、环境优雅、舒适等。

二、耗费类指标

（一）投资总额

投资总额是指设置（包括购置和建造）环境工程设备而支出的全部费用，包括直接费用（如设备购买与安装费用、建筑物费用等）和非直接费用（如管理费用等）。

（二）运行费用

运行费用是指让环境工程设备正常运行所需的费用，包括直接运行费用（如直接人工、直接材料等）和间接运行费用（如管理费用、折旧费等），一般用年运行费用表示。

（三）设置耗用时间

设置耗用时间是指环境工程设备从开始投资到实际运行所耗用的时间，它反映了从购买（或建造）到形成实用价值的速度。

（四）有效运行时间

有效运行时间是指环境工程设备每年实际运行的时间，常用有效利用率表示。它实际上代表着环境工程设备不开动时间所造成的耗费。

三、综合指标

（一）寿命周期费用

环境工程设备的寿命周期费用，是指环境工程设备在整个寿命周期过程中所发生的全部费用。所谓寿命周期，是指从研究开发开始，经过制造和长期使用，直至报废或被其他设备取代所经历的整个时期。

环境工程设备寿命周期费用是由开发、设计费用、制造（或建造）费用和使用费用组成的。一般情况下，常习惯从提供设备和使用设备的角度，将环境工程设备寿命周期费用分为设置费用和使用费用两大部分。设置费用是指将环境工程设备调试至正常运行所发生的一切费用，包括开发、设计费用、试制费用，制造和建筑过程中的直接或间接费用，以及运输、安装、调试等费用；使用费用是指包括使用过程中的燃料、动力、原料、辅料、维修、人工等各种费用的综合。

（二）环境效益指数

环境效益指数是反映应用环境工程设备后，改善环境质量的综合指标，其计算公式为：

$$\text{环境效益指数}=\frac{\text{治理前后某污染物排放量之差}}{\text{该污染物的允许排放量}}$$

（三）投资回收期

投资回收期是环保设备工程的净收益（包括直接和间接的收益）抵偿全部投资所需要的时间，一般以年为单位，是考虑环保设备工程投资回收能力的重要指标。按是否考虑货币资金的时间价值，投资回收期可分为静态投资回收期和动态投资回收期。

静态投资回收期的计算公式为

$$N_t=\frac{\mathrm{TI}}{M}$$

式中：N_t—— 静态投资回收期，a；

TI —— 投资总额；

M—— 年平均净收益。

动态投资回收期的计算公式为

$$N_d=\frac{-\lg[1-(\mathrm{TI})i/M]}{\lg(1+i)}$$

式中：N_d—— 动态投资回收期，a；

i—— 年利率或投资收益率，%。

【例】某环保设备工程，初始投资为 50 万元，建成后年运行费用为 3 万元，运行后每年可免交排污费 15 万元。设投资收益率为 20%，试计算静态和动态回收期。

解：由题目可知，TI=50 万元，M=15−3=12 万元，i=20%，代入上面公式，可得：

$$N_t=50/12=4.17$$

$$N_d=-\lg[1-50\times20\%/12]/\lg(1+20\%)=9.8$$

故，静态回收期为 4.17 年，动态回收期为 9.8 年。

第二节 工程的投资估算

一、指标和定额

工程建设项目周期长、规模大、造价高，必须按照基本建设程序分解进行，相应地在不同阶段进行多次的工程估价，以保证工程估价与控制的科学性。多次估价是一个逐步深入、由不准确到准确的过程。

在生产过程中，完成某一单位合格产品就要消耗一定的人工、材料和机具设备，这些消耗的数量受技术水平、组织管理水平及其他客观条件的影响，在不同情况下是不相同的。为了便于经营管理和经济核算，常采用的做法是制定一个统一的平均消耗标准。于是，根据每一个项目的工料用量制定出每一个项目的工料合价，按照不同类别汇总成册，这就是定额。

对于一个工程项目，测算出用工量、材料量、机具设备用量，依照定额就能计算出建设投资。工程估价中常用的定额有估算指标、概算指标、概算定额和预算定额。

（一）估算指标

在项目建议书及可行性研究阶段，以方案、规模、工艺、车间组成、初选建厂地点等资料为对象，根据估算指标进行“投资估算”，并以此作立项和决策的依据。环境工程项目可行性研究的估算投资费用，要求与项目建议书相比误差不得高于±15%，与下阶段初步设计相比误差不得高于±10%，为项目决策提供可靠的依据。

估算指标是单项工程指标或单位工程指标，以单项工程或单位工程为对象，综合项目建设中的各类成本和费用，具有较强的综合性和概括性。根据不同需要，估算指标可分为综合估算指标、分项估算指标、技术经济指标。估算指标是编制项目建议书和项目可行性研究报告投资估算的主要依据。

（二）概算指标和概算定额

在初步设计、技术设计阶段，在更详细、更深入的资料条件下，根据概算指标、概算定额编制“设计概算”，并作为拟建项目工程造价的最高限额。

概算指标是对估算指标的细化。概算指标是以实物量或货币为计量单位，确定某一建筑物、构筑物或设备、生产装置的人工、材料及机械消耗数量的标准。对于建筑工程是以每米、每平方米、每立方米、每座等的用量或每万元投资消耗量表示；对于设备安装工程是以每台、每吨、每座设备或生产装置的用量，或占设备价格的比率，或一定计量单位生产能力的装置消耗量表示。概算指标根据不同需要可分为分项经济指标、万元实物指标。

概算定额比概算指标更加细化，但仍是以单位综合人工、材料和机械台班的数量来计量，以 m、m^2、m^3、t 等表示工程量。概算定额用于编制初步设计总概算或扩大初步设计（技术设计）修正总概算，是确定建设项目投资控制数、编制建设年度计划的依据，也是汇编建筑安装工程主要材料、设备计划和建设单位及施工单位准备计划、施工准备的依据。

（三）预算定额

在施工图设计阶段，以施工图纸为对象根据预算定额编制“施工图预算”，是确定工程承包合同价的基础。

预算定额用于计算工程造价和计算工程劳动力（工日）、机械（台班）、材料的需要量。在利用预算定额计算工程造价时，首先按照施工图纸和工程量计算规则计算出工程量；然后，借助预算定额计算出人工、材料和机械（台班）的消耗量；最后，在此基础上计算出工程造价或工程价格。

二、工程项目设计阶段的划分及估算精度

工程设计过程一般可划分为以下几个阶段：机会研究阶段、预（初步）可行性研究阶段（项目建议书）、可行性研究阶段、初步设计阶段、施工图设计阶段（表 8-1）。

表 8-1　工程项目设计阶段划分及估算精度

序号	设计阶段	投资阶段	投资计算精度	备注
1	机会研究阶段	估算	≥±30%	
2	预（初步）可行性研究阶段	估算	≤±20%	
3	可行性研究阶段	概、估算	≤±15%	
4	初步设计阶段	概算	≤±10%	
5	施工图设计阶段	预算	≤±5%	

三、工程项目投资组成

（一）工程项目投入总资金由工程建设投资和流动资金组成

工程建设投资分为以下七类：

1）建筑工程费

2）安装工程费

3）设备工器具购置费

4）工程建设其他费用

5）基本预备费

6）涨价预备费

7）建设期利息

（二）静态投资和动态投资

1）静态投资由建筑工程费、安装工程费、设备工器具购置费、工程建设其他费用和基本预备费组成。

2）动态投资由涨价预备费和建设期利息组成。

四、工程项目投资估算编制依据

投资估算是在项目的建设规模、产品方案、技术方案、设备方案、工程方案及项目实施进度等进行研究并基本确定的基础上估算项目投入总资金（包括建设投资和流动资金）。

1）各专业设计人员提供设计资料：即建构筑物特征一览表。

设备一览表（包括单位、数量、型号、重量、价格）；

材料一览表（包括单位、数量、材质、单重、总重、敷设方式）。

2）估价指标、概算指标、预算定额及相应取费定额。

3）当地政府和造价主管部门现行政策及有关文件规定。

4）当地最新材料价格、工资水平和民用建筑造价水平。

五、工程项目投资估算方法

工程项目投资估算方法包括生产能力指数法、比例估算法、系数估算法、投资估算指标法和分类估算法。前三种方法精度相对不高，主要用于投资机会研究和预可行性研究；在可行性研究阶段应采用投资估算指标法和分类估算法。

六、工程项目投资分类估算法

（一）建筑工程估算

1）按单位工程量造价乘以工程总量估算；
2）估价指标和概算指标按行业统一颁发的估价指标和概算指标选取；
3）按预算定额；
4）按调查实际资料；
5）按经验数值。

（二）安装工程估算

与建筑概算编制方法基本相同，另一个方法是比例系数法，即安装费用占设备价的百分比计算。

（三）设备购置估算

设备分为标准设备和非标准设备，标准设备又分为国产设备和进口设备，它们的计价方法是不同的。

1）非标准设备计价比较麻烦，简单的估算按比例系数法，即加工费占主要材料的百分比或按成品单位重量价格估算。

2）国产设备价格由原价（出厂价）和运杂费组成。出厂价要注意是否包括备品备件费用（定货合同时应明确规定），运杂费包括运输费、装卸费、保护费和仓库保管费。运杂费一般按设备原价的5%～8%计取。

3）进口设备价格计算比较复杂，它主要由离岸价、国际运费、运输保险费和关税及各种手续费等组成。国际运输费为从装运港（站）到达我国抵达港（站）的运费，运输保险费的保险费率按保险公司规定的进口货物保险费率计算，进口关税按我国海关总署发布的进口关税税率计算；我国增值税条例规定，进口应税产品均按组成计税价格和增值税率直接计算应纳税额，目前进口设备适用税率为17%；外贸手续费一般按1.5%计算；目前银行财务费有费率为0.4%～0.5%；海关监管手续费是指海关对进口减免税、保税设备实施监督、管理、提供服务的手续费。对全额征收关税的货物不收海关监管手续费。费率一般为0.3%。

计算公式为

进口设备购置费=进口设备货价（离岸价）+进口从属费用+国内运输费

进口设备从属费=国际运输费+运输保险费+进口关税+增值税+外贸手续费+
银行财务费+海关监管手续费

国际运输费=离岸价×费率或单位运价×运量

运输保险费=（离岸价+际运输费）×国外保险费率

进口关税=（离岸价+际运输费+运输保险费）×进口关税税率

增值税额=组成计税价格×增值税税率

组成计税价格=关税完税价格+进口关税+消费税

外贸手续费=（离岸价+际运输费+运输保险费）×外贸手续费率

银行财务费=离岸价×银行财务费率

海关监管手续费=进口设备到岸价×海关监管手续费费率

【例】某公司进口一套环保设备，重 1 000 t，装运港船上交货价（离岸价）为 100 万美元。国际运费费率为 300 美元/t，海上运输保险费费率为 0.5%，外贸手续费费率为 1.5%，中国银行财务费费率为 0.5%，海关关税为 22%，增值税税率为 17%，美元的银行牌价为 8 元人民币，设备国内运费费率为 5%，对该设备进行估价。

解：进口设备离岸价=100×8=800 万元人民币

国际运费=1 000×300×8/10 000=240 万元人民币

国外运输保险费=（800+240）×0.5%=5.2 万元人民币

进口关税=（800+240+5.2）×22%=230 万元人民币

增值税=（800+240+5.2+230）×17%=216.78 万元人民币

外贸手续费=（800+240+5.2）×1.5%=15.68 万元人民币

银行财务费=800×0.5%=4 万元人民币

进口设备原价=800+240+5.2+230+216.78+15.68+4=1 511.68 万元人民币

国内运输费=1 511.68×5%=75.58 万元人民币

该套进口设备估价为：1 511.68+75.58=1 587.26 万元人民币

（四）工程建设其他费用

工程建设其他费用是指从工程筹建到竣工验收交付使用为止整个期间，除建筑安装工程费用和设备工器具购置费以外的，为保证工程顺利实施和交付使用后正常发挥效用而必须发生的有关费用。

（1）土地使用费

通过土地划拨的方式取得土地使用权，须支付土地补偿费、安置补助费、地上附着物和青苗补偿费。按建设项目所在省（区、市）人民政府制定颁发的土地征用补偿费、安置补助费标准和耕地占用税、城镇土地使用税标准计算。

（2）建设单位管理费

工程建设管理费=工程费×工程建设管理费费率

工程建设管理费费率见表 8-2。

表 8-2　工程建设管理费费率

建设项目规模（工程费）/亿元	费率/%
0.5 及以下	4.49
2	3.48
5	2.64
10	2.13
20	1.93
40	1.78
100 及以上	1.58

（3）临时设施费

临时设施费=工程费×临时设施费费率

临时设施费费率见表 8-3。

表 8-3　临时设施费费率

建设项目性质	费率/%
新建项目	0.5
改扩建项目	0.25

（4）勘察设计费

勘察设计费指建设单位委托勘察设计单位为建设项目进行勘察、设计等所需的费用，由工程勘察费和工程设计费两部分组成。

工程勘察费包括：测绘、勘探、取样、试验、测试、检测、监测等勘察作业，以及编制工程勘察文件和岩土工程设计文件等收取的费用。

计算方法：可按第一部分工程费用的 0.8%～1.1%计列。

工程设计费包括：编制初步设计文件、施工图设计文件、非标准设备设计文件、施工图预算文件、竣工图文件等服务所收取的费用。

计算方法：

以第一部分工程费用与联合试运转费用之和的投资额为基础，按照工程项目的不同规模分别确定的设计费费率计算；施工图预算编制按设计费的 10%计算；竣工图编制按设计费的 8%计算。

（5）工程监理费

工程监理费指委托工程监理单位对工程实施监理工作所需的费用，包括施工监理和勘察、设计、保修等阶段的监理费用。

计算方法：按国家发展改革委和建设主管部门发布的现行工程建设监理费有关规定估列。以所监理工程投资为基数，按照监理工程的不同规模分别确定的监理费费率计算或者按照参与监理工作的工日计算。

（6）前期工作咨询费

前期工作咨询费指建设项目前期工作的咨询收费，包括建设项目专题研究、编制和评估项目建议书、编制和评估可行性研究报告，以及其他与建设项目前期工作有关的咨询服务收费。

（7）工程保险费

工程保险费指建设项目在建设期间根据需要对建筑工程、安装工程及机器设备和人身安全进行投保而发生的保险费用，包括建筑安装工程一切险、人身意外伤害险和引进设备财产保险等费用。按国家有关规定计列，可按下式估算：

$$工程保险费=第一部分工程费用\times(0.3\%\sim0.6\%)$$

（8）招标代理服务费

招标代理服务费指招标代理机构接受招标人委托，从事招标业务所需的费用，包括编制招标文件（包括编制资格预审文件和标底），审查投标人资格，组织投标人踏勘现场并答疑，组织开标、评标、定标以及提供招标前期咨询、协调合同的签订等业务费用。

（9）施工图审查费

施工图审查费指施工图审查机构受建设单位委托，根据国家法律、法规、技术标准与规范，对施工图进行审查所需的费用，包括对施工图进行结构安全和强制性标准、规范执行情况进行独立审查的费用。

（五）基本预备费

基本预备费指初步设计（可行性研究）过程中难以预料的费用。一般按建筑安装工程费、设备工器具购置费和工程建设其他费用之和的百分比计算。可行性研究预备费为10%～15%，初步设计预备费为8%～10%。

（六）涨价预备费

涨价预备费是对建设工期较长的项目，在建设期内价格上涨可能引起的投资增加而预留的费用。一般以建筑安装工程费、设备工器具购置费和工程建设其他费用之和为计算基数。计算公式为

$$PC=\sum_{i=1}^{n}I_t[(1+f)^t-1]$$

式中：PC —— 涨价预备费；

I_t—— 第 t 年工程投资；

f—— 建设期价格上涨指数；

n —— 建设期。

【例题 1】某项目静态投资 12 000 万元，按进度计划，建设期 4 年，资金安排计划为：第一年 2 000 万元、第二年 4 000 万元、第三年 4 000 万元、第四年 2 000 万元，价格上涨指数平均 4%，估算涨价预备费。

解：第一年涨价预备费为　2 000×[(1+4%)−1]=80 万元

第二年涨价预备费为　4 000×[(1+4%)^2−1]=326.4 万元

第三年涨价预备费为　4 000×[(1+4%)^3−1]=499.46 万元

第四年涨价预备费为　2 000×[(1+4%)^4−1]=339.72 万元

涨价预备费合计：1 245.58 万元

（七）建设期利息

建设期利息是指借款在建设期内发生的并计入固定资产的利息。一般情况下当年投资借款按年中发生计算，并计算复利。

【例题 2】某项目贷款 12 000 万元，按进度计划，建设期 4 年，资金安排计划为：第一年贷款 2 000 万元、第二贷款年 4 000 万元、第三年贷款 4 000 万元、第四年贷款 2 000 万元，年利率 6%，请计算建设期贷款利息。（假设年底付息）

解：（1）第一年计息额：2 000 /2 =1 000 万元

第一年利息：1 000×6%=60 万元

（2）第二年计息额：4 000/2+2 000+60 =4 060 万元

第二年利息：4060×6%=243.6 万元

（3）第三年计息额：4 000/2+4 000+2 000+60+243.6 =8 303.6 万元

第三年利息：8 303.6×6%=498.22 万元

（4）第四年计息额：2 000/2+4 000+4 000+2 000+60+243.6+498.22 =11 801.82 万元

第四年利息：11 801.82×6%=708.11 万元

建设期贷款利息合计：60+243.6+498.22+708.11=1 509.93 万元

七、流动资金

为保证项目投产后正常生产经营所必需的流转资金，其估算方法通常有扩大指标法和分项详细估算法。

（一）扩大指标法

扩大指标法是一种简化的估算方法，精度不高，适用于建议书和预可研阶段。可参照同类企业流动资金占销售收入、经营成本、固定资产投资的比例，以及单位产量占用流动资金的比率估算。

（二）分项详细估算法

分项详细估算法对各项流动资产和流动负债分别进行估算。在可行性研究中，为了简化，仅对存货、现金、应收账款和应付账款四项进行估算，计算公式为

流动资金=流动资产−流动负债

流动资产=应收账款+存货+现金

流动负债=应付账款

流动资金本年增加额=本年流动资金−上年流动资金

流动资金估算的具体步骤：先计算存货、现金、应收账款和应付账款的年周转次数，然后再分项估算占用资金额。

周转次数的公式如下，也可参照类似企业的平均周转天数并结合项目特点确定，或按部门（行业）规定计算。

周转次数=360/最低周转天数

第三节　工程生产成本估算

一、指标组成

估算指标分综合指标和分项指标。综合指标包括建筑安装工程费、设备购置费、工程建设其他费用、预备费；分项指标包括建筑安装工程费、设备购置费。

（一）建筑安装工程费

建筑安装工程费由直接费用和综合费用组成。

为简化计算，直接费用由人工费、材料费、机械费组成。将建筑、安装工程费项目

构成中的措施费（环境保护、文明施工、安全施工、临时设施、夜间施工等内容）按一定比例分别摊入人工费、材料费和机械费；二次搬运、大型机械设备进出场及安装拆除、混凝土和钢筋混凝土模板及支架、脚手架编入直接工程费。

综合费用由间接费用、利润和税金组成。

（二）设备购置费

设备购置费计算公式为

设备购置费＝设备原价＋设备运杂费

式中，设备运杂费指除设备原价之外的设备采购、运输、包装及仓库保管等方面支出费用的总和。

（三）工程建设其他费用

工程建设其他费用包括建设管理费、可行性研究费、研究试验费、勘察设计费、环境影响评价费、场地准备及临时设施费、工程保险费、联合试运行费、生产准备及开办费。

（四）预备费

预备费包括基本预备费和价差预备费。基本预备费是指在投资估算阶段不可预见的工程费用。价差预备费是指为在建设期内利率、汇率或价格等因素的变化而预留的可能增加的费用，亦称为价格变动不可预见费。

二、编制期价格、费率取定

（一）价格取定

人工工资总和单价、材料价格、机械台班单价按当地当年价格。

（二）费率取定

（1）措施费

分别摊入人工费、材料费和机械费。措施费费率见表 8-4。

计算基数：人工费+材料费+机械费。

分摊比例：其中人工费 8%，材料费 87%，机械费 5%，分别按比例计算。

表 8-4 措施费费率表 单位：%

项目	道路	桥梁	给水	排水	防洪堤防	隧道		燃气	热力	路灯
						岩石	软土			
费率	4.1	4.4	6	6	4	5.08	5.08	6	4	4

（2）综合费

综合费费率见表 8-5。

表 8-5 综合费费率表 单位：%

项目	道路	桥梁	给水	排水	防洪堤防	隧道		燃气	热力	路灯
						岩石	软土			
费率	22.78	22.9	21.3	21.3	21	27.68	27.68	21.3	21.3	21

计算基数：估算指标直接费。

（3）工程建设其他费用费率

工程建设其他费用费率按 15%确定。

计费基数：建筑安装工程费+设备购置费。

（4）基本预备费

基本预备费费率按 8%确定。

（三）指标计算程序

指标计算程序见表 8-6。

表 8-6 指标计算程序

综合指标计算程序		
序号	项目	取费基数及计算式
	指标基价	一＋二＋三＋四
一	建筑安装工程费	4＋5
1	人工费小计	—
2	材料费小计	—
3	机械费小计	—
4	直接费小计	1＋2＋3
5	综合费用	4×综合费用费率
二	设备购置费	原价＋设备运杂费
三	工程建设其他费用	（一＋二）×工程建设其他费用费率
四	基本预备费	（一＋二＋三）×8%

分项指标计算程序

序号	项目	取费基数及计算式
	指标基价	一＋二
一	建筑安装工程费	（四）＋（五）
1	人工费	—
2	措施费分摊	（1＋3＋5）×措施费费率×8%
（一）	人工费小计	1＋2
3	材料费	—
4	措施费分摊	（1＋3＋5）×措施费费率×87%
（二）	材料费小计	3＋4
5	机械费	—
6	机械费分摊	（1＋3＋5）×措施费费率×5%
（三）	机械费小计	5＋6
（四）	直接费小计	（一）＋（二）＋（三）
（五）	综合费用	（四）×综合费用费率
二	设备购置费	原价＋设备运杂费

（四）指标调整

由于指标编制时期和实际项目投资估算编制时期不同，编制建设项目投资估算时应按下述办法调整指标。具体调整办法如下：

（1）建筑安装工程费的调整

调整后的人工费：以指标人工工日数乘以当时当地造价管理部门发布的人工单价确定。

调整后的材料费：以指标主要材料消耗量乘以当时当地造价管理部门发布的相应材料价格确定。

其中，调整后的其他材料费=

$$\text{指标其他材料费}\times\frac{\text{调整后的主要材料费}}{\text{指标（材料费小计}-\text{其他材料费}-\text{材料费中措施费分摊）}}$$

调整后的机械费：列出主要机械台班消耗量的调整方式：以指标主要台班消耗量乘以当时当地造价管理部门发布的相应机械台班价格确定。

其中，调整后的其他机械费=

$$\text{指标其他机械费}\times\frac{\text{调整后的主要机械费}}{\text{指标（机械费小计}-\text{其他机械费}-\text{机械费中措施费分摊）}}$$

未列出主要机械台班消耗量的调整方式：

$$\text{调整后的机械费}=\text{指标机械费}\times\frac{\text{调整后的（人工费}+\text{材料费）}}{\text{指标（人工费}+\text{材料费）}}$$

指标中的人工、材料、机械费的消耗量原则上不做调整。使用时，可按指标消耗量及工程所在地当时当地市场价格调整指标。

直接费用：调整后的直接费用为调整后的人工费、材料费、机械费之和。

综合费用：综合费用的调整应按当时当地不同工程类别的综合费率计算。计算公式为

综合费用=调整后的直接费用×当时当地的综合费率

建筑安装工程费：

建筑安装工程费=调整后的（直接费用+综合费用）

费率可参照指标确定，也可按各级建设主管部门发布的费率进行调整。

（2）设备购置费的调整

指标中列有设备购置费的，按主要设备清单，采用当时当地的设备价格或上涨幅度进行调整。

（3）工程建设其他费用的调整，按国家规定的不同工程类别的工程建设其他费用率计算。

（4）基本预备费的调整

$$\text{基本预备费} = \text{调整后的（建筑安装工程费} + \text{设备购置费）} \times \text{国家规定的工程建设其他费用费率}$$

（5）指标基价的调整

$$\text{指标基价} = \text{调整后的}\begin{pmatrix}\text{建筑安装工程费} + \text{设备购置费} \\ + \text{工程建设其他费用} + \text{基本预备费}\end{pmatrix}$$

第四节 工程的投资决策

一、资金的时间价值

（一）现金流量

1．现金流量的含义

在工程经济分析中，通常将所考察的对象视为一个独立的经济系统。在某一时间点 t 流入系统的资金称为现金流入，记为 CI_t；流出系统的资金称为现金流出，记为 CO_t；同一时间点上的现金流入与现金流出的代数和称为净现金流量，记为 NCF 或（CI－CO）t。现金流入量、现金流出量、净现金流量统称为现金流量。

2．现金流量图

现金流量图是以时间为横坐标，令现金流入（收入）为正，现金流出（支出）为负，

而作出的资金运动示意图（图 8-1）。它是一种反映经济系统资金运动状态的图式，运用现金流量图可以全面、形象、直观地表示现金流量的三要素：大小（资金数额）、方向（资金流入或流出）和作用点（资金的发生时间点）。

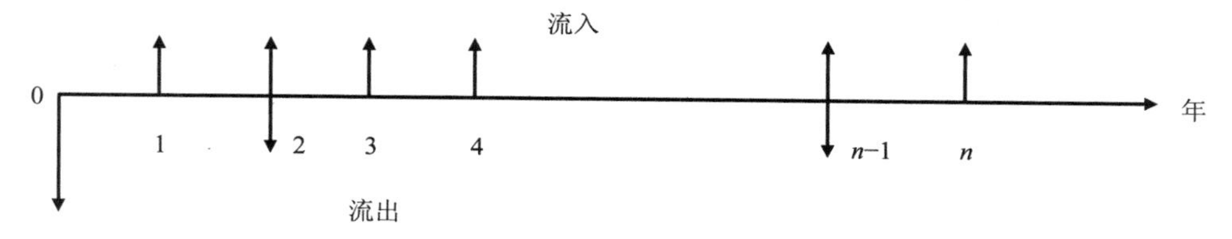

图 8-1　现金流量图示意

现金流量图的绘制规则如下：

1）横轴为时间轴，零表示时间序列的起间点，n 表示时间序列的终点。轴上每一间隔代表一个时间单位（计息周期），可取年、半年、季或月等。整个横轴表示的是所考察的经济系统的寿命期。

2）与横轴相连的垂直箭线代表不同时间点的现金流入或现金流出。在横轴上方的箭线表示现金流入（收益）；在横轴下方的箭线表示现金流出（费用）。

3）垂直箭线的长短要能适当体现各时间点现金流量的大小，并在各箭线上方（或下方）注明其现金流量的数值。

4）垂直箭线与时间轴的交点即为现金流量发生的时间点。

例如：某人连续三年年初向银行存入 5 万元人民币，8 年后年初一次性取出来，对此人而言的现金流量图如下：

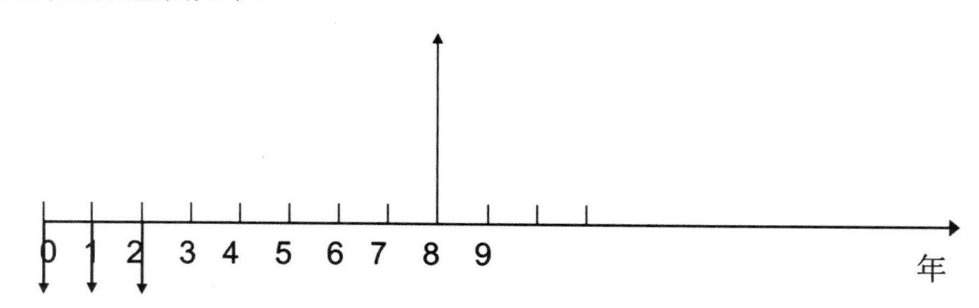

（二）资金的时间价值

1．资金时间价值的概念

如果将一笔资金存入银行会获得利息，投资到工程项目中可获得利润。而如果向银行借贷，也需要支付利息。这反映出资金在运动中，会随着时间的推移而变动。变动的这部分资金就是原有资金的时间价值。

2．利息与利率

利息是指货币持有者（债权人）因贷出货币或货币资本而从借款人（债务人）手中获得的报酬，或者说是因存款、放款而得到的本金以外的钱（区别于本金）。

利率是一定时期内利息额与借贷资金额即本金的比率，通常用百分比表示。根据计量的期限标准不同，表示方法有年利率、月利率、日利率。

利率= 利息/（本金×时间）×100%。

利息计算公式是：利息=本金×利率×时间。

（1）单利的计算

本金在贷款期限中获得利息，不管时间多长，所生利息均不加入本金重复计算利息。

单利利息计算：

$$I=P\times i\times t$$

$$\text{终值计算：}F=P+P\times i\times t$$

$$\text{现值计算：}P=F/(1+i\times t)$$

式中：P——本金，又称期初额或现值；

I——利息；

i——利率，通常指每年利息与本金之比；

F——本金与利息之和，又称本利和或终值；

t（n）——时间（计算利息的期数）。

【例题】某企业有一张带息期票，面额为 1 200 元，票面利率为 4%，出票日期为 6 月 15 日，8 月 14 日到期（共 60 d），则到期时利息是多少。

解：I=1 200×4%×60/360=8 元

（2）复利计算

每经过一个计息期，要将所生利息加入本金再计利息，逐期滚算，俗称“利滚利”。

1）复利终值：

$$F=P(1+i)^n$$

其中$(1+i)^n$被称为复利终值系数或 1 元的复利终值，用符号（F/P，i，n）表示。

2）复利现值：

$$P=F(1+i)^{-n}$$

其中$(1+i)^{-n}$称为复利现值系数，或称 1 元的复利现值，用（P/F，i，n）表示。

3）复利利息：

$$I=S-P$$

4）名义利率与实际利率：

复利的计息期不一定总是一年，有可能是季度、月、日。当利息在一年内要复利几次，给出的年利率叫作名义利率。

【例题】一个环保设备工程从银行贷款 1 000 万元人民币，年贷款利率为 8%，贷款期为 5 年。试按年复利、月复利、周复利、日复利分别计算其 5 年后应该一次性还银行多少钱？

解：①按年利率

$S_5 = 1\,000(1+0.08)^5 = 1\,469.33$万元

②按月利率，月利率＝8%/12＝0.666 7%，计息周期数为 60

$S_{60} = 1\,000(1+0.006\,667)^{60} = 1\,489.85$万元

③按周利率，周利率＝8%/52＝0.153 8%，计息周期数为 260

$S_{260} = 1\,000(1+0.001\,538)^{260} = 1\,491.37$万元

④按日利率，日利率＝8%/365＝0.021 92%，计息周期数为 1 825

$S_{1\,825} = 1\,000(1+0.000\,219\,2)^{1\,825} = 1\,491.76$万元

二、工程投资决策

（一）投资决策概念

投资决策是指投资主体在调查、分析、论证的基础上，对投资活动所做出的最后决断。按层次不同，可分为：①宏观投资决策。从国民经济综合平衡角度出发，对影响经济发展全局的投资规模、投资使用方向、基本建设布局以及重点建设项目、投资体制、投资调控手段和投资政策、投资环境的改善等内容做出抉择的过程。宏观投资决策直接影响到经济持续、稳定、协调、高效地发展，在整个宏观经济决策中具有举足轻重的地位。它的失误往往是国民经济大起伏、大调整的最直接的原因。②微观投资决策。也称“项目投资决策”，指在调查、分析、论证的基础上，对拟建工程项目进行最后决断。项目投资决策涉及建设时间、地点、规模，技术上是否可行、经济上是否合理等问题的分析论证和抉择，是投资成败的首要环节和关键因素。微观投资决策是宏观投资决策的基础，宏观投资决策对微观投资决策具有指导作用。

（二）工程建设项目投资决策的原则

1）系统性原则：工程建设项目规模大、周期长，其中包含了多个方面的影响因素，在这样一个复杂的环境下进行投资决策需要从整体的角度出发，利用系统的观点对决策指标进行合理分析。

2）科学性原则：整个投资决策体系应该与我国现有的科学发展观的观念一致，不仅需要考虑决策者和企业的利益，同时也要兼顾整个社会、整个国家的利益。

3）独立性原则：一个工程建设项目中的投资决策中涉及很多方面，范围也比较广泛，其中很多需要考虑的指标之间会存在相关性和重复性，因此需要考虑到每一个单独指标的独立性。

（三）工程建设项目投资决策方法

1．确定投资决策指标权重

整个工程建设项目投资决策指标体系比较复杂，而且每一个评价指标的相对重要程度也不同，针对这种情况就只能利用权重表示这种相对重要程度，对权重进行合理的确定能够让各个决策指标的轻重分明，从而提高决策方案的可比性。一般实际情况中比较常用的确定权重的方法有主观赋权法和客观赋权法。

主观赋权法是通过专家的经验判断对各个指标进行打分确定权重，这种方式带有比较明显的主观意识，方法简单易行但是受到人为主观意志影响比较明显。

客观赋权法是建立在数学理论基础上，使用原始数据之间的关系确定每个指标的权重，这种方法科学性更强，但是在收集原始数据方面有一定难度，整个计算过程也比较复杂。最好的方法是能够进行主观赋权，又能够考虑到每个指标的原始数据进行客观赋权，将两者结合采用综合权重赋值的方式，能够提高其准确性和科学性。

2．建立科学的工程成本计算方法

在投资决策过程中，可以借鉴国外先进和成熟的经验，在我国现有的一系列已经比较完善的制度和手段的基础上利用对工程的造价信息进行整理、分析基础数据库的方式，有效保证建设造价的确定具有动态、科学的特征。

3．建立工程项目决策信息系统

想要做出正确的决策，就需要获得正确、全面的信息。因此，需要建立能够辅助决策的工程项目决策信息系统，从而实现工程项目决策信息系统中信息的统一化、标准化、网络化，投入一定的人力、物力和资金尽快开发出各种生命周期成本的计算，同时对生命周期的成本数据和文档进行统一管理，从而为工程做出正确科学的决策提供参考。

4．加强对未来运营成本的计算

想要实现对未来运营成本的计算，重点了解一次性成本和重复发生的成本，两个不同的成本中还涵盖了各种子范畴，到成本函数可以定义为止，再给出每一种成本的计算方法。这种计算方式能够得到准确的计算结果，在实际工程的应用具有良好效果。

第五节　工程的经济评价

一、经济评价简介

（一）经济评价的含义

环保设备工程项目的经济评价是可行性研究中对拟建项目方案计算期内各种有关技术经济因素和项目投入与产出的有关财务、经济资料数据进行调查、分析、预测，对项目的财务、经济、社会效益进行计算、评价，分析比较各个项目的方案优劣，从而确定和推荐最佳方案。

建设项目的经济评价是项目可行性研究和评估的核心内容，其目的在于避免或最大限度地减小项目投资的风险。

（二）经济评价的层次

经济评价包括财务评价及国民经济评价。

1．财务评价

财务评价是从企业角度出发，根据国家现行财政、税收制度和现行市场价格，计算项目的投资费用、产品成本与产品销售收入、税金等财务数据，进而据此计算、分析项目的盈利状况、收益水平、清偿能力、贷款偿还能力及外汇效果等，来考察项目投资在财务上的潜在获利能力，据此可明确建设项目的财务可行性和财务可接受性，并得出财务评价的结论。投资者可根据项目财务评价结论、项目投资的财务经济效果和投资所承担的风险程度，决定项目是否应该投资建设。

财务评价内容：

（1）财务盈利能力分析：就是分析和测算项目计算期的财务盈利能力和盈利水平。

（2）清偿能力分析：就是分析、测算项目偿还贷款的能力和投资的回收能力。

（3）外汇效果分析：涉及外资或产品出口的项目，应进行外汇效果分析，以衡量项目的创汇能力。

（4）风险分析：分析项目在建设和生产期可能遇到的不确定性因素和随机因素，对项目经济效果的影响程度，以预测项目可能承担的风险大小。

（5）财务状况分析：通过计算反映项目财务状况的指标，说明项目抵抗财务风险的能力。

2. 国民经济评价

国民经济评价是在财务评价的基础上进行的高层次的经济评价，是从国家和社会角度出发，采用影子价格、影子工资、影子汇率、社会折现率等经济参数，计算项目需要国家付出的代价和项目对促进实现国家经济发展的战略目标和对社会效益的贡献大小，对增加国民收入、增强国民经济实力、创收外汇、充分合理利用国家资源、提供就业机会、开发不发达地区、促进科学技术进步和落后部门的发展等方面的贡献程度，即从国民经济的角度判别建设项目经济效果的好坏，分析建设项目的国家盈利性，决策部门可根据项目国民经济评价结论，决定项目的取舍。对建设项目进行国民经济评价的目的，在于寻求用尽可能少的社会费用，取得尽可能大的社会效益的最佳方案。

国民经济评价计算指标有经济内部收益率、经济净现值。资产负债率是财务评价中最主要的计算指标之一。

影子价格：又称最优计划价格或计算价格。它是指依据一定原则确定的，能够反映投入物和产出物真实经济价值、反映市场供求状况、反映资源稀缺程度，使资源得到合理配置的价格。影子价格反映了社会经济处于某种最优状态下的资源稀缺程度和对最终产品的需求情况，有利于资源的最优配置。

影子汇率：统一用来计算外汇与人民币比值的国家参数，是外汇的影子价格，反映外汇对于国家的真实价值。

影子工资：用以计算劳务社会成本的国家参数，反映国家和社会为建设项目提供劳动力付出的代价。

社会折现率：是建设项目经济评价的通用参数。它表明社会对资金时间价值的估量，是建设项目经济可行性的主要判断依据。

3. 环保设备工程项目的经济评价

环保设备工程项目的经济评价，通常是先进行财务评价，然后用影子价格、影子汇率、影子工资、社会折现率等经济参数对项目有关的费用、效益进行调整后再进行国民经济评价，计算项目的经济内部收益率、经济净现值等主要指标，或辅以就业效果、分配效果、外汇效果及出口产品价格竞争力等附加指标，以判断项目的宏观可行性。

对建设期和生产期较短、不涉及进出口平衡的项目，如其财务评价结果能满足最终决策的需要，就不一定要做国民经济评价。但对国计民生有重大影响的、投资规模较大的重大项目，应作国民经济评价。

二、经济评价指标

经济评价指标分为两大类：一类是以货币单位计量的价值型指标，例如净现值、净年值、费用现值、费用年值等；另一类是反映资金利用效率的效率型指标，如投资收益率、内部收益率、净现值指数等。

两类指标是从不同角度考察项目的经济性，所以，在对投资方案进行经济效果评价时，应当尽量同时选用这两类指标，而不仅是单一指标。

项目方案的决策结构是多种多样的，因此，各类指标的适用范围和应用方法也是不同的。

环保设备工程项目经济评价计算指标可分为动态指标和静态指标两种，前者系将项目全部投资、项目资本金或投资各方现金流量表中的净现金流量，根据资金时间价值的原理进行折现，计算得到的评价指标；后者系不进行折现，直接计算得到的评价指标。

在经济评价计算指标中，各种财务内部收益率及净现值、经济内部收益率及经济净现值为动态指标，其余均为静态指标。

静态评价指标主要用于技术经济数据不完备和不精确的项目初选阶段。

动态评价指标则用于项目最后决策前的可行性研究阶段。

三、评价指标特性分析

（一）静态指标分析

1．投资回收期

投资回收期是指投资项目投产后获得的收益总额达到该投资项目投入的投资总额所需要的时间（年限）。

$$\sum_{t=0}^{T_p}\mathrm{NB}_t=\sum_{t=0}^{T_p}(B_t-C_t)=K$$

式中：K——投资总额；

B_t——第 t 年的收入；

C_t——第 t 年的支出（不包括投资）；

NB_t——第 t 年的净收入，$\mathrm{NB}_t=B_t-C_t$；

T_p——投资回收期。

2．投资收益率

（1）投资收益率

投资收益率是项目在正常生产年份的净收益与投资总额的比值。

$$R=\frac{\mathrm{NB}}{K}$$

式中：K——投资总额；

R——投资收益率；

NB —— 正常年份的净收益。

（2）投资收益率常见的具体形态

根据 K 和 NB 的具体含义，R 可以表现为各种不同的具体形态。

$$全部投资收益率=\frac{年利润+折旧与摊销+利息支出}{全部投资额}$$

$$权益投资收益率=\frac{年利润+折旧与摊销}{权益投资额}$$

$$投资利税率=\frac{年利润+税金}{全部投资额}$$

$$投资利润率=\frac{年利润}{权益投资额}$$

（3）基准收益率

通常，在选择投资机会或决定工程方案取舍之前，投资者首先要确定一个最低目标，即选择特定的投资机会或投资方案必须达到预期收益率，这种选定的“利率”就称为基准投资收益率。

设基准投资收益率为 Rb，判别准则为：若 $R \geqslant Rb$，则项目可以考虑接受；若 $R < Rb$，则项目应予以拒绝。

（二）动态指标分析

1．净现值

（1）净现值（net present value，NPV）的定义与计算

把一个项目在其寿命期内各年发生的现金流量，按规定的折现率分别折算成基准时刻（一般为项目投资的起始点）的现值，其流入资金的现值与流出资金现值的代数和（图 8-2）。

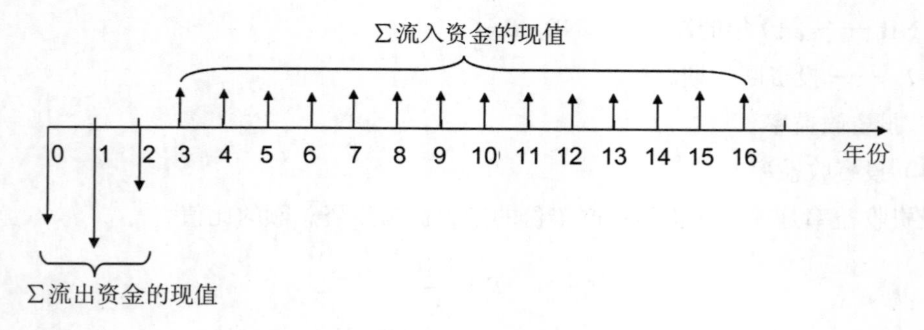

图 8-2 净现值图示

$$NPV=\Sigma 流入资金的现值-\Sigma 流出资金的现值=\sum_{t=0}^{n}(CI_t-CO_t)(1+i)^{-t}$$

式中：CI_t —— 现金流入；

CO_t —— 现金流出；

（CI_t-CO_t） —— 第 t 年净现金流量；

i —— 折现率；

t —— 年数；

n —— 建设与生产年份的总和。

可见，一个项目的净现值大于零，表示该项目在资金时间等效值的意义上是盈利的。该项目在偿还全部贷款的本金及利息后仍然有盈余，而且净现值越大，项目的盈利能力越强。

实际上，累加折现现金流量曲线在其最后一个时间点对应的累加折现现金流量值，就是这个项目的净现值。

（2）折现率对净现值计算结果的影响

在计算净现值时，投资项目的未来现金流量应当按照预定的折现率进行折现。预定折现率是投资者预期的最低回报率。

净现值为正，方案可行，表明方案的实际收益率高于要求的收益率；净现值为负，方案不可取，表明方案的实际投资回报率低于要求的回报率；净现值为零，表明该方案的投资收益刚好满足要求的投资收益。因此，净现值的经济实质是投资方案收益超过基本收益后的剩余收益。

【例题 1】有一个投资项目，起始点年初一次性投资 1 000 万元人民币，然后后续连续两个年初分别一次性各投资 1 000 万元人民币，从第四年年初开始，每年净收益 700 万元人民币，连续收益 8 年后项目终止。试分别计算折现率为 0、5%、10%、15%时，该项目的净现值（NPV）。

解：首先画出该项目的现金流量图，然后，针对确定的资金流量曲线，按 NPV 定义进行计算。

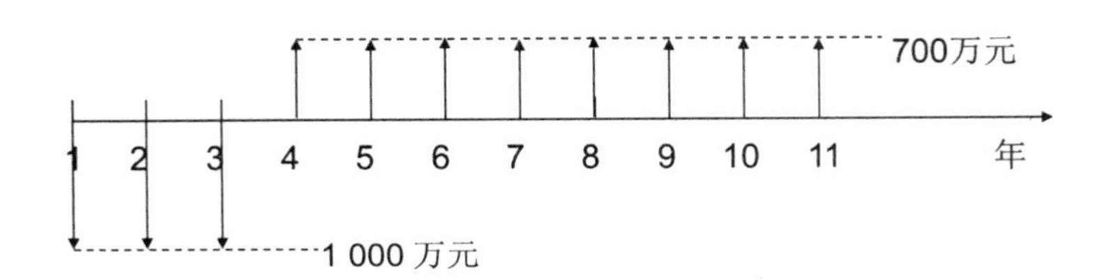

1）当折现率为 0 时（i=0），实际上相当于静态方法。

$$NPV_{(i=0)}=700\times8-1\,000\times3=2\,600\text{（万元）}$$

2）当折现率为 5%时（i=0.05）。

$$NPV_{(i=0.05)}=\frac{700}{(1+0.05)^3}+\frac{700}{(1+0.05)^4}+\cdots+\frac{700}{(1+0.05)^{10}}-\frac{1\,000}{(1+0.05)^2}-\frac{1\,000}{(1+0.05)}-1\,000$$

=1 244.217（万元）

3）当折现率为 10%时（i=0.1）。

$$NPV_{(i=0.10)}=\frac{700}{(1+0.1)^3}+\frac{700}{(1+0.1)^4}+\ldots+\frac{700}{(1+0.1)^{10}}-\frac{1\,000}{(1+0.1)^2}-\frac{1\,000}{(1+0.1)}-1\,000$$

=350.783 8（万元）

4）当折现率为 15%时（i=0.15）。

$$NPV_{(i=0.15)}=\frac{700}{(1+0.15)^3}+\frac{700}{(1+0.15)^4}+\cdots+\frac{700}{(1+0.15)^{10}}-\frac{1\,000}{(1+0.15)^2}-\frac{1\,000}{(1+0.15)}-1\,000$$

=−250.567（万元）

折现率对 NPV 计算结果影响见表 8-7。

表 8-7　折现率对 NPV 计算结果影响一览表

折现率（i）	NPV/万元
0	2 600
0.05	1 244.217
0.10	350.7838
0.15	−250.567

绘制折现率对 NPV 计算结果影响见图 8-3。

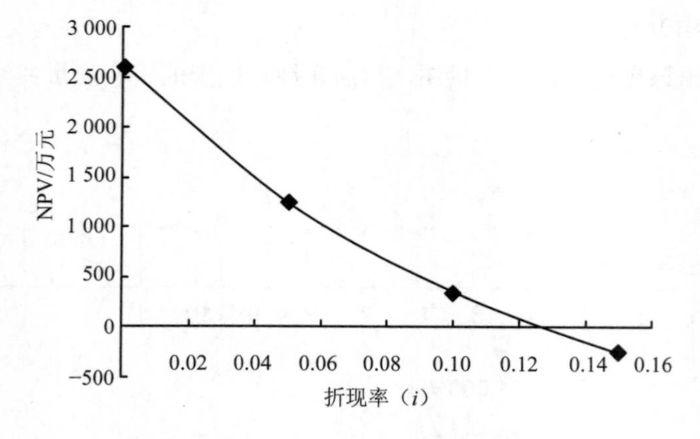

图 8-3　折现率对 NPV 计算结果影响

2．内部收益率

（1）内部收益率

内部收益率（internal rate of return，IRR），就是资金流入现值总额与资金流出现值总额相等、净现值等于零时的折现率。

IRR 是 NPV 曲线与横坐标交点处对应的折现率，即

$$\mathrm{NPV(IRR)}=\sum_{t=0}^{n}(\mathrm{CI}-\mathrm{CO})_t(1+\mathrm{IRR})^{-t}=0$$

式中：CI —— 第 t 年的现金流入；

CO —— 第 t 年的现金流出；

n —— 建设和生产服务年限的总和；

IRR —— 内部收益率。

IRR 示意见图 8-4。

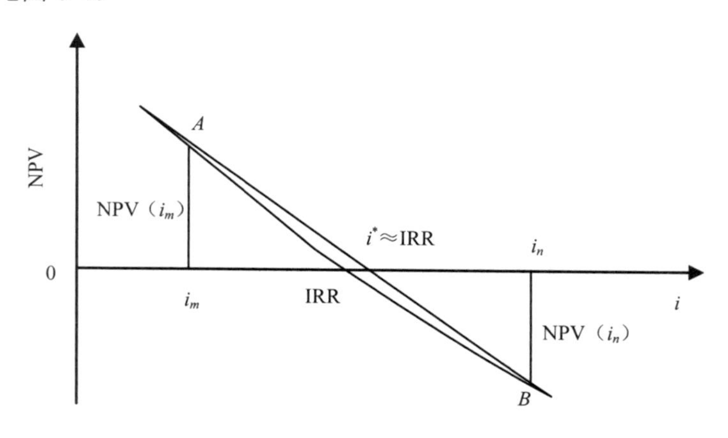

图 8-4　IRR 示意

【例题 2】某环保设备工程项目净现金流量如表 8-8 所示。当基准折现率 i_0=12%时，试用内部收益率指标判断该项目在经济效果上是否可以接受。

表 8-8　某工程项目现金流量表

年末	0	1	2	3	4	5
净现金流量	－100	20	30	20	40	40

解：设 i_m=10%，i_n=15%，分别计算其净现值：

NPV_m=−100+20（P/F，10%，1）+30（P/F，10%，2）+20（P/F，10%，3）+40（P/F，10%，4）+40（P/F，10%，5）=10.16（万元）

NPV_n=−100+20（P/F，15%，1）+30（P/F，15%，2）+20（P/F，15%，3）+
40（P/F，15%，4）+40（P/F，15%，5）=−4.02（万元）

再用内插法算出内部收益率 IRR：

IRR=10%+（15%−10%）×［10.16/（10.16+4.02）］=13.5%

由于 IRR（13.5%）大于基准折现率（12%），故该项目在经济效果上是可以接受的。

（2）内部收益率指标的优点

内部收益率被普遍认为是项目投资的盈利率，反映了投资的使用效率，概念清晰明确。比起净现值与净年值，实际经济工作者更喜欢用内部收益率。

内部收益率指标的另一个优点是，基准折现率不是事先给定的，是由项目现金流计算出来的，而是在计算净现值和净年值时都需要事先给定基准折现率，这是一个既困难又易引起争论的问题。

当基准折现率 i_0 不易被确定为单一值而是落入一个小区间时，若内部收益率落在该区间之外，则使用内部收益率指标的优越性是显而易见的。如图 8-4 所示，当 $i_m \leqslant i_0 \leqslant i_n$ 时，若 IRR＞i_n，或 IRR＜i_m，根据 IRR 的判别准则，很容易判断项目的取舍。

3．外部收益率

对投资方案内部收益 IRR 的计算，隐含着一个基本假定，即项目寿命期内所获得的净收益全部可用于再投资，再投资的收益率等于项目的内部收益率。这种隐含假定是由于现金流计算中采用复利计算方法导致的。

外部收益率（external rate of return，ERR）实际上是对内部收益率的一种修正，计算外部收益率时也假定项目寿命期内所获得的净收益全部可用于再投资，所不同的是假定再投资的收益率等于基准折现率。

$$\sum_{t=0}^{n} \mathrm{NB}_t (1+i_0)^{n-t} = \sum_{t=0}^{n} K_t (1+\mathrm{ERR})^{n-t}$$

【例题 3】某环保设备公司为一项工程提供一套大型设备，合同签订后，买方要分两年先预付一部分款项，待设备交货后再分两年支付设备价款的其余部分。环保公司承接该项目预计各年的净现金流量如表 8-9 所示。基准折现率 i_0 为 10%，试用收益率指标评价该项目是否可行。

表 8-9 某项目的现金流量表

年	0	1	2	3	4	5
净现金流量	1 900	1 000	−5 000	−5 000	2 000	6 000

解：该项目是一个非常规项目，参照例题 2，其 IRR 有两个解：i_1=10.2%，i_2=47.3%，

故不能用 IRR 指标进行评价，可计算其 EER。

据 ERR 计算公式列出如下方程：

$1\,900(1+10\%)^5+1\,000(1+10\%)^4+2\,000(1+10\%)+6\,000=5\,000(1+\text{ERR})^3+5\,000(1+\text{ERR})_2$

可解得：

ERR=10.1%，ERR＞i_0，项目可接受。

ERR 指标的使用并不普遍，但是对于非常规项目的评价，ERR 有其优越之处。

4．动态投资回收期

动态投资回收期指按现值计算的投资回收期。动态投资回收期法克服了传统的静态投资回收期法不考虑货币时间价值的缺点。即考虑时间因素对货币价值的影响，使投资指标与利润指标在时间上具有可比性条件下，计算出投资回收期。

动态投资回收期是能使下式成立的 T_p^*。

$$\sum_{t=0}^{T_p}(\text{CI}-\text{CO})_t(1+i_0)^{-t}=0$$

用动态投资回收期评价投资项目的可行性需要与根据同类项目的历史数据和投资者意愿确定的基准动态投资回收期相比较。

如果某环保设备工程的期初投资为 P，设备投入后每年的净收益为 R，在基准折现率为 i_0 的条件下，设备的投资回收期 n 为多少？

$$P=\frac{R}{(1+i_0)}+\frac{R}{(1+i_0)^2}+\frac{R}{(1+i_0)^3}+\cdots+\frac{R}{(1+i_0)^n}=R(P/A,i_0,n)$$

$$=R\frac{(1+i_0)^n-1}{i_0(1+i_0)^n}(1+i_0)^n=\frac{R}{R-Pi_0}$$

$$n=\frac{\lg\left(\dfrac{R}{R-Pi_0}\right)}{\lg(1+i_0)}$$

【例题 4】通过对设计资料分析与预测，某环保设备工程在其 17 年经营期内的现金流量图如下（单位：百万元人民币）：

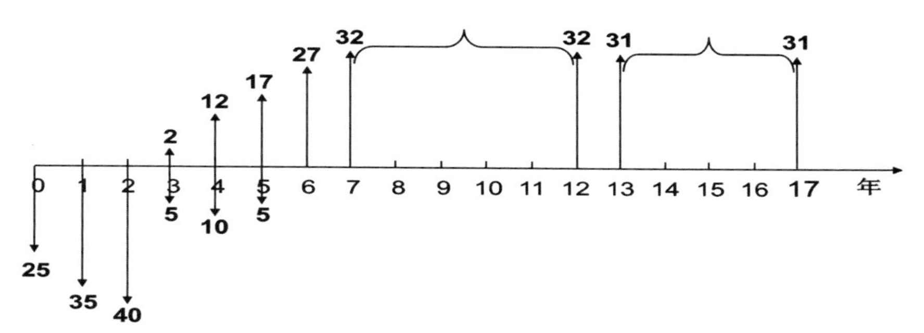

按年折现率为 10%来考虑折现问题。试画出该项目的累计现金流通图和累计折现现金流通图，并计算出动态和静态还本期。

解：

年份	各年净现金流量	各年折现因子	各年折现现金流量	累计现金流量	累计折现现金流量
0	−25	1	−25	−25	−25
1	−35	0.909 091	−31.818 2	−60	−56.818 2
2	−40	0.826 446	−33.057 9	−100	−89.876
3	−3	0.751 315	−2.253 94	−103	−92.13
4	2	0.683 013	1.366 027	−101	−90.764
5	12	0.620 921	7.451 056	−89	−83.312 9
6	27	0.564 474	15.240 8	−62	−68.072 1
7	32	0.513 158	16.421 06	−30	−51.651
8	32	0.466 507	14.928 24	2	−36.722 8
9	32	0.424 098	13.571 12	34	−23.151 7
10	32	0.385 543	12.337 39	66	−10.814 3
11	32	0.350 494	11.215 8	98	0.401 511
12	32	0.318 631	10.196 19	130	10.597 7
13	31	0.289 664	8.979 596	161	19.577 29
14	31	0.263 331	8.163 269	192	27.740 56
15	31	0.239 392	7.421 154	223	35.161 72
16	31	0.217 629	6.746 503	254	41.908 22
17	31	0.197 845	6.133 185	285	48.041 4

注：①各年折现因子$=\dfrac{1}{(1+10\%)^n}$（n 为年份）；

②各年折现现金流量=各年净现金流量×各年折现因子；

③累积现金流量$=\sum_{i=0}^{n}$（各年净现金流量）

④累积折现现金流量$=\sum_{i=0}^{n}$（各年折现现金流量）

由上表可见：根据累计现金流量可知该项目的静态回收期约为 8 年，根据累计折现现金流量该项目的动态回收期约 11 年。

（三）静态指标的动态分析

在项目评价中，对分年计算的静态指标，也须进行动态分析，其变化趋势对评价结论有着极为重要的影响。

现以资产负债率为例，对此进行说明。

在财务会计中，仅需计算某一会计期间的资产负债率；财务评价不同，需要计算项目计算期隔年的资产负债率，需要以动态的、发展的观点分析该指标各年的情况，要求其总体上呈减少趋势。

比如某项目有甲、乙两个方案，计算期内平均资产负债率相近。但甲方案在计算期开始几年，资产负债率大于合理区间的上限，以后财务状况逐渐改善，资产负债率逐渐下降，直至降到合理区间的上限以下，则说明该项目偿债能力不断增强，有较强的财务生存能力和持续发展能力；而乙方案变化趋势与甲方案相反，前几年资产负债率在合理区间的上限以下，以后逐年增大，在最后几年高出合理区间，则应认为乙方案财务状况不断恶化，偿债能力和融资能力下降，到计算期最后几年，项目在财务上难以生存。

（四）硬性指标与软性指标

经济评价指标分为硬性指标和软性指标两种。前者在项目计算期各年，如超出允许范围，则需设法弥补；而后者则在计算期内某些年份可以超出其允许范围而无须采取相应措施弥补。

现以偿债备付率及资产负债率为例，说明硬性指标及软性指标的区别。

偿债备付率属于硬性指标。如项目融资能力差，届时不能筹集短期借款，也不能采用其他方法解决，则项目该年资金来源枯竭，从该年起在财务上就无法生存。无论偿债备付率最低可接受值是 1 还是 1.3，项目在整个偿还期内，如有某年该指标小于最低可接受值，都表示该项目该年可用于还本付息的资金不能偿还约定偿还期的长期借款及支付全部利息。

资产负债率属于软性指标。尽管该指标也有合理区间，但在计算期内某些年费，允许其大于合理区间的上限而不需要通过增加资本金等方法使其降至合理区间。

资产负债率是项目评价中最重要的计算指标之一。适度的资产负债率既能表明企业投资人、债权人的风险较小，又能表明企业经营安全、稳健，具有较强的融资能力，适度的资产负债率，表明企业经营安全、稳健，表明企业和债权人的风险较小，也表明企业具有较强的筹资能力。

所谓适度的资产负债率应该包括：

1）项目计算期内的平均资产负债率应在其合理区间的上限以下；

2）除了计算期较短的项目，比如出售型房地产项目，其余项目计算期内大多数年份的资产负债率均应在其合理区间的上限以下；

3）计算期隔年的资产负债率总体上应呈减少趋势；

4）计算期最后一年的资产负债率应等于应付账款、预收账款与流动资金借款之和与资产的比值，表示在该年或该年之前应还清全部长期借款及短期借款，即项目的长短期借款偿还期应不大于计算期。

四、环保设备工程方案的经济效果评价

1．独立方案的经济效果评价

独立方案是指作为评价对象的各个方案的现金流是独立的，不具有相关性，且任一方案的采用与否都不影响其他方案是否采用的决策。

独立方案的采用与否，只取决于方案自身的经济性，即只需检验它们是否能够通过净现值、净年值或内部收益率指标的评价标准。因此，多个独立方案与单一方案的评价方法是相同的。

用经济效果评价标准（如 NPV≥0，NAV≥0，IRR≥i_0）检验方案自身的经济性，叫"绝对（经济）效果检验"。凡通过绝对效果检验的方案，就认为它在经济效果上是可以接受的，否则就应予以拒绝。

2．互斥方案的经济效果评价

方案之间存在着互不相容、互相排斥关系的称为互斥方案，在对多个互斥方案进行比选时，至多只能选取其中之一。

在方案互斥的决策结构形式下，经济效果评价包含了两部分内容：①考察各个方案自身的经济效果，即进行绝对（经济）效果检验；②考察哪个方案相对最优，称"相对（经济）效果检验"。两种检验的目的和作用不同，通常缺一不可，只有在众多互斥方案中必须选择其中之一时才可能只进行相对效果检验。

3．寿命不等的互斥方案比选

对于寿命相等的互斥方案，通常将方案的寿命期设定为共同的分析期（或称计算期），这样，在利用资金等值原理进行经济效果评价时，方案间在时间上就具有可比性。

对寿命不等的互斥方案进行比选，同样要求方案间具有可比性。满足这一要求需要解决两个方面的问题：①设定一个合理的共同分析期；②给寿命期不等于分析期的方案选择合理的方案接续假定或者残值回收假定。通常可采用年值法、现值法、计算期统一法等进行方案的比较。

第六节　工程投资风险分析

一、环保设备工程投资风险分析概述

在项目的实施过程中，会有很多影响工程投资的风险因素，如果对这些因素不加以管理控制，竣工结算时的工程造价可能会大大超过原来的合同金额甚至概算金额，使工

程投资额变得不可控制，这就要求在项目实施过程中对影响投资的风险因素进行有效管理及控制，从而达到控制投资的有效性。

环保设备工程项目风险投资识别是指在开展一项环保设备工程项目时，需要相关专业人员通过对环保设备工程项目的充分了解以及调查、分析等各种方法，尽可能分析出影响工程建设最终目标实现的风险因素，这些风险因素或者事件是在工程实施过程中大概率会发生的。为了对工程投资风向进行全面的识别，需要相关专业人员查阅大量的资料以及初始数据，从而获取下一步进行分类和评估的风险因素。风险识别主要是为了给以后的每一环节提供信息基础，也是以后进行有效的风险管理的基础，以后的每一个环节是否可以顺利进行与投资风险评估的标准和水平有很大的关联。

环保设备工程项目投资特点主要是投资时间长、投资数额大、影响投资效果的因素较多、投资转移与替代性差。一项环保设备工程项目往往会产生巨大的投资支出，工程的工期特别长，在对工程进行投资决策时也十分复杂和困难，在投资工程过程中会受到经济、政治、社会等各方面因素的影响，并且环保设备工程项目投资多数为固定资产投入，其灵活性和转移性比较差，在短期内无法调整投资行为能力，另外环保设备工程项目投资相关知识十分复杂和专业，这些也都是环保设备工程项目投资可能产生的风险因素。工程建设项目在实施的过程中不确定性投资风险和模糊因素大量存在，其投资风险具有多样性、综合性、风险变化复杂性以及激励性等特点，因为环保设备工程项目涉及的领域广、范围大，极易受到各方面的影响，并且环保设备工程项目风险是全局性的风险，其变化也极其复杂。环保设备工程项目的风险既有确定可控的也有不确定和随机风险，在投资过程中，任何一个环节出现风险都有可能会对整个工程利益产生影响，但风险存在的同时工程也会给投资者带来巨大的利益，所以要对风险进行有效的评估和管理，以减小投资风险、提高投资效益。

常见的投资风险分析方法包括盈亏平衡分析、敏感性分析、概率分析、风险决策等。

二、盈亏平衡分析

（一）盈亏平衡分析的概念

盈亏平衡分析是通过盈亏平衡点（break-even point，BEP）分析项目成本与收益的平衡关系的一种方法。各种不确定因素的变化会影响投资方案的经济效果，当这些因素的变化达到某一临界值时，就会影响方案的取舍。盈亏平衡分析的目的就是找出这种临界值，即盈亏平衡点，判断投资方案对不确定因素变化的承受能力，为决策提供依据。

（二）盈亏平衡分析方法

环保设备工程项目盈亏平衡分析是指对环保设备工程项目在各种投入、产出数据变化情况下的盈亏平衡点的测算和分析，反映项目适应市场需求变化和抵抗风险的能力，以及在一定程度上反映项目的盈利能力，是仅在财务评价中采用的不确定性分析方法之一。

环保设备工程的盈亏平衡可以基于以下公式进行分析。

$$S=PQ$$

$$C=F+VQ$$

式中：S—— 收入；

P—— 工程运行后节省的排污费用；

Q—— 污染物处理规模；

F—— 固定成本；

C—— 生产总成本；

V—— 单位产品变动成本。

盈亏平衡示意见图 8-5。

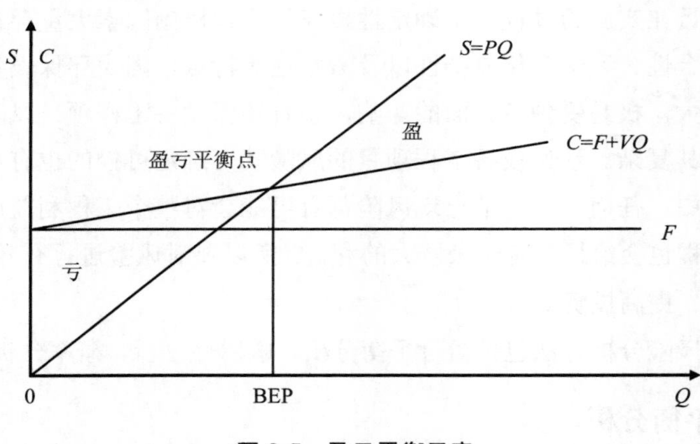

图 8-5 盈亏平衡示意

盈亏平衡分析可以对环保设备工程项目的风险情况及项目对各个因素不确定性的承受能力进行科学的判断，为投资决策提供依据。传统盈亏平衡分析以盈利为零作为盈亏平衡点，没有考虑资金的时间价值，是一种静态分析，盈利为零的盈亏平衡实际上意味着项目已经损失了基准收益水平的收益，项目存在着潜在的亏损。把资金的时间价值纳入盈亏平衡分析中，将项目盈亏平衡状态定义为净现值等于零的状态，便能将资金的时间价值考虑在盈亏平衡分析内，变静态盈亏平衡分析为动态盈亏平衡分析。由于净现值的经济实质是项目在整个经济计算期内可以获得的、超过基准收益水平的、以现值表示的超额净收益，所以，净现值等于零意味着项目刚好获得了基准收益水平的收益，实现了资金保值的基本水平和真正意义的“盈亏平衡”。动态盈亏平衡分析不仅考虑了资金的时间价值，而且可以根据企业所要求的不同的基准收益率确定不同的盈亏平衡点，使企业的投资决策和经营决策更全面、更准确，从而提高项目投资决策的科学性和可靠性。

三、敏感性分析

（一）敏感性分析的概念

所谓敏感性分析，是通过测定一个或多个不确定因素的变化所导致的决策评价指标的变化幅度，了解各种因素的变化对实现预期目标的影响程度，从而对外部条件发生不利变化时投资方案的承受能力做出判断。敏感性分析是经济决策中常用的一种不确定性分析方法。

敏感性因素一般可选择主要参数（如销售收入、经营成本、生产能力、初始投资、寿命期、建设期、达产期等）进行分析。若某参数的小幅度变化能导致经济效果指标的较大变化，则称此参数为敏感性因素，反之则称其为非敏感性因素。

（二）敏感性分析步骤

（1）确定敏感性分析指标

敏感性分析的对象是具体的技术方案及其反映的经济效益。因此，技术方案的某些经济效益评价指标，如税前利润、投资回收期、投资收益率、净现值、内部收益率等，都可以作为敏感性分析指标。

（2）计算该技术方案的目标值

一般将在正常状态下的经济效益评价指标数值作为目标值。

（3）选取不确定因素

在进行敏感性分析时，并不需要对所有的不确定因素都考虑和计算，而应视方案的具体情况选取几个变化可能性较大，并对经济效益目标值影响作用较大的因素。例如，产品售价变动、产量规模变动、投资额变化等，或是建设期缩短、达产期延长等，这些都会对方案的经济效益产生明显影响。

（4）计算不确定因素变动时对分析指标的影响程度

若进行单因素敏感性分析时，则要在固定其他因素的条件下，变动其中一个不确定因素；然后，再变动另一个因素（仍然保持其他因素不变），以此求出某个不确定因素本身对方案效益指标目标值的影响程度。

（5）分析敏感因素

找出敏感因素，进行分析和采取措施，以提高技术方案的抗风险的能力。

四、概率分析

（一）概率分析概念

概率分析是通过研究各种不确定因素发生不同幅度变动的概率分布及其对方案经济效果的影响，对方案的净现金流量及经济效果指标做出某种概率描述，从而对方案的风险情况做出比较准确的判断。

通常采用的估计投资方案风险的方法有解析法、图示法与模拟法等。

（二）概率分析步骤

（1）列出各种欲考虑的不确定因素

例如，销售价格、销售量、投资和经营成本等，均可作为不确定因素。需要注意的是，所选取的几个不确定因素应是互相独立的。

（2）设想各个不确定因素可能发生的情况

即其数值发生变化的几种情况。

（3）分别确定各种可能发生情况产生的可能性

即概率，各不确定因素的各种可能发生情况出现的概率之和必须等于 1。

（4）计算目标值的期望值

可根据方案的具体情况选择适当的方法。假若采用净现值为目标值，则一种方法是，将各年净现金流量所包含的各种不确定因素在各种可能情况下的数值与其概率分别相乘后再相加，得到各年净现金流量的期望值，然后求得净现值的期望值。另一种方法是直接计算净现值的期望值。

（5）求出目标值大于或等于零的累计概率

对于单个方案的概率分析应求出净现值大于或等于零的概率，由该概率值的大小可以估计方案承受风险的程度，该概率值越接近 1，说明技术方案的风险越小，反之，方案的风险越大。用列表求得净现值大于或等于零的概率分析方法是根据不确定因素在一定范围内的随机变动，分析并确定这种变动的概率分布，从而计算出其期望值及标准偏差，为项目的风险决策提供依据的一种分析方法。

五、风险决策

（一）风险决策原则

（1）优势原则

在A与B两个备选方案中，如果不论在什么状态下A总是优于B，则可以认定A相对于B是优势方案，或者说B相对于A是劣势方案。劣势方案一旦认定，就应从备选方案中剔除，这就是风险决策的优势原则。在有两个以上备选方案的情况下，应用优势原则一般不能决定最佳方案，但能减少备选方案的数目，缩小决策范围。在采用其他决策原则进行方案比选之前，应首先运用优势原则剔除劣势方案。

（2）期望值原则

期望值原则是指根据各备选方案损益值的期望大小进行决策，如果损益值用费用表示，应选择期望值最小的方案，如果损益值用收益表示，则应选择期望值最大的方案。

（3）最小方差原则

由于方差越大，实际发生的方案损益值偏离其期望值的可能性越大，从而方案的风险也越大，所以有时人们倾向于选择损益值方差较小的方案，这就是最小方差原则。在备选方案期望值相同或收益期望值大（费用期望值小）的方案损益值方差小的情况下，期望值原则与最小方差原则没有矛盾，最小方差原则无疑是一种有效的决策原则。

（4）最大可能原则

在风险决策中，如果一种状态发生的概率显著大于其他状态，那么就把这种状态视作肯定状态，根据这种状态下各方案损益值的大小进行决策，而置其余状态于不顾，这就是最大可能原则。按照最大可能原则进行风险决策实际上是把风险决策问题转化为确定性决策问题求解。

（5）满意原则

对于比较复杂的风险决策问题，人们往往难以发现最佳方案，因而采用一种比较现实的决策原则——满意原则，即定出一个足够满意的目标值，将各备选方案在不同状态下的损益值与此目标值相比较，损益值优于或等于此满意目标值的概率最大的方案即为当选方案。

（二）风险决策常用方法

风险决策常用方法有决策矩阵法和决策树法，这两种方法采用的决策原则都是期望值原则。

（1）决策矩阵法

决策矩阵是风险型决策常用的分析手段之一，又称“决策表”“益损矩阵”“益损表”“风险矩阵”。

决策矩阵由备选方案、自然状态（及其发生的概率）益损值所组成。对决策问题的描述就集中地表现在决策矩阵上，决策分析就是以决策矩阵为基础，运用不同的分析标准与方法，从若干个可行方案中选出最优方案。

决策矩阵是一个非常清晰、有效的决策工具，是当决策者面临多个很好的项目选择，同时又有许多因素需要综合考虑时的首选工具。常见决策矩阵见表 8-10。

表 8-10 决策矩阵表

关键因素	权重	选择项 1	选择项 2	……
因素 1				
因素 2				
……				

决策步骤 1：让决策者列出所有的选择项，然后列出对做出决定有重要影响的因素。将这两组信息列在一张表格之上：把所有的选择项放在列上面，把对做决定有重要影响的因素放在行上面。

决策步骤 2：让决策者指出针对各种选择的关键因素的相对重要性，把相对重要性用数字来表示。这个数字称为权重，数字越大或者说权重越大，代表优先需要考虑的因素。

决策步骤 3：在表格上，为影响决策者决定的各种因素打分，将选择也从 0（不好）到 3（非常好）打分；注意并不一定要为各项选择打不同的分数，如果任何一个选择都不好，也可以都打 0 分。

决策步骤 4：先把每项选择的分数和相对重要性的权重相乘，这就给出每个选择项相对于每个因素的重要性；然后把这些乘过权重后的分数相加，最大的分数就是最终选择。

（2）决策树法

决策树（decision tree）法的理论依据仍是期望值准则，它能表示出不同的决策方案在不同自然状态的结果，显示出决策的过程。决策树法内容形象、思路清晰。决策树法的决策过程像树枝形状，所以起个形象化的名字叫决策树。与矩阵表相比，决策树描述和分析决策问题更加灵活。

决策树法是一种运用概率与图论中的树对决策中的不同方案进行比较，从而获得最优方案的风险型决策方法。图论中的树是连通且无回路的有向图，入度为 0 的点称为树根，出度为 0 的点称为树叶，树叶以外的点称为内点。决策树由树根（决策节点）、其他内点（方案节点、状态节点）、树叶（终点）、树枝（方案枝、概率枝）、概率值、损益值组成。决策树示意见图 8-6。

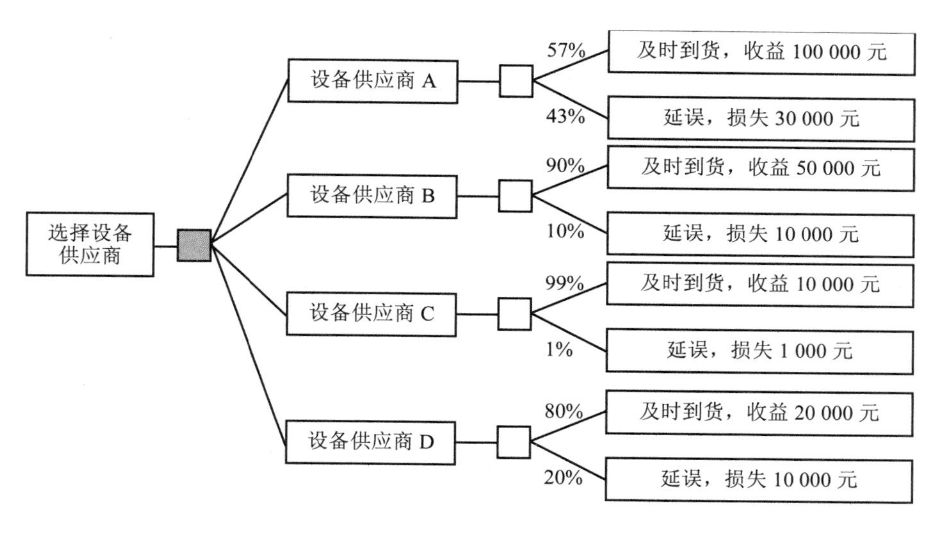

图 8-6　决策树示意

决策步骤 1：绘制决策树图。从左到右的顺序画决策树，此过程本身就是对决策问题的再分析过程。

决策步骤 2：按从右到左的顺序计算各方案的期望值，并将结果写在相应方案节点上方。期望值的计算是从右到左沿着决策树的反方向进行计算的。

决策步骤 3：对比各方案的期望值的大小，进行剪枝优选。在舍去备选方案枝上，用“=”记号隔断。

思考题

一、技术经济指标有哪些？

二、基本建设在层次上可以划分哪几个部分？

三、生产成本指标有哪些？

四、静态指标和动态指标有什么区别？

第九章　环保设备工程的运行管理

第一节　工程运行管理内容

一、环保设备工程运行管理的重要性

设备是现代化生产的物质技术基础，环保工程能否顺利进行，主要取决于机器设备的完善程度。环保设备特殊的作业环境、处理对象，如污水、废气、固体废物等的腐蚀能力、污染能力特别强，周围环境空气的腐蚀性、污染也很严重，加上不少环保设备又是水下运行作业，使得其工作环境对设备的运行性能、抗腐蚀污染的要求特别高。因此，在环保设备运营管理中，设备的选型、安装、调试及日常运行中均应有专业规范指导，这是保障环保设备达标、高效、长寿命运行的首要工作。

二、环保设备工程的运行管理内容

1．环保设备工程的运行管理内容

1）环境计划管理。根据国家和地方政府规定的环境质量要求和企业生产发展目标，制订污染物的排放及削减指标和为实现指标所采取技术措施等长期的和年度的计划，并把这种计划纳入企业整个经营计划。

2）环境质量管理。根据国家和地方颁布的环境标准制定本企业各污染源的排放标准；组织污染源和环境质量状况的调查和评价建立环境监测制度，对污染源进行监督；建立污染源档案，处理重大污染事故，并提出改进措施。

3）环境技术管理。包括组织制定环境保护技术操作规程。提出产品标准和工艺标准的环境保护要求，发展无污染工艺和少污染工艺技术，开展综合利用，改革现有工艺和产品结构，减少污染物的排放等。

4）环境保护设备管理。加强对企业环保治理设施的运行和维护管理，落实专人管理，做好运行台账记录，建立应急处理机制，确保各类环保设备正常运行，各项污染治理措

施落实到位。

2．环保设备运行管理部门职责和权限

1）贯彻执行环保设备设施管理制度及各项管理要求；

2）指定环保设备设施责任人，负责环保设备的日常运行管理工作，责任人必须了解环保设备的技术性能，做好运行情况记录，确保与生产设备同启动、同运行；

3）负责环保设备操作人员的培养及管理；

4）负责制定环保设备的使用操作规程，确认岗位操作人员，规范操作行为；

5）负责环保设备的维护、点检以及设备及周边区域的清洁卫生工作；

6）负责环保设备的备品备件、耗材的管理工作，对所需备件等耗材及时上报采购，并对易耗材、易损件的更换要留存记录；

7）负责本部门环保设备设施台账更新及设备参数的管理更新；

8）负责环保设备维修及经费的预算工作；

9）负责参与环保设备设施改造项目、设备更新和大修计划编制、施工，并配合有关部门开展其中环保部分验收工作。

第二节　工程的日常运行管理

要做好环保设备运行管理工作，首先要落实好环保设备正常运行这一基本硬件条件。在加大对环保设备的建设投入的基础上，还要做好环保设施的日常维护工作。建立健全完善的管理制度，在日常运行中注意环保设备的维修养护，保证设备的稳定运行。只有让现有的环保设备更好地发挥作用，才能降低成本，实现更大的经济效益，同时达到更好的环保效果。

一、运行管理制度的建立

1．法律法规的要求

《环境保护法》第四十二条规定，排放污染物的企业事业单位，应当建立环境保护责任制度，明确单位负责人和相关人员的责任。

《固体废物污染环境防治法》第三十六规定　产生工业固体废物的单位应当建立健全工业固体废物产生、收集、贮存、运输、利用、处置全过程的污染环境防治责任制度，建立工业固体废物管理台账，如实记录产生工业固体废物的种类、数量、流向、贮存、利用、处置等信息，实现工业固体废物可追溯、可查询，并采取防治工业固体废物污染环境的措施。

《土壤污染防治法》第二十一条规定，土壤污染重点监管单位应当履行建立土壤污染隐患排查制度，保证持续有效防止有毒有害物质渗漏、流失、扬散的义务。

《企业事业单位环境信息公开办法》第四条规定，企业事业单位应当建立健全本单位环境信息公开制度，指定机构负责本单位环境信息公开日常工作。

2．企业环境管理常见制度

1）环境保护管理及“三同时”制度；

2）建设项目环境影响评价和竣工环境保护验收制度；

3）环境保护目标责任制和考核评价制度；

4）环境污染事故责任追究制度；

5）环境污染防治制度（废水、废气、固体废物、危险废物、噪声）；

6）环保设施运行管理制度；

7）环境保护管理台账制度；

8）隐患排查制度；

9）大气、水、土壤等的调查、监测、评估和修复制度；

10）环境与健康监测、调查和风险评估制度；

11）环境监测制度；

12）自动监测设施运行管理有关制度；

13）重点污染物排放总量控制制度；

14）排污许可管理制度；

15）应急制度（突发环境事件应急预案）；

16）信息公开和公众参与制度；

17）环保教育培训制度。

3．环保设施运行岗位责任管理制度

1）排污单位的责任；

2）运行管理机构的责任；

3）设备供应商或设备制造商的责任；

4）管理人员的岗位责任；

5）运行维护人员的岗位责任；

6）事故报告及应急制度；

7）设备更新（更换）程序和制度；

8）设备档案建立和存档管理制度；

9）设备日常运行自查制度。

二、运行台账的建立

（一）运行资料与运行台账

1）运行资料系指各运行岗位所必须具备的上级文件、制度、规定、规程、图纸、整改报告书、通知单、技术方案及其他技术资料，是运行值班人员进行监控、操作、异常情况处理和其他活动的依据。

2）运行记录、台账系指各运行岗位所必须设置并应按规定填写的各种记录本、运行日志及各种运行报表，以全面记录设备运行状况、维修试验工作、上级命令、下级汇报、现场培训等情况，是提供给有关部门人员进行运行分析、事故分析、经济核算、指标考核的原始资料。

（二）对运行台账的要求

1）记录、台账的填写规定：

①记录、台账的填写要由专人负责，禁止无关人员任意涂改；

②有固定格式的记录簿、台账，应按记录簿中的要求将表格栏内项目全部填写，不得遗漏或缺项；

③运行记录、台账的填写应准确、完善、清晰、工整，用蓝黑钢笔尽量按仿宋体填写，需归档的资料按归档的要求办理；

④书写时应字迹清晰、工整，如填写错误需要更正时，应将错误划去，切忌模棱两可；

⑤各项记录应以时间先后为序记载，并写明时间，严禁只记录操作项目而不记载操作时间，台账、记录簿禁止缺页；

⑥交接班时，交接双方均应对记录事项确认无误，然后双方签字交接，以明确责任；

⑦记录应当详细，如记载操作情况应写明确操作目的、发令人及操作结果等。

2）各岗位的运行资料、记录、台账应按规定设置，并妥善保管，放置整齐，定期更新，确保正确完整。

3）录入计算机的资料、记录、台账按相关的规定执行。

4）有关负责人应按时查阅和检查运行资料、记录、台账设置和记录情况，发现问题应及时进行分析和解决。

（三）企业常见的运行台账

企业常见运行台账见表 9-1。

表 9-1 企业常见运行台账一览表

<table>
<tr><td rowspan="4">一</td><td rowspan="4">项目环评报批及验收资料</td><td>1</td><td>营业执照</td></tr>
<tr><td>2</td><td>环境影响评价报告书/报告表批复文件，登记表网上备案文件</td></tr>
<tr><td>3</td><td>环境影响评价报告书/报告表全本</td></tr>
<tr><td>4</td><td>环境保护设施验收批复、自主验收文件、验收监测（调查）报告</td></tr>
<tr><td>二</td><td>排污许可证</td><td>1</td><td>排污许可证（正、副本）</td></tr>
<tr><td rowspan="3">三</td><td rowspan="3">污染治理设施（包括在线监测设备）运行台账</td><td>1</td><td>生产废水、废气等污染治理设施设计方案及工艺流程图</td></tr>
<tr><td>2</td><td>污染治理设施运行台账及维护记录（包括运行维护记录、加药记录、活性炭更换记录等台账）</td></tr>
<tr><td>3</td><td>在线监测设备的安装、验收、使用及定期校验资料</td></tr>
<tr><td rowspan="2">四</td><td rowspan="2">排污口分布及污染物监测台账</td><td>1</td><td>排污口规范化设置情况表、排污口标志分布图、排污口标志照片</td></tr>
<tr><td>2</td><td>企业自行监测计划、自行监测报告、重点企业自行监测公开情况</td></tr>
<tr><td rowspan="5">五</td><td rowspan="5">固体废物产生及处置台账</td><td>1</td><td>固体废物申报登记及转移管理（通过各省固体废物信息管理平台开展固体废物申报登记、严格执行危险废物转移计划报批和转移联单制度）</td></tr>
<tr><td>2</td><td>与有资质单位签订的危险废物处置合同</td></tr>
<tr><td>3</td><td>危险废物管理台账（包括危险废物产生环节记录表、贮存环节记录表、内部自行利用/处置情况记录表、月度危险废物台账报表等）</td></tr>
<tr><td>4</td><td>按照标准规范建设的危险废物贮存场所及设置相应警示标志和标签的照片</td></tr>
<tr><td>5</td><td>危险废物应急预案、内部管理制度（危险废物管理组织架构、管理制度、公开制度、培训制度、档案管理制度）</td></tr>
<tr><td rowspan="3">六</td><td rowspan="3">环境应急管理台账</td><td>1</td><td>环境应急预案、环境风险评估报告、环境应急资源调查报告以及专家评审意见、环保部门备案意见</td></tr>
<tr><td>2</td><td>环境应急培训、应急演练方案、照片和总结</td></tr>
<tr><td>3</td><td>环境安全隐患排查治理档案、环境污染强制责任保险资料</td></tr>
<tr><td rowspan="3">七</td><td rowspan="3">其他环保管理台账</td><td>1</td><td>重点企业清洁生产审核报告及验收文件</td></tr>
<tr><td>2</td><td>企业环保管理责任架构图及其他环保管理制度</td></tr>
<tr><td>3</td><td>环保部门下达的行政处罚、限期改正通知及整改台账</td></tr>
</table>

三、环保设备的日常运行管理

（一）环保设备的日常运行管理概念

广义的环保设备管理是指通过对环保设备的调查、研究、设计、制作、设置，经过运转、保养，到最后设备废弃的全寿命周期中，以有效地运用设备提高企业生产线的活动。狭义的环保设备管理是指环保设备安装完成后的设备保养、维修活动。环保设备的日常运行管理同其他行业的运行管理一样，是对该工程项目为达到设计目标活动进行计划、组织、控制和协调等工作的总称，是单位各种管理活动（行政管理、技术管理、设备管理、“三产”

管理）的一部分，也是单位为实现任务目标进行的各种经营活动中最重要的部分。

在设备完成安装调试工作后，系统工艺开始全面启动，按照设计内容、目标开始日常运行。在整个日常运行期间，应尽一切可能保证设备正常、高效作业，主要包括设备维护、调度、紧急处理、事故处理等来保证系统工艺实现设计目的。

例如，城市污水处理厂的日常运行管理是指在污水处理设备完成安装调试工作后，系统工艺开始接纳原污水全面启动，至净化处理排出“达标”污水的全过程管理。运行期间，首先应满足城市与水环境对污水处理厂运行的基本要求，保证污水处理量及处理后污水的达标状况；高效运行设备以最低的成本处理好污水，使其“达标”；要求具有全新素质的操作管理人员，以先进的技术、文明的方式，安全、高效地搞好生产运行。

（二）环保设备的性能考核

1）环保设备制造商应提供该设备的功率、运行去污效率等主要性能检测报告，不允许出现不满足设计文件技术参数的情况。

2）环保设备制造商应负责对客户进行机械设备的常规操作及维修的培训工作。

3）环保设备在完成安装后要首先进行单机调试（空载和负载试验），须通过表征设备安装完成的相关性能考核。

4）环保设备在通过单机性能考核后进行联动调试，在整个工艺系统调试、试运行过程中，设备运行应满足工艺设计的性能考核。

（三）环保设备的运行维护与保养

1．环保设备的日常检查

环保设备的日常检查是指对环保设备的运行状况、工作性能、零件的磨损程度进行检查和校验，以求及时地发现问题，消除隐患，并能针对发现的问题，提出维护措施，做好修理前的各种准备，以提高设备修理工作的质量，缩短修理时间。

环保设备的日常检查主要包括日常检查（表 9-2）和定期检查。

表 9-2 环保设备日常检查

环保设施管理	运行点检和检修点检是否到位
	各项记录是否正常
	是否按规定要求在停机时落实检查、维护工作，检查维护是否到位
	设备运行有无异常或隐患
	设备故障或隐患是否及时整改
	设备是否有欠维修情况
	是否与生产设施同步运转

环保设施管理	是否同步检修（包括大修、中修、小修）
	关键备件及易耗件是否落实
	设备及区域环境卫生
环保设施运行	系统运行参数是否符合要求
	设施是否存在缺陷
	作业区、班组日常管理是否到位

2．环保设备的维护保养

环保设备维护保养是指人们为保持设备正常运行以及消除隐患而进行的一系列日常保护工作。按工作量大小和维护广度、深度，可分为以下4种：

1）日常保养：重点对设备进行清洗、润滑、紧固、检查状况。由操作人员进行。

2）一级保养：普遍地进行清洗、润滑、紧固、检查，局部调整。操作人员在专业维修人员指导下进行。

3）二级保养：对设备局部解体和检查，进行内部清洗、润滑。恢复和更换易损件。由专业维修人员在操作人员协助下进行。

4）三级保养：对设备主体进行彻底检查和调整，对主要零部件的磨损检查鉴定。由专业维修人员在操作人员配合下定期进行。

3．环保设备修理

环保设备修理是对设备的磨损或损坏所进行的补偿或修复，对填料进行更换。其实质是补偿设备的物质磨损。

1）大修：设备全部解体，修理基准件，更换和修复磨损件，刮研或磨削全部导轨面，全面消除缺陷，恢复原有精度、性能、效率，达到出厂标准。

2）中修（二级保养）：部分解体，修复或更换磨损机件，校正机床的坐标以恢复并保持设备的精度性能、效率至下次计划修理。

3）小修（一级保养）：清洗设备，部分拆除零部件，更换和修复少量的磨损件，调整紧定机件，保证设备能正常使用，满足生产工艺要求。

第三节　工程的运行监测

针对企业内的环保设施、设备运行状况做出监测控制，最大限度发挥环保设备的作用，确保达标排放，提高使用效率，并为政府部门能够动态掌握污染治理执行情况和异常预警提供支持。

一、自行监测

（一）自行监测的要求

自行监测是指排污单位为掌握本单位的污染物排放状况及其对周边环境质量的影响等情况，按照相关法律法规和技术规范，组织开展的环境监测活动。

1）制定监测方案：排污单位应查清所有污染源，确定主要污染源及主要监测指标，制定监测方案。监测方案内容包括：单位基本情况、监测点位及示意图、监测指标、执行标准及其限值、监测频次、采样和样品保存方法、监测分析方法和仪器、质量保证与质量控制等。新建排污单位应当在投入生产或使用并产生实际排污行为之前完成自行监测方案的编制及相关准备工作。

2）设置和维护监测设施：排污单位应按照规定设置满足开展监测所需要的监测设施。废水排放口、废气（采样）监测平台、监测断面和监测孔的设置应符合监测规范要求。监测平台应便于开展监测活动，能保证监测人员的安全。

3）开展自行监测：排污单位应按照最新的监测方案开展监测活动，可根据自身条件和能力，利用自有人员、场所和设备自行监测；也可委托其他有资质的检（监）测机构代其开展自行监测。持有排污许可证的企业自行监测年度报告内容可以在排污许可证年度执行报告中体现。

4）做好监测质量保证与质量控制：排污单位应建立自行监测质量管理制度，按照相关技术规范要求做好监测质量保证与质量控制。

5）记录和保存监测数据：排污单位应做好与监测相关的数据记录，按照规定进行保存，并依据相关法规向社会公开监测结果。

（二）监测内容

1）污染物排放监测：包括废气（以有组织或无组织形式排入环境）、废水（直接排入环境或排入公共污水处理系统）及噪声污染等。

2）周边环境质量影响监测：污染物排放标准、环境影响评价文件及其批复或其他环境管理有明确要求的，排污单位应按照要求对其周边相应的空气、地表水、地下水、土壤等环境质量开展监测；其他排污单位根据实际情况确定是否开展周边环境质量影响监测。

3）关键工艺参数监测：在某些情况下，可以通过对与污染物产生和排放密切相关的关键工艺参数进行测试以补充污染物排放监测。

4）污染治理设施处理效果监测：若污染物排放标准等环境管理文件对污染治理设施有特别要求的，或排污单位认为有必要的，应对污染治理设施处理效果进行监测。

二、第三方检（监）测

第三方指两个相互联系的主体之外的某个客体。第三方可以是和两个主体有联系，也可以是独立于两个主体之外，是由处于买卖利益之外的第三方（如专职检验机构），以公正、权威的非当事人身份，根据有关法律、标准或合同所进行的检验活动。

对于不具备检（监）测能力的企业，为了确保环保设施的运行稳定，需要委托第三方检（监）测机构进行检（监）测。

1．如何筛选第三方环保检（监）测机构

1）选择第三方环保检（监）测机构第一步需确定实验室的资质，实验室的资质决定了出具的检（监）测报告是否具备法律效力，应选择具有 CMA 和 CNAS 资格认证的权威机构进行相关检（监）测。

2）确定要做什么检（监）测，检（监）测的目的是什么，检（监）测的标准是什么，对检（监）测报告是否有具体的要求，这些都是需要提前和第三方检（监）测机构确定好的。

3）确定自身需要检（监）测的指标有哪些，看第三方检（监）测机构是否可以达到要求。

4）若检（监）测的项目比较多，最好提前去第三方检（监）测机构参观一下，可以很直观地了解到第三方检（监）测机构的运行状况以及检（监）测设备的能力及实验室环境。

5）有条件的可以先看看检（监）测机构的检（监）测报告模板，看是否符合要求。

2．第三方检（监）测机构需具备哪些标准

1）检验检（监）测机构必须具备依法批准的检验检（监）测资质，只有取得国家认监委或地方质监部门颁发的资质认定证书的检验检（监）测机构，才是合法的第三方检验检（监）测机构，才允许向社会出具具有法律效力证明作用的数据和结果。

2）检验检（监）测机构必须具备专业的检（监）测能力和基本条件，必须在资质认定部门批准范围内进行检验检（监）测活动，并出具检验检（监）测报告或证书。

3）检验检（监）测机构必须遵守相关法律法规的规定，遵循客观独立、公平公正、诚实信用的原则，恪守职业道德承担社会责任。

三、污染源数据自动监控

为加强污染源监管，地方生态环境主管部门根据《环境保护法》《水污染防治法》《大气污染防治法》《污染源自动监控管理办法》《污染源自动监控设施现场监督检查办法》等法律法规和有关规定，要求设置自动监控系统，自动监控系统由排污单位的自动监测设备和生态环境主管部门的监控设备组成。

自动监测设备安装在排污单位的固定污染源现场，包括用于监控、监测污染物排放的仪器，流量（速）计、采样装置、生产或治理设施运行记录仪、数据采集传输仪等仪器、仪表、传感器、视频监控、污染源排放过程（工况）监控等，自动监测设备及其配套辅助设施是污染防治设施的组成部分。

生态环境主管部门的监控设备通过通信传输线路与现场端自动监测设备联网，包括用于对固定污染源实施自动监控的信息管理平台、计算机机房硬件等监控设备。

排污单位应当按照国家和本市有关规定安装使用自动监测设备，与生态环境主管部门监控设备联网，并保证自动监测设备正常运行，对自动监测数据的真实性和准确性负责。

1．排污单位应当在下列排放口安装自动监测设备

1）按照已发布的相关行业排污许可证申请与核发技术规范、自行监测技术指南和相关排放标准等文件要求筛选出的主要废气有组织排放口；

2）按照已发布的相关行业排污许可证申请与核发技术规范、自行监测技术指南和相关污染物排放标准等文件要求筛选出的废水排放口；

3）已核发排污许可的单位，排污许可证中载明的应实施自动监测的排放口；

4）排污单位通过相关行业排污许可证申请与核发技术规范、自行监测技术指南和相关排放标准等文件筛选后，仍难以确定纳入排放口范围的，可以在专家论证基础上，通过“一厂一策”方式，制定排放口自动监测技术方案。技术方案应满足相关法律法规和标准的要求，具备合理性和可行性。

2．污染源自动监测设备的安装应当满足下列要求

1）自动监测设备应当选用符合国家有关环境监测和计量规定的设备。

2）自动监测设备的安装和调试应当符合污染源自动监测设备现场端建设技术规范等标准和要求。

3）自动监测数据的采集和传输应当符合有关污染源自动监控（监测）系统数据传输标准。

4）排污单位应在完成自动监测设备安装和调试工作后按规定申请与生态环境主管部门联网，并如实提供单位名称、地址、排污口名称、监测和监控项目、排放标准等信息。

5）排污单位应在自动监测设备满足技术规范要求的验收条件并与生态环境主管部门联网后，按照建设项目竣工环境保护验收管理相关法律法规的规定，组织完成验收工作，验收合格后向所在区生态环境主管部门登记备案。

6）其他相关技术规范、标准的要求。

3．排污单位对自动监测设备的运行和维护

1）自动监测设备的操作人员应当按照国家相关规定，经培训考核合格、持证上岗。

2）自动监测设备应当按照有关标准、规范与生态环境主管部门监控设备联网，及时准确地传输监控信息和数据。

3）自动监测设备的操作和运营维护应当符合有关标准和技术规范，符合仪器设备厂商提供的运维手册或者使用说明书。

4）自动监测设备应当按照有关标准、规范定期校准，定期开展手工比对校验；设备所需的试剂、标准物质和质控样，应注明制备单位、制备人员、制备日期、物质浓度和有效期限等重要信息。

5）自动监测设备应每半年至少开展一次比对监测，比对监测结果应符合相关技术规范要求。若采取委托监测的形式，应委托具备检验检（监）测机构资质认定证书的环境监测机构开展。

6）自动监测设备因故障不能正常监测、采集、传输数据的，应当于发生故障后按规定向生态环境主管部门报告，并按要求尽快恢复正常运行。停运期间，排污单位应当采用手工监测的方式对污染物排放状况进行监测，并向生态环境主管部门报送手工监测数据。排污单位自行开展手工监测的，其实验室建设运行应当符合国家和本市相关标准；若采取委托监测的形式，应当委托具备检验检测机构资质认定证书的环境监测机构开展。

7）自动监测设备需要进行更换的，应当按规定提前向生态环境主管部门报告，设备更换期间应当采用手工监测的方式对污染物排放状况进行监测，并向生态环境主管部门报送手工监测数据。排污单位自行开展手工监测的，其实验室建设运行应当符合国家和本市相关标准；若采取委托监测的形式，应当委托具备检验检测机构资质认定证书的环境监测机构开展。

8）排污单位应建立污染源自动监测设备运行、维护、管理制度和记录台账；自动监测历史数据和污染源排放过程（工况）监测历史数据应按规定保存。

9）国家和地方其他标准、技术规范等规定的相关要求。

第四节　环境应急管理

一、环境应急管理制度

（一）环境应急管理制度的概念

环境应急管理制度是指为加强对环境风险的防控、有效提升企业环境安全水平、避免或减少突发环境事件的发生、确保企业发生突发环境事件时能快速有效处置、避免发生重大环境污染事故而制定的相关制度。

（二）环境应急管理制度

突发环境事件对我国环境和人民生活造成了严重的损害，因此，应当加强对突发环境事件的管理，制定相应的管理措施，形成应急管理体系等，以更好地促进我国的生态环境以及经济建设。对于突发环境事件来说，企事业单位是发生的重点地区，如果要加强对突发环境事件的关注与管理，就应当从企事业单位入手，针对现在企事业单位中存在的突发环境事件进行分析和探讨，以我国出台的一系列管理措施为指导，建立相应的突发环境事件应急管理制度体系与预案。

目前，企业需要建立的应急管理制度主要包括：环境应急目标责任制，环境风险定期巡查制度，突发环境事件报告和处置制度，环境应急物资专人负责制，环境应急档案管理制度等。

二、环境应急预案的编制

（一）环境应急预案的概念

突发环境事件应急预案是指由于污染物排放或者自然灾害、生产安全事故等因素，导致污染物或者放射性物质等有毒有害物质进入大气、水体、土壤等环境介质，突然造成或者可能造成环境质量下降，危及公众身体健康和财产安全，或者造成生态环境破坏，或者造成重大社会影响，需要采取紧急措施予以应对的事件。

突发环境事件按照其原因来分，可以分为污染物排放、自然灾害、生产安全事故。自然灾害包括地质灾害、海洋灾害、环境污染、森林大火、干旱、洪涝、雪灾、沙尘暴、冰雹以及暴雨等。生产安全事故包括火灾、爆炸、化学危险品泄漏、危险固体废物泄漏、公路安全运输等事件。

突发环境事件会对水环境、大气环境、土壤环境造成影响。重大的突发环境事件还会使得公共卫生系统受到严重的挑战。例如，动植物大面积感染受害、食物中毒等，也会对周围的居民或企业造成严重的影响。

为了建立健全环境污染事故应急机制，提高企业应对环境污染事故能力，防止突发性环境污染事故的发生，并能在事故发生后，迅速有效地开展人员疏散、清洁净化、环境监测、污染跟踪、信息通报和生态环境影响评估与修复行动，将事故损失和社会危害减少到最低程度，企业应当积极编制本单位的突发环境事件应急预案并认真组织实施。

需要编制应急预案的企业包括：

1）可能发生突发环境事件的污染物排放企业，包括污水、生活垃圾集中处理设施的运营企业；

2）生产、储存、运输、使用危险化学品的企业；

3）产生、收集、贮存、运输、利用、处置危险废物的企业；

4）尾矿库企业，包括湿式堆存工业废渣库、电厂灰渣库等企业；

5）省级生态环境主管部门发布的其他依法需要进行环境应急预案备案的企业。

（二）环境应急预案的编制

1．风险评估

参照生态环境部发布的《企业突发环境事件风险分级方法》进行风险评估。

1）资料准备与环境风险识别。这是对企业涉及环境风险物质及其数量、环境风险单元及现有环境风险防控与应急措施、周边环境风险受体、现有应急资源等环境风险要素的全面梳理，是风险评估的基础。

2）可能发生的突发环境事件及其后果情景的分析。这是将前一步识别的潜在风险，与所有可能的突发环境事件情景及后果联系起来。这是风险评估的核心，也是解决预案针对性和实用性的关键。

3）结合风险因素和可能的事件，分析现有环境风险防控与环境应急措施。这是风险评估的重要环节，也是企业排查环境安全隐患、提高预案可操作性的前提。

4）针对这些问题，制订完善环境风险防控和应急措施的实施计划。这是风险评估的主要目的，也是提高企业环境风险防控及应急响应水平、降低突发环境事件发生概率与危害程度的实现途径。

5）划定企业环境风险等级。这可用于完善区域环境应急预案及对企业实行差别化管理，也可用于企业的横向对比，提高其重视程度。

五步相互关联，紧密衔接，缺一不可。

2．应急资源调查

（1）调查范围

环境应急资源是指采取紧急措施应对突发环境事件时所需要的物资和装备。开展环境应急资源调查，可以将应急管理、技术支持、处置救援等环境应急队伍和应急指挥、应急拦截与储存、应急疏散与临时安置、物资存放等环境应急场所同步纳入调查范围。

（2）调查目的

开展环境应急资源调查，收集和掌握本地区、本单位第一时间可以调用的环境应急资源状况，建立健全重点环境应急资源信息库，加强环境应急资源储备管理，促进环境应急预案质量和环境应急能力提升。

（3）调查原则

环境应急资源调查应遵循客观、专业、可靠的原则。“客观”是指针对已经储备的资源和已经掌握的资源信息进行调查。“专业”是指重点针对环境应急时的专用资源进行调查。“可靠”是指调查过程科学、调查结论可信、资源调集有保障。

（4）调查内容

发生或可能发生突发环境事件时，第一时间可以调用的环境应急资源情况，包括可以直接使用或可以协调使用的环境应急资源，并对环境应急资源的管理、维护、获得方式与保存时限等进行调查。

1）生态环境部门的调查。以本级行政区域内为主，必要时可以对区域、流域周边环境应急资源信息进行调查。优先调查政府及生态环境等相关部门应急物资库的环境应急资源，同时将重点联系的企事业单位尤其是大型企业的物资库纳入调查范围。根据风险情况和应急需求，还可以将生产、供应环境应急资源的单位，产品、原料、辅料可以用作环境应急资源的单位等其他有必要调查的单位纳入调查范围。

2）企事业单位的调查。以企事业单位内部为主，包括自储、代储、协议储备的环境应急资源。必要时可以把能够用于环境应急的产品、原料、辅料纳入调查范围。

（5）调查程序

一般按以下程序组织开展调查，调查主体可根据调查规模适当简化。

1）制定调查方案。收集分析环境风险评估、应急预案、演练记录、事件处置记录和历史调查、日常管理资料，确定本次调查的目标、对象、范围、方式、计划等，设计调查表格，明确人员和任务。

2）安排部署调查。通过印发通知、组织培训、召开会议等形式，安排部署调查任务，使调查人员了解调查内容和时间安排，掌握调查技术路线和调查技术重点。

3）信息采集审核。调查人员按照调查方案，采取填表调查、问卷调查、实地调查等相结合的方式收集有关信息，填写调查表格。汇总收集到的信息，通过逻辑分析、人员访谈、现场抽查等方式，查验数据的完备性、真实性、有效性。重点环境应急资源应进行现场勘查。

4）编写调查报告。调查报告一般包括调查概要、调查过程及数据核实、调查结果与结论，并附以环境应急资源信息清单、分布图、调配流程及调查方案等必要的文件。

5）建立信息档案。汇总整理调查成果，建立包括资源清单、调查报告、管理制度在内的调查信息档案。逐步实现调查信息的结构化、数据化、信息化。

6）调查数据更新。调查主体应当加强对环境应急资源信息的动态管理，及时更新环境应急资源信息。在评估修订环境应急预案时，应对环境应急资源情况一并进行更新。

3．现场处置方案的建立

现场应急处置是企业应急管理的前沿阵地、关键环节，是安全生产的最后一道防线，处置能力的高低严重影响着人员伤亡情况及财产损失程度。

现场处置方案是企业处置突发事件的基础预案，代表一个企业预案管理水平的高低和应急处置能力的强弱，应做到简洁、实用、易行。所以，要求企业将现场处置方案作为三级预案体系的重点，精心组织、认真编制。

1）成立编制工作小组。企业成立现场处置方案编制小组，成员可由企业中层，工艺、设备、安全等专业技术人员，及经验丰富的班组长、技师及操作人员等组成。

2）认真组织人员培训。参照《生产经营单位生产安全事故应急预案编制导则》中的有关要求，进一步掌握现场处置方案编制的内容、注意事项、格式要求等，确保编写科学、规范。

3）开展环境风险辨识。发动员工深入开展安全风险辨识，着重对自身所从事的岗位、生产工艺和设备设施存在的风险因素进行辨识，确定危险源和风险点以及风险等级。

4）开展岗位事故假想。对确定的危险源和风险点，结合该岗位或同行业事故案例，组织事故假想，对所有可能发生的事故进行分析讨论，有针对性地编制现场处置方案，做到一岗一案、一事一案。

4．环境应急预案的编制

1）成立环境应急预案编制组，明确编制组组长和成员组成、工作任务、编制计划和经费预算。

2）开展环境风险评估和应急资源调查。环境风险评估包括但不限于：分析各类事故衍化规律、自然灾害影响程度，识别环境危害因素，分析与周边可能受影响的居民、单位、区域环境的关系，构建突发环境事件及其后果情景，确定环境风险等级。应急资源调查包括但不限于：调查企业第一时间可调用的环境应急队伍、装备、物资、场所等应急资源状况和可请求援助或协议援助的应急资源状况。

3）编制环境应急预案。按照生态环境部《企业事业单位突发环境事件应急预案备案管理办法》的要求，合理选择类别，确定内容，重点说明可能的突发环境事件情景下需要采取的处置措施、向可能受影响的居民和单位通报的内容与方式、向生态环境主管部门和有关部门报告的内容与方式，以及与政府预案的衔接方式，形成环境应急预案。编制过程中，应征求员工和可能受影响的居民和单位代表的意见。

4）评审和演练环境应急预案。企业组织专家和可能受影响的居民、单位代表对环境应急预案进行评审，开展演练进行检验。评审专家一般应包括环境应急预案涉及的相关政府管理部门人员、相关行业协会代表、具有相关领域经验的人员等。

5）签署发布环境应急预案。环境应急预案经企业有关会议审议，由企业主要负责人签署发布。

（三）环境应急预案的实施

在启动紧急预案之前，还应当对预案进行必要的审批，因为应急预案启动之时，将涉及的各个部门进行分工，从而保证预案启动之后，各部门人员能够迅速准确地按照预案内容进行处理，而保证应急预案能够发挥其自身的作用。

领导人员应当对应急预案相关的重点岗位以及人员的工作情况进行定期或不定期的检查，可采取抽查、突击检查等方式了解其岗位的状况。若部分岗位出现了问题，则需要根据其严重程度进行整改并进行后续跟踪调查，从而保证整改有效。

应急预案完成之后，还需要对其内容的充分性以及有效性进行定期审核，查看应急预案内容是否持续符合法律与制度的要求，各类设备与物资是否准备充足、是否能够随时使用。在检查的过程之中，应当重视细节、重视重点，从而保证检查过程不会出现漏查的情况。

（四）应急救援预案的更新升级

应急救援预案的编制也是一个动态升级的过程，随着新的有关安全生产和应急管理方面的法律法规不断更新和修订以及安全生产技术的不断发展，原来的应急预案并不能完全体现现阶段的应急救援要求。应急救援预案作为处理应急事件的指导文件，就应及时更新升级，涉及编制预案的各类人员更需要在对预案的编制和更新过程中学习我国各类法律法规和地方法律性文件，这既是应急预案编制的必然要求，也是提升人员应急管理水平的重要手段。

三、隐患排查

（一）隐患分级

1．分级原则

根据可能造成的危害程度、治理难度及企业突发环境事件风险等级，隐患分为重大突发环境事件隐患（以下简称重大隐患）和一般突发环境事件隐患（以下简称一般隐患）。

具有以下特征之一的可认定为重大隐患，除此之外的隐患可认定为一般隐患：

1）情况复杂，短期内难以完成治理并可能造成环境危害的隐患；

2）可能产生较大环境危害的隐患，如可能造成有毒有害物质进入大气、水、土壤等环境介质，产生次生较大以上突发环境事件的隐患。

2. 企业自行制定分级标准

企业应根据前述关于重大隐患和一般隐患的分级原则、自身突发环境事件风险等级等实际情况，制定本企业的隐患分级标准。可以立即完成治理的隐患一般可不判定为重大隐患。

（二）企业隐患排查治理的基本要求

1. 建立完善隐患排查治理管理机构

企业应当建立并完善隐患排查管理机构，配备相应的管理和技术人员。

2. 建立隐患排查治理制度

1）建立隐患排查治理责任制。企业应当建立健全从主要负责人到每位作业人员，覆盖各部门、各单位、各岗位的隐患排查治理责任体系；明确主要负责人对本企业隐患排查治理工作全面负责，统一组织、领导和协调本单位隐患排查治理工作，及时掌握、监督重大隐患治理情况；明确分管隐患排查治理工作的组织机构、责任人和责任分工，按照生产区、储运区或车间、工段等划分排查区域，明确每个区域的责任人，逐级建立并落实隐患排查治理岗位责任制。

2）制定突发环境事件风险防控设施的操作规程和检查、运行、维修与维护等规定，保证资金投入，确保各设施处于正常完好状态。

3）建立自查、自报、自改、自验的隐患排查治理组织实施制度。

4）如实记录隐患排查治理情况，形成档案文件并做好存档。

5）及时修订企业突发环境事件应急预案、完善相关突发环境事件风险防控措施。

6）定期对员工进行隐患排查治理相关知识的宣传和培训。

7）有条件的企业应当建立与企业相关信息化管理系统联网的突发环境事件隐患排查治理信息系统。

3. 明确隐患排查方式和频次

1）企业应当综合考虑企业自身突发环境事件风险等级、生产工况等因素合理制订年度工作计划，明确排查频次、排查规模、排查项目等内容。

2）根据排查频次、排查规模、排查项目不同，排查可分为综合排查、日常排查、专项排查及抽查等方式。企业应建立以日常排查为主的隐患排查工作机制，及时发现并治理隐患。

综合排查是指企业以厂区为单位开展全面排查，一年应不少于一次。

日常排查是指以班组、工段、车间为单位，组织的对单个或几个项目采取日常的、巡视性的排查工作，其频次根据具体排查项目确定。每月应不少于一次。

专项排查是在特定时间或对特定区域、设备、措施进行的专门性排查。其频次根据实际需要确定。

企业可根据自身管理流程，采取抽查方式排查隐患。

3）在完成年度计划的基础上，当出现下列情况时，应当及时组织隐患排查：

①出现不符合新颁布、修订的相关法律、法规、标准、产业政策等情况的；

②企业有新建、改建、扩建项目的；

③企业突发环境事件风险物质发生重大变化导致突发环境事件风险等级发生变化的；

④企业管理组织应急指挥体系机构、人员与职责发生重大变化的；

⑤企业生产废水系统、雨水系统、清净下水系统、事故排水系统发生变化的；

⑥企业废水总排口、雨水排口、清净下水排口与水环境风险受体连接通道发生变化的；

⑦企业周边大气和水环境风险受体发生变化的；

⑧季节转换或发布气象灾害预警、地质地震灾害预报的；

⑨敏感时期、重大节假日或重大活动前；

⑩突发环境事件发生后或本地区其他同类企业发生突发环境事件的；

⑪发生生产安全事故或自然灾害的；

⑫企业停产后恢复生产前。

4．隐患排查治理的组织实施

（1）自查

企业根据自身实际制定隐患排查表，包括所有突发环境事件风险防控设施及其具体位置、排查时间、现场排查负责人（签字）、排查项目现状、是否为隐患、可能导致的危害、隐患级别、完成时间等内容。

（2）自报

企业的非管理人员发现隐患应当立即向现场管理人员或者本单位有关负责人报告；管理人员在检查中发现隐患应当向本单位有关负责人报告。接到报告的人员应当及时予以处理。

在日常交接班过程中，做好隐患治理情况交接工作；隐患治理过程中，明确每一工作节点的责任人。

（3）自改

一般隐患必须确定责任人，立即组织治理并确定完成时限，治理完成情况要由企业相关负责人签字确认，予以销号。

重大隐患要制定治理方案，治理方案应包括：治理目标、完成时间和达标要求、治理方法和措施、资金和物资、负责治理的机构和人员责任、治理过程中的风险防控和应急措施或应急预案。重大隐患治理方案应报企业相关负责人签发，抄送企业相关部门落实治理。

企业负责人要及时掌握重大隐患治理进度，可指定专门负责人对治理进度进行跟踪监控，对不能按期完成治理的重大隐患，及时发出督办通知，加大治理力度。

（4）自验

重大隐患治理结束后企业应组织技术人员和专家对治理效果进行评估和验收，编制重大隐患治理验收报告，由企业相关负责人签字确认，予以销号。

5．加强宣传培训和演练

企业应当定期就企业突发环境事件应急管理制度、突发环境事件风险防控措施的操作要求、隐患排查治理案例等开展宣传和培训，并通过演练检验各项突发环境事件风险防控措施的可操作性，提高从业人员隐患排查治理能力和风险防范水平。如实记录培训、演练的时间、内容、参加人员以及考核结果等情况，并将培训情况备案存档。

6．建立隐患排查治理档案

及时建立隐患排查治理档案。隐患排查治理档案包括企业隐患分级标准、隐患排查治理制度、年度隐患排查治理计划、隐患排查表、隐患报告单、重大隐患治理方案、重大隐患治理验收报告、培训和演练记录以及相关会议纪要、书面报告等隐患排查治理过程中形成的各种书面材料。隐患排查治理档案应至少留存 5 年，以备生态环境主管部门抽查。

四、培训与演练

（一）培训

岗位职工是生产安全事故的早期发现者，也是现场处置方案的执行者，企业必须高度重视员工培训，提前将现场处置方案培训列入日常安全教育培训计划，定期组织，确保职工熟练掌握应急处置程序、现场应急处置措施，能够快速、有效地处理事故，避免事态扩大化。有条件的企业还可制作模拟事故处置过程的动画，再现处置场景，同步用于培训教学，达到事半功倍的效果。主要培训内容包含但不限于以下几方面：

1）针对系统（或岗位）可能发生的事故，在紧急情况下如何进行紧急停车、避险、报警的方法。

2）针对系统（或岗位）可能导致人员伤害类别，现场进行自救与互救的方法。

3）针对系统（或岗位）可能发生的事故，如何采取有效措施控制事故和避免事故扩大化。

4）针对可能发生的事故应急救援中必须使用的个人防护器具，学会使用方法。

5）针对可能发生的事故，学习消防器材和各类救援器材的使用方法。

6）应急救援结束后续处置方面的注意事项，包括现场保护、洗消方法等。

7）明确企业存在的危险化学品特性、对健康危害、危险性以及采取的急救方法。

8）有关应急上报与应急疏散的内容。

（二）演练

1．演练的目的

企业风险评估报告及突发环境事件应急预案在突发事件发生时如何才能发挥作用？方法只有一个，就是通过应急演练验证其有效性。应急演练的目的是通过尽可能模拟真实应急救援现场，发现人员、装备等各方面应急准备存在的不足，检验预案中措施、流程的可行性和适用性，提高应急人员的应急能力。

目前，众多的企业都会对可能发生的突发环境事件制定相应的应急预案并进行演练。当突发环境事件来临之时，一线工作人员通常在第一现场，因此作为一线员工应当熟练地掌握各类应急预案内容，从而保证专业救援人员到达之前能够进行紧急处理，避免突发环境事件的扩大。

在演练的过程中，也要注意指挥系统的演练，通过更加正确的指挥能够防止恶性事件的发生。因此制定预案时，首先需要明确每一位应急指挥人员的职责及工作要求，从而让每一位参演人员能够听从指挥并进行有效撤离，从而避免出现二次伤害的情况。

在演练频率方面，企业应当每年组织2～3次环境与安全教育培训，从而使得企业的每一个成员都能意识到应急知识的重要性。培训的内容主要包括应急预案的内容、相关法律法规制度、急救知识、岗位职责等。在进行培训的过程中，还应当邀请消防、医疗等专业人士进行知识讲解，同时让部分有实际经历过突发环境事件的人员进行案例分享，从而提高培训会议的质量。

2．应急演练的类型

（1）按组织方式分类

应急演练按照组织方式及目标重点的不同，可以分为桌面演练和实战演练等。

1）桌面演练是一种圆桌讨论或演习活动；其目的是使各级应急部门、组织和个人在较轻松的环境下，明确和熟悉应急预案中所规定的职责和程序，提高协调配合及解决问题的能力。桌面演练的情景和问题通常以口头或书面叙述的方式呈现，也可以使用地图、沙盘、计算机模拟、视频会议等辅助手段，有时被分别称为图上演练、沙盘演练、计算机模拟演练、视频会议演练等。

2）实战演练是以现场实战操作的形式开展的演练活动。参演人员在贴近实际状况和高度紧张的环境下，根据演练情景的要求，通过实际操作完成应急响应任务，以检验和提高相关应急人员的组织指挥、应急处置以及后勤保障等综合应急能力。

（2）按演练内容分类

应急演练按其内容，可以分为单项演练和综合演练两类：

1）单项演练。单项演练是指只涉及应急预案中特定应急响应功能或现场处置方案中一系列应急响应功能的演练活动。注重针对一个或少数几个参与单位（岗位）的特定环节和功能进行检验。

2）综合演练。综合演练是指涉及应急预案中多项或全部应急响应功能的演练活动。注重对多个环节和功能进行检验，特别是对不同单位之间应急机制和联合应对能力的检验。

（3）按演练目的和作用分类

应急演练按其目的与作用，可以分为检验性演练、示范性演练和研究性演练。

1）检验性演练。主要是指为了检验应急预案的可行性及应急准备的充分性而组织的演练。

2）示范性演练。主要是指为了向参观、学习人员提供示范，为普及宣传应急知识而组织的观摩性演练。

3）研究性演练。主要是为了研究突发事件应急处置的有效方法，试验应急技术、设施和设备，探索存在问题的解决方案等而组织的演练。

不同演练组织形式、内容及目的的交叉组合，又可以形成多种多样的演练方式，如单项桌面演练、综合桌面演练、单项实战演练、综合实战演练、单项示范演练、综合示范演练等。

3．应急演练方案设计

企业风险评估报告及突发环境事件应急预案中梳理出的所有较大以上环境风险源项（一旦发生其影响范围将波及装置或厂区之外），均有一定的发生概率，且一旦发生后果较为严重。因此，均应制定相应的应急演练方案，通过反复演练，使处置人员具备能够迅速、有效地在最短时间内消除该环境风险的能力。一个完整的应急演练方案包括以下内容：

1）明确应急演练方式：应急演练可采用模拟或图上作业方式；

2）明确应急演练方案内容：源项与假定源强、目的、参加人员、启用设施、时间等；

3）明确作用与目的：验证应急响应机制及程序是否合理、指挥是否畅通、处置是否得当、人员素质是否满足要求，验证应急处置设施、器材的适用性、可靠性及数量是否够用；

4）演练总结评估：由应急演练得到实际可达到的响应时间、处置结果，对照环境风险评估报告，评估是否满足预期；

5）事后完善：由以上各项完善应急处置的硬件和软件（风险评估报告、突发环境事件应急预案、专项预案、现场处置方案、应急处置设施及物资的提升及维护管理等）。

第五节　危险废物管理

一、危险废物管理制度

危险废物是指列入国家危险废物名录或者根据国家规定的危险废物鉴别标准和鉴别方法认定的具有危险特性的废物。

危险废物环境管理是生态文明建设和生态环境保护的重要方面，是打好污染防治攻坚战的重要内容，对于改善环境质量、防范环境风险、维护生态环境安全、保障人体健康具有重要意义。

危险废物处置具有九大管理制度，分别是名录制度、标识制度、管理计划和申报登记制度、转移联单制度、许可证制度、应急预案制度、事故报告制度、经营情况记录与报告制度、许可证颁发情况上报制度。

（一）名录制度

《固体废物污染环境防治法》第七十五条　国务院生态环境主管部门应当会同国务院有关部门制定国家危险废物名录，规定统一的危险废物鉴别标准、鉴别方法、识别标志和鉴别单位管理要求。国家危险废物名录应当动态调整。

（二）标识制度

《固体废物污染环境防治法》第七十七条　对危险废物的容器和包装物以及收集、贮存、运输、利用、处置危险废物的设施、场所，应当按照规定设置危险废物识别标志。

（三）管理计划和申报登记制度

《固体废物污染环境防治法》第七十八条　产生危险废物的单位，应当按照国家有关规定制定危险废物管理计划；建立危险废物管理台账，如实记录有关信息，并通过国家危险废物信息管理系统向所在地生态环境主管部门申报危险废物的种类、产生量、流向、贮存、处置等有关资料。

（四）转移联单制度

《固体废物污染环境防治法》第八十二条　转移危险废物的，应当按照国家有关规定填写、运行危险废物电子或者纸质转移联单。

（五）许可证制度

《固体废物污染环境防治法》第八十条　从事收集、贮存、利用、处置危险废物经营活动的单位，应当按照国家有关规定申请取得许可证。许可证的具体管理办法由国务院制定。

（六）应急预案制度

《固体废物污染环境防治法》第八十五条　产生、收集、贮存、运输、利用、处置危险废物的单位，应当依法制定意外事故的防范措施和应急预案，并向所在地生态环境主管部门和其他负有固体废物污染环境防治监督管理职责的部门备案；生态环境主管部门和其他负有固体废物污染环境防治监督管理职责的部门应当进行检查。

（七）事故报告制度

《固体废物污染环境防治法》第八十六条　因发生事故或者其他突发性事件，造成危险废物严重污染环境的单位，应当立即采取有效措施消除或者减轻对环境的污染危害，及时通报可能受到污染危害的单位和居民，并向所在地生态环境主管部门和有关部门报告，接受调查处理。

《固体废物污染环境防治法》第八十七条　在发生或者有证据证明可能发生危险废物严重污染环境、威胁居民生命财产安全时，生态环境主管部门或者其他负有固体废物污染环境防治监督管理职责的部门应当立即向本级人民政府和上一级人民政府有关部门报告，由人民政府采取防止或者减轻危害的有效措施。有关人民政府可以根据需要责令停止导致或者可能导致环境污染事故的作业。

（八）环境影响评价与“三同时”制度

《固体废物污染环境防治法》第十七条　建设产生、贮存、利用、处置固体废物的项目，应当依法进行环境影响评价，并遵守国家有关建设项目环境保护管理的规定。

《固体废物污染环境防治法》第十八条　建设项目的环境影响评价文件确定需要配套建设的固体废物污染环境防治设施，应当与主体工程同时设计、同时施工、同时投入使用。

（九）信用记录制度

《固体废物污染环境防治法》第二十八条　生态环境主管部门应当会同有关部门建立

产生、收集、贮存、运输、利用、处置固体废物的单位和其他生产经营者信用记录制度，将相关信用记录纳入全国信用信息共享平台。

二、危险废物的管理

（一）制订管理计划及申报登记

产生危险废物的单位，必须按照国家和地方有关规定制订危险废物管理计划，并申报危险废物的种类、产生量、流向、贮存、处置等有关资料。产废企业需在各省固体废物管理平台注册，并在平台上进行危险废物类别登记、申报登记、管理计划书填写、台账登记及危险废物申请。

（二）贮存

（1）贮存场所管理

建造危险废物专用的贮存场所；做好防渗漏、防扬散、防溢流措施。

（2）标识

盛装危险废物的容器和包装物，以及产生、收集、贮存、运输、处置危险废物的设施、场所，必须设置危险废物识别标识。

（3）分类存放

危险废物与非危险废物必须分开贮存，不能混堆；除常温常压下不水解、不挥发的固体危险废物，其他危险废物必须装入容器内；无法装入常用容器的危险废物可用防漏胶袋等盛装；不相容（相互反应）的危险废物不能在同一容器内混装，必须分开存放，并设有隔离间隔断；装载液体、半固体危险废物的容器内须留足够空间，容器顶部与液体表面之间保留 100 mm 以上的空间。

（4）台账

建立危险废物出入库台账，如实记录和规范记录危险废物出入库和贮存情况，包括名称、种类、数量、来源、出入库时间、去向、交接人签字等内容。

（三）自行处理处置

鼓励危险废物产生量较大的重点企业自行建设废物处理处置设施，鼓励其依法申领危险废物经营许可证，开展社会化服务，降低废物运输和周转风险。

（四）委外处置

（1）签订合同

与有资质的危险废物运输和处置单位签订危险废物运输合同、危险废物处置合同。

（2）转移

登录各省固体废物管理平台进行转移计划报批及申请危险废物转移。

转移联单填写的流程：开始→新建危险废物转移联单→处置单位安排运输→运输单位填写→处置单位确认废物数量→产废单位确认→结束。

三、危险废物管理要点

（一）污染防治责任需要注意的要点

1）建立危险废物管理制度。建立危险废物污染防治责任制度、内部管理制度和应对危险废物污染的防治措施。

2）建立危险废物管理图表。有危险废物管理领导小组及分工。

3）建立岗位责任制度。企业主要领导、主管领导、主管部门、主管人员、各生产单位主管人员及各生产班组（员工）在危险废物管理工作方面的岗位职责和责任。

4）建立安全操作规程。企业产生危险废物工艺环节安全操作的有关规定及要求。

（二）标识制度需注意的要点

1）危险废物的容器和包装物必须粘贴危险废物标签。

2）收集、贮存、运输、利用、处置危险废物的设施、场所，必须设置危险废物识别标志。

（三）管理计划需注意的要点

1）危险废物管理计划包括减少危险废物产生量和危害性的措施。

2）危险废物管理计划包括危险废物贮存、利用、处置措施。

3）报当地县级以上生态环境部门备案。

4）管理计划内容有重大改变的，应当及时申报。

（四）申报登记需注意的要点

1）如实地向所在地县级以上生态环境部门申报危险废物的种类、产生量、流向、贮存、处置等有关资料。

2）申报事项有重大改变的，应当及时申报。

（五）源头分类需注意的要点

1）危险废物与一般废物分开；
2）工业废物与办公、生活废物分开；
3）固态、液态、泥态、置于容器中的气态废物分开；
4）可利用的与不可利用的废物分开；
5）有热值的与没有热值的废物分开；
6）性质不相容的废物分开；
7）利用和处置方法不同的废物分开；
8）大的类别要分清，每一种类也要区分。

（六）转移联单需注意的要点

1）在转移危险废物前，向生态环境部门报批危险废物转移计划，并得到批准。

2）转移危险废物的，按照《固体废物污染环境防治法》和《危险废物转移联单管理办法》有关规定，依法填写转移联单中相关内容并加盖公章。

3）运输资质符合要求：运输单位、运输车辆、驾驶员及押运员。

4）转移联单保存齐全。

四、危险废物贮存间设置

1）危险废物贮存间门口需张贴标准规范的危险废物标识和危险废物信息板，屋内张贴企业《危险废物管理制度》。

2）危险废物贮存间内禁止存放除危险废物及应急工具以外的其他物品。

3）危险废物贮存间需按照“双人双锁”制度管理，即两把钥匙分别由危险废物两个负责人管理，不得一人管理。

4）不同种类危险废物应有明显的过道划分，墙上张贴危险废物名称，液态危险废物需将盛装容器放至防泄漏托盘内并在容器上粘贴危险废物标签，固态危险废物包装需完好无破损并系挂危险废物标签，并按要求填写。

5）建立台账并悬挂于危险废物间内，转入及转出（处置、自利用）需要填写危险废物种类、数量、时间及负责人员姓名。

6）标签填写注意事项：危险情况和安全措施必须分别遵照《危险废物贮存污染控制标准》危险用语和安全用语填写。

五、危险废物台账

（一）危险废物台账管理

建立危险废物台账的原则：既要掌握危险废物产生和流向情况，确保危险废物不会非法流失，同时，又经济可行，不过度增加企业和操作人员的负担，与生产实际相结合。

（二）建立危险废物台账的步骤

根据危险废物产生后的不同管理流程，在产生、贮存、利用、处置等环节建立有关危险废物的台账记录或者危险废物转移内部联单机制（包括危险废物产生、贮存、内部自行处置/利用情况记录表）。定期汇总危险废物台账记录表或者危险废物内部联单，形成报表。

汇总危险废物台账报表，以及危险废物产生工序调查表及工序图、危险废物特征表、危险废物产生情况一览表、委托利用处置合同等，形成完整的危险废物台账。

（1）危险废物产生环节记录表（表9-3）

表 9-3　危险废物产生环节记录表

记录表编号：　　　产生工序编号及名称：　　　废物编号及名称：

产生情况						转移情况				
产生日期	产生时间	废物数量	废物材质及容积	容器个数	产生部门经办人签字	转移日期	转移时间	废物去向	废物产生部门签字	废物运输部门经办人签字

废物去向填写废物转移的去向（如废物贮存部门的名称）。

（2）危险废物贮存环节记录表（表9-4）

表 9-4　危险废物贮存环节记录表

记录表编号：　　　　　　　废物编号及名称：

入库情况								出库情况				
入库日期	入库时间	废物数量	容器材质及容量	容器个数	容器存放位置	废物运送部门签字	废物贮存部门签字	出库日期	出库时间	废物去向	废物贮存部门签字	废物接收单位签字

内部自行利用/处置的，填写内部利用/处置部门的名称；委托外单位利用/处置的，填写外单位的名称、许可证编号、转移联单编号及处置利用方式代码。

（3）危险废物产生单位内部自行利用/处置情况记录表（表 9-5）

表 9-5 危险废物产生单位内部自行利用/处置情况记录表

记录表编号： 废物编号及名称： 废物内部利用/处置设施名称：

废物接收日期	废物接收时间	废物来源	废物数量	容器材质及容量	容器个数	废物处置利用方式	废物利用处置完毕日期	废物利用处置完毕时间	废物内部利用部门签字

废物来源指危险废物利用处置前存放的位置（如废物贮存部门名称）；废物利用处置情况，填写利用处置方式代码。

（4）××××年××月危险废物台账报表（表 9-6）

表 9-6 ××××年××月危险废物台账报表

填报单位：（盖章）

废物编号	产生量	记录表号段	单位内部自行利用处置情况			提供/委托外单位利用处置情况					临时贮存量		
			利用处置方式	利用处置量	记录表号段	处置利用单位名称及许可证编号	所在省市	利用处置方式	利用处置量	记录表号段	上月底贮存量	本月底贮存量	记录表号段
			……										

同一编号废物如果存在多种利用处置方式，分别填写所对应的利用处置量和记录表的号段，提供给多个外单位利用处置的，分别填写外单位相关信息。

思考题

一、举例说明环保设备的运行管理内容及其重要性。

二、举例说明如何保证环保设备质量。

三、危险废物管理的注意要点有哪些？

参考文献

[1] 丁续亮. 现代环保工程设计、施工与质量验收实务全书[M]. 长春：银声音像出版社，2004.

[2] 解清杰，高永，郝桂珍，等. 环境工程项目管理[M]. 北京：化学工业出版社，2011.

[3] 叶锦韶，尹华，屈艳芳. 环境工程招标投标[M]. 北京：化学工业出版社，2008.

[4] 王晟. 环境工程经济分析[M]. 上海：同济大学出版社，2014.

[5] 周律. 环境工程技术经济和造价管理[M]. 北京：化学工业出版社，2001.

[6] 陈茂华. 建设项目经济评价[M]. 杭州：浙江大学出版社，2009.

[7] 李钢. 环境工程施工[M]. 北京：中国建筑工业出版社，2015. .

[8] 光耀华. 浅谈建设工程质量保证体系[J]. 世界标准化与质量管理，1999，6（6）：7-9.

[9] 许阳. 轮土木工程施工质量保证体系[J]. 现代商贸工业，2011（15）：248-249.

[10] 白建国. 环境工程施工技术[M]. 北京：中国环境科学出版社，2007.

[11] 陈晋中. 建筑施工技术[M]. 北京：北京理工大学出版社，2013.

[12] 杨和礼，何亚伯. 土木工程施工[M]. 武汉：武汉大学出版社，2004. .

[13] 张长波，罗启仕. 我国工程环境监理的发展态势及其前景展望[J]. 环境科学与技术，2010，S2：672-677.

[14] 尚宇鸣，张宏安，燕子林，等. 小浪底工程环境保护与环境监理[J]. 人民黄河，2000（2）：40-41，48.

[15] 解新芳，燕子林，常献立. 小浪底工程环境保护工作的特点与体会[J]. 人民黄河，2000（2）：42-43.

[16] 虞涛. 工业类项目实行环境监理的初步实践和思考[J]. 环境科学与管理，2007（10）：8-10，16.

[17] 曹晓红，李继文. 建设项目工程环境监理中的问题和建议[J]. 环境与可持续发展，2006（2）：14-15.

[18] 熊兵，刘贵雄. 基于投融资业务的施工企业盈利模式重构[J]. 管理观察，2016（16）：59-61，64.

[19] 赵瑾. 水污染防治项目投融资模式国际比较[J]. 商，2016（22）：189.

[20] 陆凡婷，杨腾. PPP 模式在城市基础设施建设中的应用分析[J]. 四川水泥，2016（6）：317.

[21] 贾幸婕. PPP 模式在基础设施供给方面的研究与应用[J]. 当代经济，2016（19）：17-19.

[22] 肖文，吕小明. 创新水污染治理模式改善重污染河流水质[J]. 环境与可持续发展，2016（4）：107-110.

[23] 李新兵. PPP 模式的特点、类型、操作流程以及在水务工程中的案例浅析[J]. 中国市政工程，2016

（1）：42-45，93.

[24] 徐可，何立华. PPP 模式中 BT、BOT 与 TOT 的比较分析——基于模式结构、风险分担、所有权三个视角[J]. 工程经济，2016（1）：61-64.

[25] 曹冰玉，尤若颖，董婷，等. 我国 PPP 模式运作机理及主要风险[J]. 湖南行政学院学报，2016（2）：75-79.

[26] 武苏粉，杨艳杰. 一带一路下的 PPP 合作新模式构筑探讨[J]. 商场现代化，2016（4）：237-238.

[27] 王蕾蕾，李敏. 水务企业应用 PPP 模式探析[J]. 中国水利，2016（10）：45-49.

[28] 张薇，罗黎平. PPP 模式化解地方融资平台债务风险的研究[J]. 财政监督，2016（7）：70-73.

[29] 陈滨宏. BOT 项目投资人的法律风险及其防范[D]. 广州：华南理工大学，2016.

[30] 尚宇鸣，张宏安，燕子林，等. 小浪底工程环境保护与环境监理[J]. 人民黄河，2000（2）：40-41，48.

[31] 郑国华. 城市污水处理厂设备安装与调试技术[M]. 北京：中国建筑工业出版社，2007.

[32] 邓铭庭. 净水厂运行技术与安全管理[M]. 北京：中国建筑工业出版社，2015

[33] 国家突发环境事件应急预案[Z]. 国办函〔2014〕119 号.

[34] 突发环境事件应急管理办法[Z]. 中华人民共和国环境保护部令　第 34 号.

[35] 李雪峰. 提升应急演练实效的分析与建议[J]. 中国应急管理，2018（12）：44-45.

[36] 朱彧. 突发环境事件应急演练组织实施与常见问题[J]. 环境与发展，2017（9）：245-246.

[37] 陈斌华，顾瑛杰. 水源地突发环境事件应急演练组织与实施[J]. 污染防治技术，2016，29（1）：58-60.

[38] 张小兵，张然，解玉宾. 我国应急演练管理研究新进展[J]. 中国安全生产科学技术，2016，12（10）：68-73.

[39] 江苏省突发环境事件应急预案编制导则（试行）（企业事业单位版）[S].

[40] 邓建华. 企业应急预案编制与实施的几个问题[J]. 化工管理，2018（16）：98-99.

[41] 袁鹏，宋永会. 突发环境事件风险防控与应急管理的建议[J]. 环境保护，2017（5）：23-25.

[42] 时宏. 企业环境应急预案管理问题对策研究及案例分析[J]. 环境保护与循环经济，2018（7）：80-83.

[43] 周建新，郑秋丽. 城市污水处理厂运行管理探析[J]. 节能与环保，2018（12）：64-65.

[44] 黄宗杰. 污水处理厂设备运行的管理及维护措施[J]. 环境与发展，2017，6（39）：61-62.

[45] 谢辉. 现代化污水处理厂设备运行管理与维护[J]. 设备管理与维修，2013，8（10）：17-18.